U0792229

“十四五”职业教育国家规划教材　　山东省“ ”职业教育规划教材

行水云课数字教材

高等职业教育
水利类新形态一体化教材

水利工程技术管理
（修订版）

主　编　杜守建　周长勇
副主编　王艳艳　郑丙峰　周　程　李兆崔

中国水利水电出版社
www.waterpub.com.cn
·北京·

内 容 提 要

本教材是高等职业教育水利类新形态一体化教材。全书共设计7个项目，每个项目包括学习目标、学习任务和复习思考题等三大模块，主要内容包括大坝管理、泄水工程管理、输水工程管理、泵站工程管理、堤防工程管理、堤坝防汛抢险和河道管理等。

本教材具有较强的实用性、实践性、创新性，可作为高等职业教育水利工程与管理类专业的教学用书，也可作为水利工程运行管理单位技术人员的工作手册参考用书，又可作为水工监测工、水工闸门运行工、河道修防工等相应领域竞赛、技能等级证书的培训及考核认定参考用书。

图书在版编目（CIP）数据

水利工程技术管理 / 杜守建，周长勇主编. -- 北京：中国水利水电出版社，2020.8(2024.2重印)
高等职业教育水利类新形态一体化教材
ISBN 978-7-5170-8728-1

Ⅰ. ①水… Ⅱ. ①杜… ②周… Ⅲ. ①水利工程－技术管理－高等职业教育－教材 Ⅳ. ①TV

中国版本图书馆CIP数据核字(2020)第136067号

书　　名	高等职业教育水利类新形态一体化教材 **水利工程技术管理** SHUILI GONGCHENG JISHU GUANLI
作　　者	主　编　杜守建　周长勇 副主编　王艳艳　郑丙峰　周　程　李兆崔
出版发行	中国水利水电出版社 （北京市海淀区玉渊潭南路1号D座　100038） 网址：www.waterpub.com.cn E-mail：sales@mwr.gov.cn 电话：（010）68545888（营销中心）
经　　售	北京科水图书销售有限公司 电话：（010）68545874、63202643 全国各地新华书店和相关出版物销售网点
排　　版	中国水利水电出版社微机排版中心
印　　刷	北京市密东印刷有限公司
规　　格	184mm×260mm　16开本　15.5印张　377千字
版　　次	2020年8月第1版　2024年2月修订　2024年2月第3次印刷
印　　数	4001—10500册
定　　价	**52.00**元

凡购买我社图书，如有缺页、倒页、脱页的，本社营销中心负责调换

版权所有·侵权必究

前 言

本教材贯彻落实党的二十大精神和习近平总书记关于治水重要讲话指示精神，依据《国家职业教育改革实施方案》（国发〔2019〕4号）、《教育部 财政部关于实施中国特色高水平高职学校和专业建设计划的意见》（教职成〔2019〕5号）、《教育部 国家发展改革委 财政部 市场监管总局关于在院校实施“学历证书＋若干职业技能等级证书”制度试点方案》（教职成〔2019〕6号）、《教育部 财政部中国特色高水平高职学校和专业建设计划项目遴选管理办法（试行）》（教职成〔2019〕8号）、《教育部关于职业院校专业人才培养方案制订与实施工作的指导意见》（教职成〔2019〕13号）、《中共中央办公厅 国务院办公厅关于深化新时代学校思想政治理论课改革创新的若干意见》等文件精神，在中国水利教育协会的精心组织和指导下，编写的全国水利行业规划教材（数字教材）。该教材以学生能力培养为主线，体现出实用性、实践性、创新性的教材特色，是理论联系实际、教学面向生产的精品规划教材，获评首批“十四五”职业教育国家规划教材、山东省第一批“十四五”职业教育省级规划教材、山东省职业教育优质教材。

本教材体例采用“项目—任务—模块”进行编写，编排方式灵活，配套资源丰富，可实现活页式选取内容使用，贴近实际，易教易学。共设计7个项目，每个项目包括学习目标、学习任务和复习思考题等三大模块。本教材突出体现了四个特点：一是在整体内容构架上，以实际工作任务为引领，以项目为基础，以实际工作流程为依据，打破了传统的学科知识体系，形成了特色鲜明的项目化教材内容体系；二是按照有关行业标准、国家职业资格证书和职业技能等级证书考核要求，以及毕业生面向职业岗位的具体要求编排教学内容，充分体现教材内容与生产实际相融通，与岗位技术标准相对接，具有工作手册性质，增强了实用性；三是以技术应用能力为核心，以基本理论知识为支撑，以拓展知识为延伸，将理论知识学习与能力培养置于实际情境之中，突出工作过程技术能力的培养和经验性知识的积累，增强学生的实际操作能力；四是整合传统纸质教材内容和丰富媒体数字资源的新型教材，将大量图片、音频、视频、3D动画等教学素材与纸质教材内容相结合，用以辅助教学。本数字教材资源类型包括教学大纲、教学设计、电子教材、电子教案、教学课件、教学录像、习题试题、工程案例、虚拟实训项目、其他数字资源等。教材出版后可通过扫描纸质教材二维码查看与纸质内容相对应的数字资源。根据需要，可以选取内容，组合活页式、立体化教材使用。完整数字教材及其配套数字资源可通过移动终端App或中国水利水电出版社“行水云课”平台查看。

水利工程技术管理课程推行任务驱动、项目导向、“教、学、练、做”一体化的教学模式。其主要任务是使学生掌握大坝管理、泄水工程管理、输水工程管理、泵站工程管理、堤防工程管理、堤坝防汛抢险、河道管理等基本知识和基本技能，为从事水利工程管理工作及参加水工监测工、水工闸门运行工、河道修防工等相应领域竞赛、技能等级证书的培训及考核认定打下基础。

本教材由山东水利职业学院牵头，联合相关水利企事业单位共同编写。教材编写和数字资源组编分工如下：山东水利职业学院杜守建、福建水利电力职业技术学院张美新、水利部黄河水利委员会蔡明编写绪论、项目一；山东水利职业学院周长勇、山东农业大学水利土木工程学院王艳艳、中信环境水务有限公司周程编写项目二、项目三；山东水利职业学院王娟、刘泉汝，日照市三联调水有限公司李兆崔编写项目四、项目五；山东水利职业学院孙爱华、张瑜，邹平市明集镇水利站孙庆迎编写项目六；济宁市水利事业发展中心郑丙峰编写项目七。本教材由杜守建、周长勇担任主编，并负责全书统稿；由王艳艳、郑丙峰、周程、李兆崔任副主编；由国务院特殊津贴专家、山东省有突出贡献的中青年专家、青峰岭水库管理处主任孙绪成研究员主审。

在本教材编写和数字资源建设中，水利部长江水利委员会、水利部黄河水利委员会、水利部海河水利委员会等流域和地方水利工程管理单位的一些专家为教材编写提供了宝贵的指导意见和参考资料，山东翼动智能科技有限公司、日照彬杰网络科技有限公司等单位提供了技术支持。教材引用了大量有关专业文献和资料，未能一一详尽，在此一并致谢！

限于编者水平和时间关系，书中难免存在不足之处，恳请读者给予批评指正。

编者

2020年4月

“行水云课”数字教材使用说明

“行水云课”水利职业教育服务平台是中国水利水电出版社立足水电、整合行业优质资源全力打造的“内容”＋“平台”的一体化数字教学产品。平台包含高等教育、职业教育、职工教育、专题培训、行水讲堂五大版块，旨在提供一套与传统教学紧密衔接、可扩展、智能化的学习教育解决方案。

本套教材是整合传统纸质教材内容和富媒体数字资源的新型教材，将大量图片、音频、视频、3D动画等教学素材与纸质教材内容相结合，用以辅助教学。读者可通过扫描纸质教材二维码查看与纸质内容相对应的知识点多媒体资源，完整数字教材及其配套数字资源可通过移动终端APP、“行水云课”微信公众号或中国水利水电出版社“行水云课”平台查看。

内页二维码具体标识如下：

- ⓕ为平面动画
- ▶为知识点视频
- Ⓣ为思考题
- Ⓟ为课件
- Ⓦ为文档资料
- 🎧为知识点音频
- Ⓛ为工程实例

多媒体知识点索引

续表

序号	资源号	资源名称	类型	页码
28	010212	土石坝渗流观测教学讲义	文档	25
29	010213	土石坝渗流观测教学视频	视频	25
30	010214	土石坝渗流观测教学课件	课件	25
31	010215	土石坝渗流观测教学音频	音频	25
32	010216	工程实例（山东省日照水库大坝坝体、坝基测压管水位远程监测系统）	文档	25
33	010217	思考题（附参考答案）	文档	26
34	010218	动画（测压管法测定土石坝浸润线-测压管布置）	动画	27
35	010219	动画（土石坝渗流量的观测方法）	动画	28
36	010301	混凝土坝及浆砌石坝的巡视检查与日常养护教学讲义	文档	31
37	010302	混凝土坝及浆砌石坝的巡视检查与日常养护教学视频	视频	31
38	010303	混凝土坝及浆砌石坝的巡视检查与日常养护教学课件	课件	31
39	010304	混凝土坝及浆砌石坝的巡视检查与日常养护教学音频	音频	31
40	010305	工程实例（鲁布革水电站堆石坝观测系统）	文档	33
41	010306	混凝土坝及浆砌石坝的变形观测教学讲义	文档	33
42	010307	混凝土坝及浆砌石坝的变形观测教学视频	视频	33
43	010308	混凝土坝及浆砌石坝的变形观测教学课件	课件	33
44	010309	混凝土坝及浆砌石坝的变形观测教学音频	音频	33
45	010310	思考题（附参考答案）	文档	34
46	010311	混凝土坝及浆砌石坝的渗流观测教学讲义	文档	38
47	010312	混凝土坝及浆砌石坝的渗流观测教学视频	视频	38
48	010313	混凝土坝及浆砌石坝的渗流观测教学课件	课件	38
49	010314	思考题（附参考答案）	文档	38
50	010401	大坝监测资料整编与分析教学讲义	文档	39
51	010402	大坝监测资料整编与分析教学视频	视频	39
52	010403	大坝监测资料整编与分析教学课件	课件	39
53	010404	大坝监测资料整编与分析教学音频	音频	39
54	010405	思考题（附参考答案）	文档	47
55	010501	土石坝的养护教学讲义	文档	49
56	010502	土石坝的养护教学视频	视频	49
57	010503	土石坝的养护教学课件	课件	49

续表

序号	资源号	资 源 名 称	类型	页码
58	010504	土石坝的养护教学音频	音频	49
59	010505	土石坝裂缝处理教学讲义	文档	51
60	010506	土石坝裂缝处理教学视频	视频	51
61	010507	土石坝裂缝处理教学课件	课件	51
62	010508	土石坝裂缝处理教学音频	音频	51
63	010509	动画（土石坝裂缝的类型）	动画	52
64	010510	动画（土石坝裂缝的处理方法）	动画	52
65	010511	思考题（附参考答案）	文档	52
66	010512	土石坝渗漏处理教学讲义	文档	52
67	010513	土石坝渗漏处理教学视频	视频	52
68	010514	土石坝渗漏处理教学课件	课件	52
69	010515	土石坝渗漏处理教学音频	音频	52
70	010516	思考题（附参考答案）	文档	52
71	010517	动画（土石坝坝体渗漏处理）	动画	53
72	010518	工程实例（山东省历城区卧虎山水库灌浆处理坝体裂缝）	文档	53
73	010519	工程实例（山东省莱芜市乔店水库高压定向喷射灌浆处理坝基渗）	文档	53
74	010520	土石坝滑坡处理教学讲义	文档	53
75	010521	土石坝滑坡处理教学视频	视频	53
76	010522	土石坝滑坡处理教学课件	课件	53
77	010523	土石坝滑坡处理教学音频	音频	53
78	010524	工程实例（山东省历城区狼猫山水库土石坝滑坡处理）	文档	54
79	010525	土石坝护坡破坏处理教学讲义	文档	54
80	010526	土石坝护坡破坏处理教学视频	视频	54
81	010527	石坝护坡破坏处理教学课件	课件	54
82	010528	土石坝护坡破坏处理教学音频	音频	54
83	010601	增加重力坝稳定性的措施教学讲义	文档	55
84	010602	增加重力坝稳定性的措施教学视频	视频	55
85	010603	增加重力坝稳定性的措施教学课件	课件	55
86	010604	增加重力坝稳定性的措施教学音频	音频	55
87	010605	混凝土坝及浆砌石坝的裂缝处理教学讲义	文档	55

续表

序号	资源号	资 源 名 称	类型	页码
88	010606	混凝土坝及浆砌石坝的裂缝处理教学视频	视频	55
89	010607	混凝土坝及浆砌石坝的裂缝处理教学课件	课件	55
90	010608	混凝土坝及浆砌石坝的裂缝处理教学音频	音频	55
91	010609	动画（混凝土坝及浆砌石坝裂缝的类型）	动画	55
92	010610	工程实例（四川省团结水库浆砌条石拱坝裂缝处理）	文档	56
93	010611	思考题（附参考答案）	文档	56
94	010612	动画（表面涂抹）	动画	56
95	010613	动画（表面贴补）	动画	56
96	010614	动画（凿槽嵌补）	动画	56
97	010615	动画（喷浆修补）	动画	56
98	010616	混凝土坝及浆砌石坝的渗漏处理教学讲义	文档	56
99	010617	混凝土坝及浆砌石坝的渗漏处理教学视频	视频	56
100	010618	混凝土坝及浆砌石坝的渗漏处理教学课件	课件	56
101	010619	混凝土坝及浆砌石坝的渗漏处理教学音频	音频	56
102	010620	思考题（附参考答案）	文档	56
103	010621	工程实例（广西壮族自治区大江水库渗漏处理）	文档	57
104	010622	工程实例（四川省黑龙滩浆砌条石重力坝病害处理）	文档	57
105	010701	橡胶坝维护管理教学讲义	文档	57
106	010702	橡胶坝维护管理教学视频	视频	57
107	010703	橡胶坝维护管理教学课件	课件	57
108	010704	橡胶坝维护管理教学音频	音频	57
109	010705	思考题（附参考答案）	文档	58
110	0200	教学设计	文档	63
111	020101	水闸的检查教学讲义	文档	63
112	020102	水闸监测教学视频	视频	63
113	020103	水闸检查与监测教学课件	课件	63
114	020104	水闸监测教学音频	音频	63
115	020105	思考题（附参考答案）	文档	63
116	020106	思考题（附参考答案）	文档	64

续表

序号	资源号	资 源 名 称	类型	页码
117	020201	闸门和启闭机的控制与操作教学讲义	文档	66
118	020202	闸门和启闭机的控制与操作教学视频	视频	66
119	020203	闸门和启闭机的控制与操作教学课件	课件	66
120	020204	闸门和启闭机的控制与操作教学音频	音频	66
121	020205	思考题（附参考答案）	文档	66
122	020206	思考题（附参考答案）	文档	67
123	020207	思考题（附参考答案）	文档	69
124	020301	水闸的养护维修教学讲义	文档	71
125	020302	水闸的养护维修教学视频	视频	71
126	020303	水闸的养护维修教学课件	课件	71
127	020304	水闸的养护维修教学音频	音频	71
128	020305	工程实例（水闸病害处理工程）	文档	71
129	020306	思考题（附参考答案）	文档	72
130	020307	思考题（附参考答案）	文档	76
131	020308	工程实例（浑河闸高压喷射灌浆防渗加固处理）	文档	80
132	020401	水闸自动化监控系统管理与维护教学讲义	文档	83
133	020402	水闸自动化监控系统管理与维护教学视频	视频	83
134	020403	水闸自动化监控系统管理与维护教学课件	课件	83
135	020404	水闸自动化监控系统管理与维护教学音频	音频	83
136	020405	思考题（附参考答案）	文档	84
137	020406	思考题（附参考答案）	文档	85
138	020501	溢洪道的养护维修教学讲义	文档	92
139	020502	溢洪道的养护维修教学视频	视频	92
140	020503	溢洪道的养护维修教学课件	课件	92
141	020504	溢洪道的养护维修教学音频	音频	92
142	020505	思考题（附参考答案）	文档	92
143	020506	思考题（附参考答案）	文档	95
144	0300	教学设计	文档	101
145	030101	坝下涵管的养护修理教学讲义	文档	101

续表

序号	资源号	资 源 名 称	类型	页码
146	030102	坝下涵管的养护修理教学视频	视频	101
147	030103	坝下涵管的养护修理教学课件	课件	101
148	030104	坝下涵管的养护修理教学音频	音频	101
149	030105	思考题（附参考答案）	文档	101
150	030106	工程实例［山东省坝下涵管（洞）病害及处理］	文档	102
151	030201	隧洞的养护修理教学讲义	文档	104
152	030202	隧洞的养护修理教学视频	视频	104
153	030203	隧洞的养护修理教学课件	课件	104
154	030204	隧洞的养护修理教学音频	音频	104
155	030205	工程实例（南水北调东线穿黄隧洞工程）	文档	104
156	030206	思考题（附参考答案）	文档	107
157	030301	涵洞的运用管理教学讲义	文档	109
158	030302	涵洞的运用管理教学视频	视频	109
159	030303	涵洞的运用管理教学课件	课件	109
160	030304	涵洞的运用管理教学音频	音频	109
161	030305	思考题（附参考答案）	文档	109
162	030401	渠道的检查养护教学讲义	文档	111
163	030402	渠道的检查养护教学视频	视频	111
164	030403	渠道的检查养护教学课件	课件	111
165	030404	渠道的检查养护教学音频	音频	111
166	030405	思考题（附参考答案）	文档	112
167	030406	工程实例（河南省林州市红旗渠）	文档	113
168	030501	渠道常见隐患与病害的处理教学讲义	文档	115
169	030502	渠道常见隐患与病害的处理教学视频	视频	115
170	030503	渠道常见隐患与病害的处理教学课件	课件	115
171	030504	渠道常见隐患与病害的处理教学音频	音频	115
172	030505	思考题（附参考答案）	文档	115
173	0400	教学设计	文档	121
174	040101	泵站建筑物的组成及布置教学讲义	文档	121

续表

序号	资源号	资　源　名　称	类型	页码
175	040102	泵站建筑物的组成及布置教学视频	视频	121
176	040103	泵站建筑物的组成及布置教学课件	课件	121
177	040104	泵站建筑物的组成及布置教学音频	音频	121
178	040105	工程实例（江都排灌站）	文档	121
179	040106	工程实例（平阴田山引黄电灌工程）	文档	122
180	040201	水泵的分类及工作原理教学讲义	文档	122
181	040202	水泵的分类及工作原理教学视频	视频	122
182	040203	水泵的分类及工作原理教学课件	课件	122
183	040204	水泵的分类及工作原理教学音频	音频	122
184	040205	思考题（附参考答案）	文档	122
185	040301	水泵的运行管理教学讲义	文档	124
186	040302	水泵的运行管理教学视频	视频	124
187	040303	水泵的运行管理教学课件	课件	124
188	040304	水泵的运行管理教学音频	音频	124
189	040305	思考题（附参考答案）	文档	125
190	040306	思考题（附参考答案）	文档	128
191	040401	泵站运行管理教学讲义	文档	130
192	040402	泵站运行管理教学视频	视频	130
193	040403	泵站运行管理教学课件	课件	130
194	040404	泵站运行管理教学音频	音频	130
195	040405	思考题（附参考答案）	文档	130
196	0500	教学设计	文档	133
197	050101	堤防工程管理的任务和内容教学讲义	文档	133
198	050102	堤防工程管理的任务和内容教学视频	视频	133
199	050103	堤防工程管理的任务和内容教学课件	课件	133
200	050104	堤防工程管理的任务和内容教学音频	音频	133
201	050105	工程实例（山东省青岛市大沽河堤防工程建设）	文档	133
202	050106	思考题（附参考答案）	文档	134
203	050107	工程实例（山东省南四湖湖东大堤堤防工程管理）	文档	134

续表

序号	资源号	资 源 名 称	类型	页码
204	050201	堤防工程的检查养护教学讲义	文档	134
205	050202	堤防工程的检查养护教学视频	视频	134
206	050203	堤防工程的检查养护教学课件	课件	134
207	050204	堤防工程的检查养护教学音频	音频	134
208	050205	思考题（附参考答案）	文档	134
209	050301	堤防工程的病害及处理教学讲义	文档	136
210	050302	堤防工程的病害及处理教学视频	视频	136
211	050303	堤防工程的病害及处理教学课件	课件	136
212	050304	堤防工程的病害及处理教学音频	音频	136
213	050305	思考题（附参考答案）	文档	136
214	050306	思考题（附参考答案）	文档	139
215	050501	堤防工程信息化管理教学讲义	文档	150
216	050502	堤防工程信息化管理教学视频	视频	150
217	050503	堤防工程信息化管理教学课件	课件	150
218	050504	堤防工程信息化管理教学音频	音频	150
219	050505	思考题（附参考答案）	文档	153
220	0600	教学设计	文档	155
221	060101	防汛抢险组织教学讲义	文档	155
222	060102	防洪减灾体系教学视频	视频	155
223	060103	防汛抢险组织教学课件	课件	155
224	060104	防洪减灾体系教学音频	音频	155
225	060105	思考题（附参考答案）	文档	155
226	060106	思考题（附参考答案）	文档	159
227	060201	巡堤查险教学讲义	文档	161
228	060202	巡堤查险教学视频	视频	161
229	060203	巡堤查险教学课件	课件	161
230	060204	巡堤查险教学音频	音频	161
231	060205	思考题（附参考答案）	文档	161
232	060206	动画（漏洞险情）	动画	166

续表

续表

序号	资源号	资 源 名 称	类型	页码
262	060323	动画（跌窝险情的抢护方法）	动画	189
263	060324	工程实例（淮河史灌河堤防崩塌抢险）	文档	190
264	060325	动画（护脚固堤）	动画	191
265	060326	动画（缓溜挑流）	动画	191
266	060327	动画（减载加帮）	动画	191
267	060328	动画（巩固堤坡）	动画	195
268	060329	动画（决口险情的抢护方法）	动画	195
269	060330	动画（消减风浪）	动画	197
270	0700	教学设计	文档	207
271	070101	实行河长制的重要意义与基本原则教学讲义	文档	207
272	070102	实行河长制的重要意义与基本原则教学视频	视频	207
273	070103	实行河长制的重要意义与基本原则教学课件	课件	207
274	070104	实行河长制的重要意义与基本原则教学音频	音频	207
275	070105	思考题（附参考答案）	文档	207
276	070106	工程实例（山东省青岛市积极推进全面实行河长制工作）	文档	211
277	070201	河道清障与采砂管理教学讲义	文档	212
278	070202	河道清障与采砂管理教学视频	视频	212
279	070203	河道清障与采砂管理教学课件	课件	212
280	070204	河道清障与采砂管理教学音频	音频	212
281	070205	思考题（附参考答案）	文档	213
282	070301	河道绿化养护管理教学讲义	文档	216
283	070302	河道绿化养护管理教学视频	视频	216
284	070303	河道绿化养护管理教学课件	课件	216
285	070304	河道绿化养护管理教学音频	音频	216
286	070305	思考题（附参考答案）	文档	216
287	070401	河道堤防交通及旅游管理教学讲义	文档	218
288	070402	河道堤防交通及旅游管理教学视频	视频	218
289	070403	河道堤防交通及旅游管理教学课件	课件	218
290	070404	河道堤防交通及旅游管理教学音频	音频	218

续表

序号	资源号	资 源 名 称	类型	页码
291	070405	工程实例（山东省青岛市大沽河省级水利风景区建设）	文档	220
292	070406	思考题（附参考答案）	文档	220
293	070501	河道沿岸湿地管理教学讲义	文档	222
294	070502	河道沿岸湿地管理教学视频	视频	222
295	070503	河道沿岸湿地管理教学课件	课件	222
296	070504	河道沿岸湿地管理教学音频	音频	222
297	070505	思考题（附参考答案）	文档	222
298	070506	思考题（附参考答案）	文档	224

目　录

绪　论[1]

【学习目标】

通过本项目的学习，学生可以了解水利工程管理工作的目的及重要意义，水利工程规范化管理工作的重要性；熟悉三类大坝及大坝三种状态的概念；掌握水利工程技术管理工作的任务和内容，水利工程规范化管理工作的主要措施及考核标准。

任务1　水利工程管理的意义、任务及内容[2]

一、水利工程管理的概念

水利工程管理有广义和狭义两种理解：从广义上讲，水利工程管理就是通过法律、经济和技术手段保护及合理运用已建成的水利工程，使其充分发挥防汛抗旱、水资源配置、水生态保护功能，为农业、工业、城乡用水和经济发展提供可靠的保障。从狭义上讲，就水利管理具体工作而言，水利工程管理是对已建成的水利工程进行依法管理、检查监测、养护修理和调度运行，保障工程正常运行，以充分发挥工程效益的工作。

水利工程管理是指运用工程管理学的原理和方法，对已建成投入使用的水利工程实行组织、安全、运行和经济管理，以确保水利工程安全，充分发挥工程效益。

水利工程管理是以已建水利工程为对象，以水利技术为基础，以现代管理科学为手段，以确保工程安全为目的，以提高综合效益为宗旨的一门管理学科。

二、水利工程管理工作的目的

在过去很长一段时期，人们往往只重建设而轻视管理，只讲投资而不讲效益，不重视对水利工程的管理工作，致使水利工程存在诸多问题，主要表现在以下几个方面：

（1）水利工程失修、设备老化，需要进行更新改造。

（2）不少工程遭到一定程度的人为和生物性破坏。

（3）工程的配套不够，设备利用率低，经济效益不高。

---

[1] 0000Ⓦ

[2] 000101Ⓦ　000102Ⓟ　000103Ⓣ　000104Ⓛ

(4) 安全监测与维修技术落后，监测与维修水平有待提高。

(5) 跑、冒、滴、漏、渗等问题严重，能源消耗较大。

(6) 有些工程的抗御灾害的标准偏低，特别是大江、大河、大坝的安全问题。

针对水利工程管理工作中存在的问题，我们可以知道安全监测与维护工作是保证水利工程的安全，充分发挥水利工程的效益，更好地为工农业生产服务的一项重要的基本工作。为了做好这项工作，首先应当详细了解工程的情况，在工程施工阶段应筹建管理机构，并派人员参与施工；工程竣工后，要严格履行验收交接手续，要求设计和施工单位将勘测、设计和施工资料一并交给管理单位；管理单位要根据工程具体情况，制定出水工建筑物监测与维护工作规章制度，并要做到认真贯彻执行，保证工程的正常运行，充分发挥其效益。

对水工建筑物进行监测与维护，必须本着以防为主，防重于修，修重于抢的原则。做好日常检查和养护工作，防止工程出现病害或发展扩大。发现水工建筑物出现病害后，应及时进行维修。做到小坏小修，随坏随修，以免造成更大的损失。在水工建筑物的维修工作中，应根据检测的结果，吸取先进的经验教训，因地制宜，力求取得最大的经济效益。对于难以解决的某些特殊情况，应请设计、施工和科研等单位协商，确定处理措施，并及时进行观测，验证其效果。当水工建筑物出现险情，应在党和政府的统一领导下，充分发动群众，立即进行抢护，从思想上、组织上、物质和技术上，充分做好防汛抢险准备，做好相应的抢险方案，尽可能减少洪水损失。

二十大报告对我国水利基础设施建设成就作出了肯定。尤其十八大以来，各级水利工程运行管理部门坚决贯彻党中央、国务院决策部署，落实“十六字”治水思路，根据习近平总书记强调的坚持安全第一，加强隐患排查预警和消除，确保现有水库安然无恙的重要指示批示，逐级落实水库大坝安全责任制，完善水利工程管理制度和技术标准，建立水库运行管理信息系统和堤防、水闸基础信息数据库，推进水利工程标准化管理，发挥水利工程综合效益。我国水利工程经受住了洪涝灾害、新冠疫情的重大考验，运行总体安全。

总之，水利工程管理工作的目的就是：①通过水利工程安全监测实时掌控工程安全健康性状，服务于工程安全管理，充分发挥水利工程的效益；②对水工建筑物进行经常养护，及时发现隐患，对病害及时处理；③保证水工建筑物安全度汛；④检验和完善设计理论与方法；⑤优化施工工艺，指导施工；⑥配合工程科学研究和其他。

三、水利工程管理的意义

随着现代工业的发展和科技的进步，生产装置的规模越来越大、结构越来越复杂、功能越来越完善、自动化程度越来越高，相应的安全问题也日益显著。在水利水电工程领域，非常典型的事故或灾难包括：1959 年法国的马尔巴塞拱坝溃决，死亡 421 人；1963 年意大利瓦依昂拱坝库岸滑坡，死亡 2000 余人；1975 年 8 月河南省特大暴雨导致了包括板桥、石漫滩两座大型水库在内的共计 60 多座水库相继发生垮坝溃决，死亡 2.6 万余人，直接经济损失近百亿元；1993 年，青海省沟后水库溃坝，300 余人死亡；2003 年，因三峡水库蓄水和降雨等综合因素诱发，库区千将坪发生约2400万m^3的特大型滑坡，死亡24人，直接经济损失超过了8000万元，1300多人被迫搬迁避险；2009年，俄罗斯萨扬—舒申斯克水电站发生厂房水淹事故，约70人伤亡。这些特大灾难事故不但造成巨大经济损失，而且也造成很多人员伤亡、环境破坏、人们心灵的创伤，在社会上引起强烈反响。尤其2008年“5·12”汶川大地震中暴露出的水利工程安全隐患问题让人警醒。在我国西南地区正在或即将兴建的众多大型水利工程，由于其所处地质环境复杂，对工程的安全管理提出了更高更多的要求。

造成大坝存在安全隐患的因素主要有：

(1) 由于影响水利工程的自然因素复杂，同时水工建筑物工程量大、施工条件困难，因此，在工程的勘测、规划、设计和施工中难免有不符合客观实际之处，致使水工建筑物本身存在着不同程度的缺点和隐患。

(2) 大中型水工建筑物承受巨大的荷载，受力和运行条件复杂。在水库蓄水运用以后，挡水、引水建筑物经常处在水下工作，承受水压力、泥沙压力，冰压力，风浪压力和作用于基础的扬压力等荷载。引水、泄水和排沙建筑物除承受上述荷载外，还要经受高速水流的冲刷和磨蚀作用。

(3) 水下和基础部位的许多工程是隐蔽的，损坏不易察觉。如大坝基础的断层破碎带和软弱部位在水压力作用下发生某些变化，往往不易被发现，泄水建筑物发生气蚀以及下游河床发生淘刷，也往往不能及时发现。引水隧洞或压力钢管经常处于连续运行状态，不能随时停机检查，也难于及时发现缺陷。

(4) 人为损坏、人为破坏，违背控制运用办法超标准运行，违规操作。

水利工程的建设，为发展国民经济创造了有利条件，但要确保工程安全，充分发挥工程的效益，还必须加强工程管理。常言道：“三分建，七分管”，对水利工程而言，建设是基础，管理是关键，使用是目的，安全是前提。水利工程管理的好坏，直接影响使用寿命、效益的高低，管理不当可能造成严重事故，给国家和人民生命财产带来不可估量的损失。对水工建筑物加强检查监测，及时发现问题，进行妥善的养护，对病害及时进行维修，不断发现和克服不安全的因素，确保工程安全。同时，科学调度、使用和保护水资源，使水利工程长期地充分发挥其应有效益，这就是水利工程管理的重要意义。

为全面提高我国水利工程安全管理的科技水平，有效减少事故隐患，预防和控制恶性灾难事故发生，遏制群死群伤和重大经济损失，保障国家经济与社会的可持续发展，开展水利工程安全管理技术的研究和教育，显得极其迫切和重要。

四、水利工程管理工作的目标与任务

水利工程运行管理工作要达到管理责任明细化、管理工作制度化、管理人员专业化、管理范围界定化、管理运行安全化、管理经费预算化、管理活动常态化、管理过程信息化、管理环境美观化、绩效评价规范化“十化”的目标。

水利工程管理工作的基本任务是确保水利工程的安全、完整，充分发挥水利工程和水资源的综合效益，即“安全、效益、综合经营”。[1]具体是通过合理调水用水，除害兴利，最大限度发挥水资源的综合效益；通过检查观测了解建筑物的工作状态，及时发现隐患；对工程进行经常的养护、对病害及时处理；开展科学研究，不断提高管理水平，逐步实现工程管理现代化。

五、水利工程管理工作的内容

水利工程管理工作的内容包括行政管理和技术管理。其中，水利工程技术管理包括以下主要内容：

（1）水工建筑物的巡查工作。巡查即巡视检查，是用眼看、耳听、手摸等直观方法并辅以简单的工具，对水工建筑物外露的部分进行检查，以发现一切不正常现象，并从中分析、判断建筑物内部的问题，从而进一步进行检查和观测，并采取相应的修理措施。人工巡视检查是大坝安全监测的重要内容，能较好地弥补仪器观测的局限性，但这种检查只能进行外表检查，难以发现内部存在的隐患。

（2）水工建筑物的仪器观测工作。水工建筑物在施工及运行过程中，受外荷载作用及各种因素影响，其状态不断变化，这种变化常常是隐蔽、缓慢、直观不易察觉的。为了监视水工建筑物的安全运行状态，通常在坝体和坝基内埋设各种监测仪器，以定期或实时监测埋设仪器部位的变形、应力应变和温度、渗流等，并对这些监测资料进行整理分析，评价和监控水工建筑物的安全状况。然而，在出现隐患、病害的部位不一定预埋监测仪器，或者因仪器使用寿命而失效，因此需要用巡视检查和现场检测加以弥补。

（3）水工建筑物的养护工作。养护是指保持工程完整状态和正常运用的日常维护工作，它是经常、定期、有计划、有次序地进行的。

（4）水工建筑物的维修工作。维修工作一般可分为岁修、大修和抢修三种。岁修是指在每年汛后检查发现工程问题，而后编制岁修计划，报批后进行的修理。大修是指工程发生较大损坏，修复工作量大，技术较复杂，管理单位报请上级主管部门批准，邀请设计、施工和科研单位共同研究制订修复计划，报批后的修理。抢修是指工程发生事故，危及工程安全时，管理单位应立即组织力量进行抢险，同时上报主管部门，采取进一步的处理措施。

（5）防汛抢险工作。各级机构应建立防汛机构，组织防汛队伍，准备物资器材，立足于防大汛抢大险，确保工程安全。不断总结抢险的经验教训，及时发现险情，准确判断险情的类型和程度，采取正确措施处理险情，迅速有力地把险情消灭在萌芽状况，是取得防汛抢险的胜利的关键。

（6）水库控制运用。在原规划设计的基础上，根据水文气象、上下游防洪要求，结合工程情况与用水部门的要求，合理地有计划地进行洪水调度和兴利调度，保证工程安全和发挥最大效益。

（7）用水管理。根据水源情况、工程条件、工农业生产安排等方面编制用水计划，实

[1] 000105Ⓣ

行计划用水。为了按照用水计划的规定和水量调配组织的指导，调节、控制水量，准确地从水源引水、输水和按定额向用水单位供水，同时做好量测水工作。在灌溉用水中，减少渠道水量损失、提高灌溉水的利用率是一项极为重要的工作。其主要措施包括改善灌水技术，渠道防渗，积极开展灌排试验等。

六、三类大坝及大坝的三种状态

我国病险水库一般是指工程实际洪水标准未达到规定要求的标准，或虽达到规定洪水的标准，但工程存在较严重的质量问题，影响大坝安全，不能正常运行的水库，即水库大坝属《水库大坝安全鉴定办法》规定的三类坝的水库。这类大坝由于存在安全隐患，需要进行除险加固或重建甚至报废。❶

大坝安全状况分为三类，分类标准如下：

一类坝：实际抗御洪水标准达到《防洪标准》（GB 50201—2014）规定，大坝工作状态正常；工程无重大质量问题，能按设计正常运行的大坝。

二类坝：实际抗御洪水标准不低于部颁水利枢纽工程除险加固近期非常运用洪水标准，但达不到《防洪标准》（GB 50201—2014）规定；大坝工作状态基本正常，在一定控制运用条件下能安全运行的大坝。

三类坝：实际抗御洪水标准低于部颁水利枢纽工程除险加固近期非常运用洪水标准，或者工程存在较严重安全隐患，不能按设计正常运行的大坝。

大坝的三种工作状态分别是：正常状态、异常状态和险情状态。

正常状态：指大坝达到设计功能，不存在影响正常使用的缺陷，且各主要监测量的变化处于正常状态。

异常状态：指工程的某些功能已不能完全满足设计要求，或主要监测量出现某些异常，因而影响正常使用状态。

险情状态：指工程出现危及安全的严重缺陷，或环境中某些危及安全的因素正在加剧，或主要监测量出现较大异常，按设计条件继续运行将出现大事故的状态。

对于三类坝和非正常状态水库，必须加强安全监测及养护维修，提出有效的安全度汛方案，确保安全，并及时对病害进行研究分析，提出整治措施，报请批准后，积极进行除险加固。而对于一、二类坝和正常状态水库，要进行有计划、有次序、经常的检查监测和养护工作，保证水库枢纽处于正常状态，不向异常或险情状态转变。

七、我国大坝安全管理现状与发展趋势❷

（一）我国大坝安全管理现状

1. 大坝安全现状

我国有 9.8 万多座水库，多数都是 20 世纪 50 年代至 70 年代兴建的。那个时候修建

❶ 000106Ⓣ　❷ 000107Ⓛ

水库标准不高，质量也不是很好，运行了几十年，到现在多多少少都有这样那样的毛病。问题发现以后，我国通过十几年连续除险加固，截至2019年6月加固了6.6万座，还有1.6万座病险水库没有除险加固。

大坝安全事故的发展情况表明，一方面我国特定历史时期的建设制度缺陷，造成很多质量隐患在特定历史时段集中爆发；另一方面，自20世纪80年代以来，我国大坝安全管理水平有了较大发展，但总体管理水平与国外先进国家还有相当大的差距。

20世纪80年代，《中华人民共和国水法》（简称《水法》）颁布施行，使大坝安全管理由以前的行政管理上升到法律层次。90年代颁布《水库大坝安全管理条例》（国务院令第77号）、《土石坝养护修理规程》（SL 210—98）、《混凝土坝养护修理规程》（SL 230—98）、《综合利用水库调度通则》（水管〔1993〕61号）、《水库洪水调度考评规定》（SL 224—98）等一系列配套的规范性文件和技术标准，为水库管理的法制化、规范化奠定了基础。

在这些规范、法律的指导下，我国大坝安全管理水平有了很大提高。但随着水库大坝工程下游经济和社会的发展，大坝给下游带来的威胁（风险）越来越大。国家倡导的“以人为本，全面、协调、可持续”的发展观，进一步强调公共安全，强调人与自然和谐相处。因此，对水库大坝安全的要求越来越高，要求有更深入、系统、科学的安全管理模式。

2. 大坝安全应急预案

20世纪，我国大坝安全管理无完善的应急预案，仅有指导性的管理条例与规程。进入21世纪，政府倡导“以人为本”的治理理念，国务院于2004年发布《国家有关部门和单位制定和修订突发公共事件应急预案框架指南》，2006年发布《国家突发公共事件总体应急预案》，同年3月，国家防汛抗旱总指挥部办公室颁布了《水库防汛抢险应急预案编制大纲》，6月国家安全生产监督管理总局发布了《生产经营单位生产安全事故应急预案编制导则》。2015年9月，水利部颁发了《水库大坝安全管理应急预案编制导则》，它的颁布和实施将规范和科学指导水库大坝安全管理应急预案编制工作，提高应对水库大坝突发事件能力，切实保障水库大坝安全，防灾减灾及社会、生态效益显著。

在这样的背景下，大坝安全管理部门为了切实做好安全管理工作，保障大坝安全，最大程度保障人民群众生命安全、减少损失，须深入研究所管辖大坝的安全特征，编制适合国情、适合本身特点的应急预案。

3. 大坝风险评估和风险管理

我国目前在大坝安全评价中还沿用传统的基于确定性准则的方法，通过大坝安全定期检查，诊断出大坝存在的缺陷，鉴定大坝安全等级。

从20世纪90年代开始，对大坝风险评价、溃坝风险、溃坝经济分析、蓄滞洪区洪水演进、溃堤过程等领域开展初步研究，并进行了一些典型应用，但目前还属于起步阶段，尚未形成一个完整的体系，缺乏相应的法规和标准，与实际应用尚有一定距离。

近20年来，我国经济高速发展，水库下游地区经济不断发展、大坝服役年限也在延长，水库大坝的风险随之上升，因此，需要研究一个地区的风险承受能力。针对我国水库大坝安全管理的实际，正在开展水库大坝风险研究，提出具有可操作性的风险管理对策，实施水库大坝风险管理。

水库大坝的风险评估和风险管理与一个国家的政治制度、法律法规体系、经济发展及人口资源状况、历史文化背景、社会民情均有联系，须在广泛调查、深入研究的基础上，建立适合于中国国情的大坝风险评估及风险管理方法、体系和标准。

4. 大坝安全管理信息平台建设

大坝安全管理是一项技术性很强的综合性工作。随着我国新建大坝越来越多，大坝越来越复杂、已运行大坝坝龄延长，社会对大坝安全管理的要求日益提高。面临大坝安全这个复杂的系统工程以及日常安全管理中海量数据的分析、处理，借助信息技术，建立大坝安全管理信息平台，已是管理部门的唯一选择。

当前，不少大坝业主都将计算机、信息网络、数据库和自动化等技术运用到大坝安全管理中。建设大坝安全管理系统，提高对大坝运行状态的远程、实时监控水平，及时发现和处理问题，同时提高汛期水库调度和大坝安全管理的科学决策能力。

（二）我国大坝安全管理发展趋势

随着经济社会的发展，大坝给下游带来的威胁（风险）越来越大。我国坚持"以人为本，全面、协调、可持续"的发展观，进一步强调公共安全，强调人与自然和谐相处。为此，大坝工程的安全管理给我们提出了新的课题和挑战。

在2019年1月15—16日召开的全国水利工作会议上，水利部把我国水利工作的重心转到了"水利工程补短板、水利行业强监管"上来，这是当前和今后一个时期水利工作发展的总基调。确保水利工程安全运行是做好水利工程管理工作的核心和落脚点，也是水利工作补短板、强监管的重要目标之一。在新形势下，我国大坝工程安全管理的发展趋势，应以智慧水利理念为指导，运用卫星遥感、无人机航拍、视频监控、物联网、云计算、大数据、移动互联、人工智能等先进信息技术手段，实现大坝工程实时智能化监管和部门联动监管。

对于挡水建筑物的管理，应进一步加强土石坝和混凝土坝的智慧巡查、智慧监测、智慧维护及监测资料整编分析。对于泄水建筑物的管理，应进一步加强水闸和溢洪道的智慧巡查、智慧监测、智慧维护及闸门和启闭机的自动化控制与操作。对于输水建筑物的管理，应进一步加强坝下涵管、隧洞、渠道的智慧巡查和智慧维护。对于堤坝防汛，应进一步加强堤坝的智慧巡险和智慧抢险。

任务2　水利工程标准化管理

我国已建成由水库、堤防、水闸、灌区、泵站和调水工程组成的水利工程体系，这些水利工程在发挥巨大防洪减灾、供水灌溉、生态保护效益的同时，运行管理方面存在亟待解决的问题。部分存量病险工程尚未实施除险加固，工程安全隐患依然严重；基层水管单位技术力量薄弱、管护经费不足，运行管理水平相对落后；工程信息化、智慧化管理水平较低，运行管理手段落后。这些问题与新阶段水利高质量发展不相适应，必须加强水利工程运行管理，及时消除安全隐患，守住安全底线。同时，着力提升运行管理能力和水平，努力提高管理规范化、智慧化、标准化。

近年来，浙江、江苏、江西、山东、安徽等地，黄委、淮委等流域管理机构，结合管理实际，积极探索水利工程标准化管理，在保障工程安全、增强管理能力、提高管理水平方面，取得了明显工作成效。同时，在加强顶层设计、分类指导实施、完善标准体系、强化绩效考评等方面形成一批可借鉴的有效做法。总的来看，先期实践成效显著，在全行业推行水利工程标准化管理的条件已经具备。为此，2022 年 3 月 24 日水利部印发了《关于推进水利工程标准化管理的指导意见》《水利工程标准化管理评价办法》及其评价标准（包括大中型水库工程标准化管理评价标准、大中型水闸工程标准化管理评价标准、堤防工程标准化管理评价标准）；2022 年 10 月 31 日水利部印发了《调水工程标准化管理评价标准》[包括调水工程标准化管理整体评价标准、渠道（渡槽）标准化管理评价标准、管涵（隧洞、倒虹吸）标准化管理评价标准]。

一、水利工程标准化管理的指导思想和主要目标

（一）水利工程标准化管理的指导思想

深入贯彻落实“节水优先、空间均衡、系统治理、两手发力”的治水思路，坚持人民至上、生命至上，统筹发展和安全，立足新发展阶段、贯彻新发展理念、构建新发展格局，推动高质量发展，强化水利体制机制法治管理，推进工程管理信息化智慧化，构建推动水利高质量发展的工程运行标准化管理体系，因地制宜，循序渐进，推进水利工程标准化管理，保障水利工程运行安全，保证工程效益充分发挥。

（二）水利工程标准化管理的主要目标

“十四五”期间，强化工程安全管理，消除重大安全隐患，落实管理责任，完善管理制度，提升管理能力，建立健全运行管理长效机制，全面推进水利工程标准化管理。

2022 年底前，省级水行政主管部门和流域管理机构建立起水利工程标准化管理制度标准体系，全面启动标准化管理工作；2025 年底前，除尚未实施除险加固的病险工程外，大中型水库全面实现标准化管理，大中型水闸、泵站、灌区、调水工程和 3 级以上堤防等基本实现标准化管理；2030 年底前，大中小型水利工程全面实现标准化管理。

二、水利工程标准化管理的要求

水利工程管理单位要落实管理主体责任，执行水利工程运行管理制度和标准，充分利用信息平台和管理工具，规范管理行为，提高管理能力，从工程状况、安全管理、运行管护、管理保障和信息化建设等 5 个方面，实现水利工程全过程标准化管理。

1. 工程状况

在工程状况方面要求：

（1）工程现状达到设计标准，无安全隐患。

（2）主要建筑物和配套设施运行性态正常，运行参数满足现行规范要求。

（3）金属结构与机电设备运行正常、安全可靠。

（4）监测监控设施设置合理、完好有效，满足掌握工程安全状况需要。

(5) 工程外观完好，管理范围环境整洁，标识标牌规范醒目。

2. 安全管理

在安全管理方面要求：

(1) 工程按规定注册登记，信息完善准确、更新及时。

(2) 按规定开展安全鉴定，及时落实处理措施。

(3) 工程管理与保护范围划定并公告，重要边界界桩齐全明显，无违章建筑和危害工程安全活动。

(4) 安全管理责任制落实，岗位职责分工明确。

(5) 防汛组织体系健全，应急预案完善可行，防汛物料管理规范，工程安全度汛措施落实。

3. 运行管护

在运行管护方面要求：

(1) 工程巡视检查、监测监控、操作运用、维修养护和生物防治等管护工作制度齐全、行为规范、记录完整，关键制度、操作规程上墙明示。

(2) 及时排查、治理工程隐患，实行台账闭环管理。

(3) 调度运用规程和方案（计划）按程序报批并严格遵照实施。

4. 管理保障

在管理保障方面要求：

(1) 管理保障方面要求：管理体制顺畅，工程产权明晰，管理主体责任落实。

(2) 人员经费、维修养护经费落实到位，使用管理规范。

(3) 岗位设置合理，人员职责明确且具备履职能力。

(4) 规章制度满足管理需要并不断完善，内容完整、要求明确、执行严格。

(5) 办公场所设施设备完善，档案资料管理有序。

(6) 精神文明和水文化建设同步推进。

5. 信息化建设

在信息化建设方面要求：

(1) 建立工程管理信息化平台，工程基础信息、监测监控信息、管理信息等数据完整、更新及时，与各级平台实现信息融合共享、互联互通。

(2) 整合接入雨水情、安全监测监控等工程信息，实现在线监管和自动化控制，应用智能巡查设备，提升险情自动识别、评估、预警能力。

(3) 网络安全与数据保护制度健全，防护措施完善。

三、水利工程标准化管理主要工作内容

1. 制定标准化管理工作实施方案

省级水行政主管部门和流域管理机构要加强顶层设计，按照因地制宜、循序渐进的工作思路，制定本地区（单位）水利工程标准化管理工作实施方案，明确目标任务、实施计划和工作要求，落实保障措施，有计划、分步骤组织实施，统筹推进水利工程标准化管理

工作。

2. 建立工程运行管理标准体系

省级水行政主管部门和流域管理机构要依据国家和水利部颁布的相关管理制度和技术标准规范，结合工程运行管理实际，梳理工程状况、安全管理、运行管护、管理保障和信息化建设等方面的管理事项，制定标准化管理制度，按照工程类别编制标准化工作手册示范文本，构建本地区（单位）工程运行管理标准体系，指导水管单位开展标准化管理。以县域为单元，深化管理体制改革，健全长效运行管护机制，全面推进小型水库标准化管理，积极探索农村人饮工程标准化管理。

3. 推进标准化管理的实施

水管单位要根据省级水行政主管部门或流域管理机构制定的标准化工作手册示范文本，编制所辖工程的标准化工作手册，针对工程特点，理清管理事项、确定管理标准、规范管理程序、科学定岗定员、建立激励机制、严格考核评价。

全面推进标准化管理，按规定及时开展工程安全鉴定，深入开展隐患排查治理，加快病险工程除险加固，加强工程度汛和安全生产管理，保障工程实体安全；规范工程巡视检查、监测监控、操作运用、维修养护和生物防治等活动；划定工程管理与保护范围，加强环境整治；健全并严格落实运行管理各项制度，切实强化人员、经费保障，改善办公条件；加强数字化、网络化、智能化应用，不断提升在线监管、自动化控制和预警预报水平，落实网络安全管理责任。

4. 做好标准化管理评价

水利部制定《水利工程标准化管理评价办法》，明确标准化基本要求和水利部评价标准。省级水行政主管部门和流域管理机构要结合实际，制定本地区（单位）的标准化评价细则及其评价标准，评价内容及其标准应满足水利部确定的标准化基本要求，建立标准化管理常态化评价机制，深入组织开展标准化评价工作。评价结果达到省级或流域管理机构评价标准的，认定为省级或流域管理机构标准化管理工程。通过省级或流域管理机构标准化评价且满足水利部评价条件的，可申请水利部评价。通过水利部评价的，认定为水利部标准化管理工程。

四、水利工程标准化管理评价办法

水利工程标准化管理评价是按照评价标准对工程标准化管理建设成效的全面评价，主要包括工程状况、安全管理、运行管护、管理保障和信息化建设等方面。

水利部负责指导全国水利工程标准化管理和评价，组织开展水利部标准化评价工作。流域管理机构负责指导流域内水利工程标准化管理和评价，组织开展所属工程的标准化评价工作，受水利部委托承担水利部评价的具体工作。省级水行政主管部门负责本行政区域内所管辖水利工程标准化管理和评价工作。

省级水行政主管部门和流域管理机构应按照水利部确定的标准化基本要求，制定本地区（单位）水利工程标准化管理评价细则及其评价标准，评价认定省级或流域管理机构标准化管理工程。

水利部评价按照水利部评价标准执行，申报水利部评价的工程，需具备以下条件：

（1）工程（包括新建、除险加固、更新改造等）通过竣工验收或完工验收投入运行，工程运行正常。

（2）水库、水闸工程按照《水库大坝注册登记办法》和《水闸注册登记管理办法》的要求进行注册登记。

（3）水库、水闸工程按照《水库大坝安全鉴定办法》和《水闸安全鉴定管理办法》的要求进行安全鉴定，鉴定结果达到一类标准或完成除险加固，堤防工程达到设计标准。

（4）水库工程的调度规程和大坝安全管理应急预案经相关单位批准。

（5）工程管理范围和保护范围已划定。

（6）已通过省级或流域管理机构标准化评价。

水利部评价实行千分制评分。通过水利部评价的工程，评价结果总分应达到920分（含）以上，且主要类别评价得分不低于该类别总分的85%。

省级水行政主管部门负责本行政区域内所管辖水利工程申报水利部评价的初评、申报工作。流域管理机构负责所属工程申报水利部评价的初评、申报工作。部直管工程由工程管理单位初评后，直接申报水利部评价。

申报水利部评价的工程，由水利部按照工程所在流域委托相应流域管理机构组织评价。流域管理机构所属工程，由水利部或其委托的单位组织评价。

水利部和流域管理机构建立标准化评价专家库，评价专家组从专家库抽取评价专家的人数不得少于评价专家组成员的2/3；被评价工程所在省（自治区、直辖市）或所属流域管理机构的评价专家不得担任评价专家组成员。

通过水利部评价的工程，认定为水利部标准化管理工程，进行通报。

通过水利部评价的工程，由水利部委托流域管理机构每5年组织一次复评，水利部进行不定期抽查；流域管理机构所属工程由水利部或其委托的单位组织复评。对复评或抽查结果，水利部予以通报。省级水行政主管部门和流域管理机构应在工程复评上一年度向水利部提交复评申请。

通过水利部评价的工程，凡出现以下情况之一的，予以取消：①未按期开展复评；②未通过复评或抽查；③工程安全鉴定为三类及以下（不可抗力造成的险情除外），且未完成除险加固；④发生较大及以上生产安全事故；⑤监督检查发现存在严重运行管理问题；⑥发生其他造成社会不良影响的重大事件。

复习思考题[1]

1. 简述对已建成水利工程进行管理的意义。
2. 水库大坝的三种状态是哪三种？三种状态有何区别？

[1] 000206Ⓣ

3. 水利工程存在安全隐患的原因有哪些?
4. 水利工程标准化管理的要求有哪些?
5. 申报水利部评价的标准化水利工程需具备哪些条件?
6. 申报水利部验收的国家级水利工程规范化管理单位需具备哪些条件?
7. 新中国成立以来，水利工程管理工作取得了哪些主要成就?
8. 新时期对水利工程管理工作有哪些要求?
9. 水利工程管理体制改革的目标是什么?
10. 我国水利工程管理单位分为哪三类? 分别如何定性?

项目一　大　坝　管　理[1]

【学习目标】

通过本项目的学习，学生可以了解大坝安全监测工作的步骤和要求，大坝安全监测项目；熟悉大坝巡视检查和日常养护的内容，大坝监测资料整理分析的要求和方法；掌握大坝水平位移、垂直位移、挠度、裂缝、渗透压力、渗流量、库水位等监测项目的监测方法，大坝裂缝、渗漏、滑坡等病害的处理方法。

任务1　大　坝　安　全　监　测[2]

一、监测的概念

大坝是拦截江河水流以抬高水位或调节流量的挡水建筑物，可形成水库，抬高水位、调节径流、集中水头，用于防洪、供水、灌溉、水力发电、改善航运等。监测包括巡视检查和仪器观测两个方面，它们在大坝安全监测中相互联系、互为补充、缺一不可。[3]

巡视检查是用眼看、耳听、手摸等直观方法并辅以简单的工具，对水工建筑物外表及内部大范围对象的定期或不定期的直观检查。通过巡查发现不正常现象，并分析、判断建筑物内部的问题，从而进一步进行检查和监测，并采取相应的修理措施。由于仪器监测点数量有限，而且观测周期较长，所以大部分情况下，大坝的安全隐患是通过巡视检查发现的。众多小型水库和山塘管理技术力量薄弱，绝大部分土石坝没有埋设仪器设备，对于工程是否正常运行，坝体有无工程隐患的判断更依赖于巡视检查人员的经验和责任心。日常巡视检查已被水利工程管理单位普遍付诸实施，该项制度已被编入各水库管理单位的规章中，并在水利工程安全管理中发挥了积极作用。如某大型水库在一个深夜于库水位下的上游坝面发生滑坡，是大坝管理人员巡视发现的。

仪器观测是指依据有关规范规程，结合工程实际，在大坝等水工建筑物上布设各类安全监测仪器和设备，用以采集建筑物运行的各种状态信息。通过对这些信息的处理和整编分析，结合人工巡视检查情况，对水工建筑物的运行状态和安全状况作出评价。如1962

❶ 0100Ⓦ　❷ 010101Ⓦ　010102▶　010103Ⓟ　010104Ⓖ　❸ 010105Ⓣ

年，安徽省梅山水库大坝，监测发现右岸山坡渗流量明显增大，通过进一步检查，右岸几个坝段向左倾斜达51mm，坝体出现较长裂缝。经综合分析，判断为右岸坝基岩发生了部分错动，大坝险情严重，后决定放空水库，并进行了加固处理，避免了一次重大事故。又如1993年，通过监测，发现佛子岭水库大坝向下游位移量明显增加，超过历史最大值30%，水库管理单位立即进行全面检查和分析，判定为大坝遭遇到不利工况，考虑到大坝基础、坝体均存在一定缺陷，决定控制水位运用，避免了大坝安全性态的进一步恶化。

二、监测工作的步骤和要求

(一) 监测工作的步骤

(1) 监测系统设计。设计是安全监测的龙头。监测设计不仅要满足建筑物性态分析和安全监控的需要，还要根据工程规模大小、建筑物结构形式、工程具体情况和需要，确定监测项目和仪器设备布置，制定技术要求，设计出全面的监测系统。

(2) 仪器选型。仪器是安全监测的基础，它不仅要求质量优良，具有长期工作的稳定性和恶劣环境下的可靠性，而且要求技术上先进，能适应复杂工程安全监测的需要。

(3) 仪器埋设安装。监测施工是安全监测的保障，监测施工应按照监测设计和规范规定要求进行，对所需的观测仪器和设备进行检查、安装和埋设。

(4) 现场观测。按规定的测次和技术要求，定期进行各种项目的观测。

(5) 监测资料分析。资料分析是安全监测的重要环节，资料分析不仅要对建筑物运行性态作出解释，对安全状况作出评价，而且要通过监测资料及时发现工程安全隐患，为除险加固提供依据。

(6) 安全评估和监控。监控是安全监测的关键，对建筑物安全状态进行监控，是工程安全监测的根本性目的。安全监控不仅要力求准确，不枉不纵，而且要实现实时在线。

(二) 监测工作的基本要求

对监测工作的基本要求是全面、准确反映大坝等水工建筑物工作性态，及时发现异常迹象，有效监视建筑物安全，为设计、施工和运行管理提供可靠资料。安全监测工作各环节的具体要求是：

(1) 监测系统的设计布置应能全面反映大坝等水工建筑物的工作状况及变化规律。检查观测的项目要有明确的目的性和针对性，既要全面，又要有重点，要能满足监视工程的工作情况、掌握工程状态变化规律的需要。有关建筑物状态变化的观测项目应与荷载及其他影响因素的观测项目同时进行，相互影响的观测项目应配合进行，以求正确地反映客观实际情况。测定应合理布置，精心埋设，测点布局要有足够的代表性，能够掌握工程变化的全貌。必要时可适当调整测点、测次和项目。

(2) 监测仪器设备应保证精确可靠、稳定耐用、便于观测，并按规范规程定期校核。自动化观测设备应有自检、自校功能，可长期稳定工作并具备人工观测条件。

(3) 监测系统的施工必须严格按设计要求精心实施，确保埋设、安装质量，做到竣工图、考证表及施工记录齐全。

(4) 切实做好观测数据采集工作，严格遵守规程规范，按规定测次、测量方法认真观测。测值必须符合精度要求，记录必须真实，观测成果应及时进行整理和分析，保证观测资料的真实性和准确性，正确地反映客观实际情况。

(5) 定期对监测结果作分析研究，对大坝工作状态做出评估。当大坝工作状态为异常或险情时，应立即向主管部门报告并通报设计单位。

三、巡视检查的分类和方法

（一）巡视检查的分类

巡视检查工作分为日常巡视检查、年度巡视检查和特别巡视检查三类。

日常巡视检查是指在常规情况下，对大坝进行的例行巡视检查。日常巡查应根据大坝的具体情况和特点，制定切实可行的巡查制度，具体规定巡查的时间、部位、内容和要求，并确定日常巡回检查路线和顺序，由有经验的技术人员负责，并相对固定。

年度巡视检查是在每年汛前汛后、用水期前后、第一次高水位、冻害地区的冰冻期和融冰期、有蚁害地区的白蚁活动显著期、高水位低气温时期等条件下进行的巡视检查。

特别巡视检查是当大坝发生比较严重的险情或破坏现象，或发生特大洪水、大暴雨、7级以上大风、有感地震，水位骤升骤降等非常运用情况下进行的巡视检查。

（二）巡视检查的方法

1. *常规方法*

(1) 眼看。察看迎水面大坝附近水面是否有漩涡；迎水面护坡块石是否有移动、凹陷或凸鼓；防浪墙、坝顶是否有出现新的裂缝或原存在的裂缝有无变化；坝顶是否塌坑；背水坡坝面、坝脚及附近范围内是否出现渗漏凸鼓现象，尤其对长有喜水性草类的地方要仔细检查，判断渗漏水的浑浊变化；大坝附近及溢洪道两侧山体岩石是否错动或出现新裂缝；通信、电力线路是否畅通等。

(2) 耳听。检查是否出现不正常水流声。

(3) 脚踩。检查坝坡、坝脚是否出现土质松软或潮湿甚至渗水。

(4) 手摸。当眼看、耳听、脚踩过程中发现有异常情况时，则用手作进一步临时性检查，对长有杂草的渗漏出逸区，则用手测试水温是否异常。

2. *特殊方法*

采用开挖探坑（或探槽）、探井、钻孔取样或孔内电视、向孔内注水试验、投放化学试剂、潜水员探摸或水下电视、水下摄影或录像等方法，对工程内部、水下部位或坝基进行检查。

四、大坝安全监测项目

根据大坝安全监测的目的，仪器观测项目可以归纳为环境量监测，变形监测，渗流监测，结构内部应力、应变、温度监测，水力学监测，地震监测等六大类。[1]

(1) 环境量监测。包括上下游水位、降雨量、气温、水温、地震、波浪、冰压力，以及坝前和库区泥沙冲淤等。

---

[1] 010106Ⓣ

（2）变形监测。包括坝的表面变形（水平位移和垂直位移）、内部变形［分层水平位移和垂直位移（或沉降）］、裂缝及接缝、挠度观测、混凝土面板变形及岸坡位移等观测。

（3）渗流监测。包括坝体渗流压力（浸润线）、坝基渗流压力、绕坝渗流、渗流量、水质分析等观测。

（4）结构内部应力、应变、温度监测。包括孔隙水压力、土压力（应力）、混凝土应力应变、锚杆（锚索）及钢筋应力、温度等观测。土石坝压力（应力）观测，一般用于Ⅰ、Ⅱ级工程和高坝。

（5）水力学监测。包括坝后及水流通道的流速、流态、动水荷载、空化、空蚀、雾化、通气、掺气等观测。

（6）地震监测。包括地震动加速度和动水压力等观测。

（一）土石坝监测项目

根据《土石坝安全监测技术规范》（SL 551—2012），土石坝安全监测项目设置按表1-1执行。从表中可以看出：巡视检查，坝体表面变形，渗流量，上下游水位，降水量、气温和库水温是所有等级土石坝必设的监测项目。

表1-1　土石坝安全监测项目分类和选择

序号	监测类别	监测项目	建筑物级别		
			Ⅰ	Ⅱ	Ⅲ
一	巡视检查	坝体、坝基、坝区、输泄水洞（管）、溢洪道、近坝库岸	★	★	★
二	变形	1. 坝体表面变形	★	★	★
		2. 坝体（基）内部变形	★	★	☆
		3. 防渗体变形	★	★	
		4. 界面及接（裂）缝变形	★	★	
		5. 近坝岸坡变形	★	☆	
		6. 地下洞室围岩变形	★	☆	
三	渗流	1. 渗流量	★	★	★
		2. 坝基渗流压力	★	★	☆
		3. 坝体渗流压力	★	★	☆
		4. 绕坝渗流	★	★	☆
		5. 近坝岸坡渗流	★	☆	
		6. 地下洞室渗流	★	☆	
四	压力（应力）	1. 孔隙水压力	★	☆	
		2. 土压力	★	☆	
		3. 混凝土应力应变	★	☆	
五	环境量	1. 上下游水位	★	★	★
		2. 降雨量、气温、库水温	★	★	★
		3. 坝前泥沙淤积及下游冲刷	☆	☆	
		4. 冰压力	☆		
六	地震反应		☆	☆	
七	水力学		☆		

注　1. ★为必设项目。☆为一般项目，可根据需要选设。
2. 坝高小于20m的低坝，监测项目选择可降一个建筑物级别考虑。

（二）混凝土坝监测项目

根据《混凝土坝安全监测技术规范》（SL 601—2013），混凝土坝安全监测项目设置按表1-2执行。从表中可以看出：现场检查，上下游水位，气温、降水量，坝体表面位移，渗流量，扬压力是所有等级混凝土坝必设的监测项目。

表1-2　　混凝土坝安全监测项目分类和选择

监测类别	监测项目	大坝级别			
		Ⅰ	Ⅱ	Ⅲ	Ⅳ
现场检查	坝体、坝基、坝肩及近坝库岸	●	●	●	●
环境量	上下游水位	●	●	●	●
	气温、降水量	●	●	●	●
	坝前水温	●	●	○	○
	气压	○	○	○	○
	冰冻	○	○	○	○
	坝前淤积、下游淤积	○	○	○	
变形	坝体表面位移	●	●	●	●
	坝体内部位移	●	●	●	○
	倾斜	●	○	○	
	接缝变化	●	●	○	○
	裂缝变化	●	●	●	○
	坝基位移	●	●	●	○
	近坝岸坡变形	●	●	○	○
	地下洞室变形	●	●	○	○
渗流	渗流量	●	●	●	●
	扬压力	●	●	●	●
	坝体渗透压力	○	○	○	○
	绕坝渗流	●	●	○	○
	近坝岸坡渗流	●	●	○	○
	地下洞室渗流	●	●	○	○
	水质分析	●	●	○	○
应力、应变及温度	应力	●		○	○
	应变	●	●	○	
	混凝土温度	●	●	○	
	坝基温度	●	●	○	
地震反应监测	地震动加速度	○	○	○	
	动水压力	○			

续表

监测类别	监 测 项 目	大坝级别			
		Ⅰ	Ⅱ	Ⅲ	Ⅳ
水力学监测	水流流速、水面线	○	○		
	动水压力	○	○		
	流速、泄流量	○	○		
	空化、空蚀、掺气、下游雾化	○	○		
	振动	○	○		
	消能及冲刷	○	○		

注 1. 有●者为必设项目，有○者为可选项目，可根据需要选设。
2. 坝高 70m 以下的 1 级坝，应力应变为可选项。

五、监测次数

仪器观测的频次因监测项目和阶段而异。根据《土石坝安全监测技术规范》（SL 551—2012）和《混凝土坝安全监测技术规范》（SL 601—2013），土石坝和混凝土坝安全监测项目测次分别按表 1-3 和表 1-4 执行。

表 1-3　　土石坝安全监测项目测次

监 测 项 目	监测阶段和测次		
	第一阶段（施工期）	第二阶段（初蓄期）	第三阶段（运行期）
日常巡视检查	4～8 次/月	8～30 次/月	1～3 次/月
1. 坝体表面变形	1～4 次/月	1～10 次/月	2～6 次/年
2. 坝体（基）内部变形	4～10 次/月	2～30 次/月	4～12 次/年
3. 防渗体变形	4～10 次/月	2～30 次/月	4～12 次/年
4. 界面及接（裂）缝变形	4～10 次/月	2～30 次/月	4～12 次/年
5. 近坝岸坡变形	1～4 次/月	1～10 次/月	4～6 次/年
6. 地下洞室围岩变形	1～4 次/月	1～10 次/月	4～6 次/年
7. 渗流量	3～6 次/月	3～30 次/月	2～4 次/月
8. 坝基渗流压力	3～6 次/月	3～30 次/月	2～4 次/月
9. 坝体渗流压力	3～6 次/月	3～30 次/月	2～4 次/月
10. 绕坝渗流	1～4 次/月	3～30 次/月	2～4 次/月
11. 近坝岸坡渗流	1～4 次/月	3～30 次/月	1～2 次/月
12. 地下洞室渗流	1～4 次/月	3～30 次/月	1～2 次/月
13. 孔隙水压力	3～6 次/月	3～30 次/月	2～4 次/月
14. 土压力	3～6 次/月	3～30 次/月	2～4 次/月
15. 混凝土应力应变	3～6 次/月	3～30 次/月	2～4 次/月
16. 上下游水位	1～2 次/d	1～4 次/d	1～2 次/d

续表

监测项目	监测阶段和测次		
	第一阶段（施工期）	第二阶段（初蓄期）	第三阶段（运行期）
17. 降雨量、气温	逐日量	逐日量	逐日量
18. 库水温		1～10次/月	1次/月
19. 坝前泥沙淤积及下游冲刷		按需要	按需要
20. 冰压力	按需要	按需要	按需要
21. 坝区平面监测网	取得初始值	1～2年1次	3～5年1次
22. 坝区垂直监测网	取得初始值	1～2年1次	3～5年1次
23. 水力学		根据需要确定	

注 1. 表中测次，均系正常情况下人工测读的最低要求。如遇特殊情况和工程出现不安全征兆时应增加测次。

2. 第一阶段：原则上从施工建立观测设备起，至竣工移交管理单位止。若坝体填筑进度快，变形和土压力测次可取上限。

3. 第二阶段：从水库首次蓄水至达到（或接近）正常蓄水位后再持续三年。在蓄水时，测次可取上限；完成蓄水后的相对稳定期可取下限。

4. 第三阶段：指第二阶段后的运行期。渗流、变形等性态变化速率大时，测次应取上限；性态趋于稳定时可取下限。

5. 相关监测项目应力求同一时间监测。

表1-4　混凝土坝安全监测项目测次

监测类别	监测项目	施工期	首次蓄水期	运行期
现场检查	日常检查	1～2次/周	1次/d～3次/周	1～3次/月
环境量	上下游水位	1～2次/d	2～4次/d	1～2次/d
	气温、降水量	逐日量	逐日量	逐日量
	坝前水温	1次/周～1次/月	1次/d～1次/周	1次/周～2次/月
	气压	1次/周～1次/月	1次/周～1次/月	1次/周～1次/月
	冰冻	按需要	按需要	按需要
	坝前淤积、下游淤积		按需要	按需要
变形	坝体表面位移	1次/周～1次/月	1次/d～2次/周	1～2次/月
	坝体内部位移	1～2次/周	1次/d～2次/周	1次/周～1次/月
	倾斜	1～2次/周	1次/d～2次/周	1次/周～1次/月
	接缝变化	1～2次/周	1次/d～2次/周	1次/周～1次/月
	裂缝变化	1～2次/周	1次/d～2次/周	1次/周～1次/月
	坝基位移	1～2次/周	1次/d～2次/周	1次/周～1次/月
	近坝岸坡变形	1～2次/月	1～2次/周	1次/月～4次/年
	地下洞室变形	1～2次/月	1～2次/周	1次/月～4次/年
渗流	渗流量	1～2次/周	1次/d	1次/周～2次/月
	扬压力	1～2次/周	1次/d	1次/周～2次/月
	坝体渗透压力	1～2次/周	1次/d	1次/周～2次/月

续表

监测类别	监测项目	施工期	首次蓄水期	运行期
渗流	绕坝渗流	1次/周~1次/月	1次/d~1次/周	1次/周~1次/月
	近坝岸坡渗流	1~2次/月	1次/d~1次/周	1次/月~4次/年
	地下洞室渗流	1~2次/月	1次/d~1次/周	1次/月~4次/年
	水质分析	1次/月~1次/季	1~2次/月	1~2次/年
应力、应变及温度	应力	1次/周~1次/月	1次/d~1次/周	2次/月~1次/季
	应变	1次/周~1次/月	1次/d~1次/周	2次/月~1次/季
	混凝土温度	1次/周~1次/月	1次/d~1次/周	2次/月~1次/季
	坝基温度	1次/周~1次/月	1次/d~1次/周	2次/月~1次/季
地震反应监测	地震动加速度	按需要	按需要	按需要
	动水压力		按需要	按需要
水力学监测	水流流速、水面线		按需要	按需要
	动水压力		按需要	按需要
	流速、泄流量		按需要	按需要
	空化空蚀、掺气、下游雾化		按需要	按需要
	振动		按需要	按需要
	消能及冲刷		按需要	按需要

注 1. 表中测次，均系正常情况下人工测读的最低要求。特殊时期增加测次，监测自动化可根据需要，适当加密测次。

2. 在施工期，坝体浇筑进度快的，变形和应力监测的次数取上限。在首次蓄水期，库水位上升快的，测次取上限。在初蓄期，开始测次取上限。在运行期，当变形、渗流等性态变化速度大时，测次取上限，性态趋于稳定时取下限；当多年运行性态稳定时，可减少测次，减少项目或停测，但应报主管部门批准；当水位超过前期运行水位时，按首次蓄水执行。

任务2 土石坝的巡视检查

一、土石坝巡视检查的项目与内容❶

土石坝巡视检查的内容可根据各大坝的具体情况经充分分析后确定。根据《土石坝安全监测技术规范》（SL 551—2012），土石坝的巡视检查一般包括以下项目和内容。

（一）坝体主要检查内容

（1）坝顶有无裂缝、异常变形、积水或植物滋生等现象；防浪墙有无变形、裂缝、挤

❶ 010201Ⓦ 010202▶ 010203Ⓟ 010204

碎、架空、倾斜和错断等情况。

(2) 迎水坡护面或护坡是否损坏；有无裂缝、剥落、滑动、隆起、塌坑、冲刷或植物滋生等现象；近坝水面有无冒泡、变浑、漩涡和冬季不冻等异常现象。块石护坡有无翻起、松动、塌陷、垫层流失、架空或风化变质等损坏现象。

(3) 混凝土面板堆石坝应检查面板之间接缝的开合情况和缝间止水设施的工作状况；面板表面有无不均匀沉陷，面板和趾板接触处沉降、错动、张开情况；混凝土面板有无破损、裂缝，表面裂缝出现的位置、规模、延伸方向及变化情况；面板有无溶蚀或水流侵蚀现象。

(4) 背水坡及坝趾有无裂缝、剥落、滑动、隆起、塌坑、雨淋沟、散浸、积雪不均匀融化、冒水、渗水坑或流土、管涌等现象；表面排水系统是否通畅，有无裂缝或损坏，沟内有无垃圾、泥沙淤积或长草等情况；草皮护坡植被是否完好；有无兽洞、蚁穴等隐患；滤水坝趾、减压井等导渗降压设施有无异常或破坏现象；排水反滤设施是否堵塞和排水不畅，渗水有无骤减骤增和浑浊现象。

(二) 坝基和坝区主要检查内容

(1) 基础排水设施的工况正常；渗漏水的水量、颜色、气味及浑浊度、酸碱度、温度有无变化；基础廊道是否有裂缝、渗水等现象。

(2) 坝体与岸坡连接处有无错动、开裂及渗水等情况；两岸坝端区有无裂缝、滑动、滑坡、崩塌、溶蚀、隆起、塌坑、异常渗水和蚁穴、兽洞。

(3) 坝趾近区有无阴湿、渗水、管涌、流土或隆起等现象；排水设施是否完好。

(4) 坝端岸坡有无裂缝、塌滑迹象；护坡有无隆起、塌陷或其他损坏情况；下游岸坡地下水露头及绕坝渗流是否正常。

(5) 有条件应检查上游铺盖有无裂缝、塌坑。

(三) 输、泄水洞（管）主要检查内容

(1) 引水段有无堵塞、淤积、崩塌。

(2) 进水口边坡坡面有无新裂缝、塌滑发生，原有裂缝有无扩大、延伸；地表有无隆起或下陷；排水沟是否通畅、排水孔工作是否正常；有无新的地下水露头，渗水量有无变化。

(3) 进水塔（或竖井）混凝土有无裂缝、渗水、空蚀或其他损坏现象；塔体有无倾斜或不均匀沉降。

(4) 洞身有无裂缝、坍塌、鼓起、渗水、空蚀等现象；原有裂（接）缝有无扩大、延伸；放水时洞内声音是否正常。

(5) 出水口在放水期水流形态、流量是否正常；停水期是否有水渗漏。

(6) 消能工有无冲刷、磨损、淘刷或砂石、杂物堆积等现象，下游河床及岸坡有无异常冲刷、淤积和波浪冲击破坏等情况。

(7) 工作桥是否有不均匀沉陷、裂缝、断裂等现象。

(四) 溢洪道主要检查内容

(1) 进水段有无坍塌、崩岸、淤堵或其他阻水现象；流态是否正常。

(2) 堰顶或闸室、闸墩、胸墙、边墙、溢流面、底板有无裂缝、渗水、剥落、冲刷、磨损、空蚀等现象；伸缩缝、排水孔是否完好。

（五）闸门及启闭机主要检查内容

（1）闸门有无变形、裂纹、脱焊、锈蚀及损坏现象；门槽有无卡堵、气蚀等情况；启闭是否灵活；开度指示器是否清晰、准确；止水设施是否完好；吊点结构是否牢固；栏杆、螺杆等有无锈蚀、裂缝、弯曲等现象；钢丝绳或节链有无锈蚀、断丝等现象。

（2）启闭机能否正常工作；制动、限位设备是否准确有效；电源、传动、润滑等系统是否正常；启闭是否灵活可靠；备用电源及手动启闭是否可靠。

（六）近坝岸坡主要检查内容

（1）岸坡有无冲刷、开裂、崩塌及滑移迹象。

（2）岸坡护面及支护结构有无变形、裂缝及错位。

（3）岸坡地下水露头有无异常，表面排水设施和排水孔工作是否正常。

影响土石坝安全运用的病害，主要有裂缝、渗漏、滑坡等，因此巡查时这些方面应是重点。

二、土石坝监测的项目与内容

（一）土石坝变形监测[1]

对于土石坝而言，必设的变形监测项目是表面水平位移和表面垂直位移监测。

1. 水平位移监测

水平位移常用的监测方法分两大类：一类是基准线法，是通过一条固定的基准线来测定监测点的位移，常见的有视准线法、引张线法、激光准直法、垂线法。另一类是大地测量方法，主要是以外部变形监测控制网点为基准，以大地测量方法测定被监测点的大地坐标，进而计算被监测点的水平位移，常见的有交会法、精密导线法、三角测量法、GPS观测法等。[2]下面介绍视准线法和GPS观测法。

（1）视准线法。

1）观测原理。视准线法是在坝体两端岸坡上各建立一个工作基点，通过两工作基点构成一条基准线，测量坝体某点到基准线的距离，其距离变化量即为该点的坝体位移。[3]

2）观测仪器和设备。视准线法一般用经纬仪观测水平位移。大型水库的土坝水平位移，可使用 J_6 级或 J_2 级经纬仪进行观测。土坝长度超过500m以及比较重要的水库，最好使用 J_1 级经纬仪进行观测。对于视准线长度超过500m（或曲线形坝）的变形观测可以采用徕卡或拓普康的全站仪观测。

观测设备主要包括工作基点、校核基点、位移标点、观测觇标等。

3）观测方法[4]。用视线法观测水平位移，视线长度受光学仪器的限制，一般前视位移标点的视线长度在250～300m之间，可保证要求的精度。坝长超过500m或折线形坝，则需增设非固定工作基点，以提高精度。观测方法有活动觇牌法和小角法，下面介绍活动

---

[1] 010205Ⓦ 010206▶ 010207Ⓟ 010208Ⓖ [2] 010209Ⓣ [3] 010210Ⓕ [4] 010211Ⓕ

觇牌法。

a. 坝长小于500m时。对于坝长小于500m的坝，坝体位移标点可分别由两端工作基点观测，使前视距离不超过250m。观测时，在工作基点A上安置经纬仪，后视另一端的工作基点B的固定觇标，固定经纬仪上下盘。然后前视离基点A二分之一坝长范围内的位移标点。观测每个位移标点时，用旗语或报话机指挥位于标点的持标者，移动位移标点上的活动觇标，使觇标中心线与望远镜竖丝重合，由持标者读出活动觇标分划尺上位移标点中心所对的读数，读数两次取均值。再倒镜观测一次，取正倒镜两次读数的平均值作为第一测回的成果，正镜或倒镜两次读数差应不大于2mm。同法再测第二测回，两测回观测值之差应不大于1.5mm。如此，依次观测工作基点A至坝长中点之间的位移标点。再在工作基点B上安置经纬仪，后视工作基点A，依次观测坝长中点至工作基点B之间的位移标点。

视准线法观测水平位移的记录表，可参考表1-5格式。

表1-5　　水平位移观测记录表

（视准线法）

测站$\underline{A}$　后视$\underline{B}$　观测者：______　记录者：______　校核者：______

测点	测回	观测日期			正镜读数			反镜读数			一测回读数	二测回平均读数	埋设偏距	上次位移量	间隔位移量	累计位移量	备注
		年	月	日	次数	读数	平均值	次数	读数	平均值							
下39 0+200	1	76	11	25	1 2	+86.4 +84.4	+85.4	1 2	+83.5 +82.5	+83.0	+84.2	83.8	+78.4	+82.2	+1.6	+5.4	
	2				1 2	+84.2 +85.2	+84.7	1 2	+81.4 +82.6	+82.0	83.4						

注　1. 埋设偏距为位移标点初测成果，即首次观测的平均读数。
2. 位移方向向下游者读数为"+"，向上游者读数为"－"。

b. 坝长大于500m时。当坝长超过500m，观测位移标点的视距超过250m，因此，需在坝体中间增设非固定工作基点。如图1-1所示，在视准线中点附近坝体增设非固定工作基点M。当坝体发生变形后，M点也随坝体发生位移至M'。进行位移观测时，首先由工作基点A和B，测定M'点的位移量。观测应进行2个测回，各测回成果与平均值的偏差应不大于2mm，然后将经纬仪安置在M'点后视A和B，观测M'前后各250m范围内位移标点的位移量。其他位移标点由固定工作基点A和B后视M'进行观测，如图1-1所示。

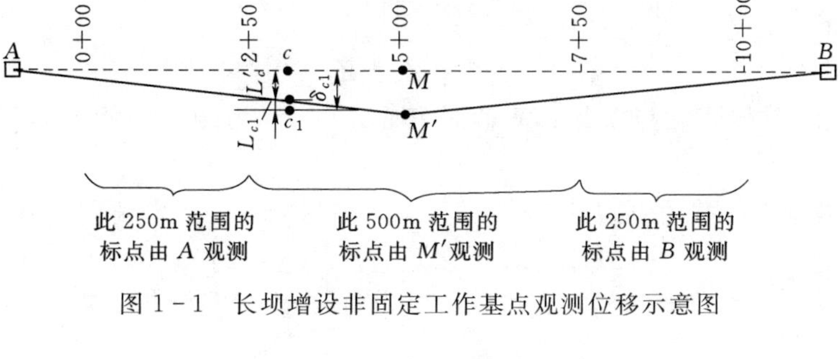

图1-1　长坝增设非固定工作基点观测位移示意图

由于视准线法观测位移的视线不宜超过300m，故即使增设非固定工作基点，最大坝长不宜超过1000m。对坝长超过1200m的坝，则应采用其他方法，如前方交会法等进行观测。

（2）GPS观测法。GPS进行水平位移监测应用GPS全球卫星定位技术，GPS技术进行变形监测有以下特点：测站间无需通视、可同时提供测点三维位移信息、可以全天候监测、操作简便。

GPS系统由一个监测中心和多个野外监测区域构成。每个监测区域设置一个机箱，内含一台GPS接收机、一块数据采集器电路板、一个GSM数据传输模块以及直流电源等部分；监测中心只包含GSM模块和用作GPS差分解算的PC机。系统工作时将GPS接收机安放于监测点的位置上，各点的GPS接收机都按预先设定好的时段参数同时进行观测，原始数据暂存于各自采集器的RAM中。观测结束后，各监测区依次通过GSM模块及GSM网络将数据传送至监测中心PC机，进行后台差分解算，得出各监测点间基线向量的长度及高程差。若把其中一个或多个监测点设置于绝对固定的参考位置上，则每次解算后均可得到其他监测点较参考点的相对位移值，包括水平位移和垂直位移。在两个或多个观测站同步观测相同卫星的情况下，卫星的轨道误差、卫星钟差、接收机钟差以及电离层和对流层的折射误差等对观测量的影响具有一定的相关性，利用这些观测量的不同线性组合，如在卫星间求差、在接收机间求差或者在不同历元间求差等可有效地消除或减弱相关误差的影响，提高系统的相对定位的精度。

2. 垂直位移监测

垂直位移是大坝安全监测的主要项目之一。常用的方法有精密水准测量法、静力水准测量法、三角高程法及GPS技术等。

土石坝垂直位移观测周期与水平位移观测周期一样，通常两项观测同期进行。土石坝、混凝土坝的垂直位移都可用上述几种方法进行观测。为叙述方便、避免重复，在本任务统一介绍，下面介绍精密水准测量法。

精密水准测量法是目前大坝垂直位移观测的主要方法。用精密水准测量法监测大坝垂直位移时，应尽量组成水准网。一般采用三级点位——水准基点、起测基点和位移标点；两级控制——由起测基点观测垂直位移标点、再由水准基点校测起测基点。如大坝规模较小，也可由水准基点直接观测位移标点。水准基点和起测基点设在大坝两岸不受坝体变形影响的部位，垂直位移标点布设在坝体表面，通过观测位移标点相对水准基点的高程变化计算测点垂直位移值。每次观测进行两个测回，每个测回对测点测读3次。观测的往返闭合差按《国家一、二等水准测量规范》（GB/T 12897—2006）的有关规定执行。垂直位移的计算公式如下：

$$\Delta Z_i = Z_0 - Z_i \tag{1-1}$$

式中：ΔZ_i 为第 i 次测得测点的累计垂直位移；Z_0、Z_i 为测点的始测高程和第 i 次测得的高程。

测点的间隔垂直位移由下式计算

$$\Delta Z_{ji} = \Delta Z_i - \Delta Z_{i-1} = Z_{i-1} - Z_i \tag{1-2}$$

式中：ΔZ_{ji} 为第 i 次测得的间隔垂直位移；其余符号意义同式（1-1）。

土石坝垂直位移观测的测点布置要求与水平位移测点布置要求一样。因此，垂直位移测点与水平位移测点常结合在一起，只需在水平位移标点顶部的观测盘上加制一个圆顶的金属标点头。

3. 裂缝观测

根据《土石坝安全监测技术规范》（SL 551—2012）的规定，对已建坝的表面裂缝（非干缩、冰冻缝），凡缝宽大于5mm，缝长大于5m，缝深大于2m的纵、横向裂缝，以及危及大坝安全的裂缝，均应横跨裂缝布置表面测点进行裂缝开合度监测。裂缝的观测内容包括裂缝的位置、走向、长度、宽度和深度等，详见表1-6。

观测裂缝位置时，可在裂缝地段按土坝桩号和距离用石灰或小木桩画出大小适宜的方格网进行测量，并绘制裂缝平面图。裂缝长度可用皮尺沿缝迹测量。对于缝宽，可在整条缝上选择几个有代表性的测点，在测点处裂缝两侧各打一排小木桩，木桩间距以50cm为宜。木桩顶部各打一小铁钉。用钢尺量测两铁钉距离，其距离的变化量即为缝宽变化量。也可在测点处洒石灰水，直接用尺量测缝宽。裂缝深度观测，可在裂缝中灌入石灰水，然后挖坑或钻孔探测，深度以挖至裂缝尽头为准，可量测缝深和走向。对表面裂缝的长度和可见深度的测量，应精确到1cm，宽度应精确到0.2mm；对于深层裂缝，除按表面裂缝的要求测量裂缝深度和宽度外，还应测定裂缝走向，精确到0.5°。

表1-6　　　　　　　　＿＿＿＿＿＿年度裂缝分布统计表

工程部位：＿＿＿＿＿＿＿＿＿＿＿＿＿＿＿＿＿＿＿＿

序号	发现日期	裂缝编号	裂缝位置			裂缝描述					
			桩号/m	轴距/m	高程/m	长度/m	宽度/m	深度/m	走向/m	倾角/(°)	错距/cm

统计者：　　　　　　　　　　　　　　　　　　校核者：

土坝裂缝巡测的测次，应视裂缝发展情况而定。在裂缝发生的初期，应每天巡测1次。待裂缝发展缓慢后，可适当延长间隔时间。但在裂缝有明显发展和库水位骤变时，应加密测次。雨后还应加测。特别是对于可能出现滑坡的裂缝，在变化阶段，应每隔1～2h巡测1次。

（二）土石坝渗流观测[1]

《土石坝安全监测技术规范》（SL 551—2012）对大坝渗流监测的一般要求：

（1）大坝渗流监测各项目应相应配合，并同时观测大坝上下游水位、降雨量和大气温度等环境因素。

（2）土石坝浸润线和渗压的观测可采用测压管或渗压计。使用测压管观测，成本低、操作简便，但存在时间滞后的问题，滞后时间主要与坝料的渗透系数 K 有关。若 $K \geq$

---

[1] 010212Ⓦ　010213▶　010214Ⓟ　010215◎　010216Ⓛ

10^{-3}cm/s，测压管观测的时间滞后影响可以忽略不计；若 10^{-5}cm/s≤K≤10^{-4}cm/s，则需考虑测压管滞后时间的影响；若 K≤10^{-6}cm/s，由于滞后时间的影响比较显著，故不宜用测压管进行观测。

（3）使用渗压计监测渗流压力时，精度不得低于总量程的 5/1000。

（4）采用压力表量测测压管水头时，应估计管口可能产生的最大压力值，选用量程合适的精密压力表，保证读数在 1/3～2/3 量程范围内，同时，精度不能低于 0.4 级。

（5）渗流量通常采用体积法或量水堰进行监测。当采用水尺法量测量水堰的堰顶水头时，精度不得低于 1mm；采用量水堰水位计或水位测针量测堰顶水头时，精度不得低于 0.1mm。

1. 坝体渗水压力（浸润线）观测

土坝建成蓄水后，由于水头的作用，坝体内必然产生渗流现象。水在坝体内从上游渗向下游，形成一个逐渐降落的渗流水面，称为浸润面（属无压渗流）。浸润面在土石坝横截面上只显示为一条曲线，通常称为浸润线。土坝浸润面的高低和变化，与土坝的安全稳定有密切关系。土坝设计中先需根据土石坝断面尺寸、上下游水位以及土料的物理力学指标，计算确定浸润线的位置，然后进行坝坡稳定分析计算。由于设计采用各项指标与实际情况不可能完全符合设计要求等，因此，土坝设计运用时的浸润线位置往往与设计计算的位置有所不同。如果实际形成的浸润线比设计计算的浸润线高，就降低了坝坡的稳定性，甚至可能造成滑坡失稳的事故。为此，观测掌握坝体浸润线的位置和变化，以判断土石坝在运行期间的渗流是否正常和坝坡是否安全稳定，是监视土石坝安全运用的重要手段，一般大中型土坝水库都必须予以重视，认真进行。❶

常用的坝体渗压监测仪器有测压管和渗压计，应根据监测目的、坝料透水性、渗流场特征以及埋设条件等选用。①上下游水位差小于 20m 的坝、渗透系数 K≥10^{-4}cm/s 的土中、渗流压力变幅小或防渗体需监视裂缝的部位，宜采用测压管；②上下游水位差大于 20m 的坝、渗透系数 K<10^{-4}cm/s 的土中、非稳定渗流的监测以及铺盖或斜墙底部接触面等不适宜埋设测压管的部位，宜采用渗压计观测，其量程应与测点实际可能出现的渗压相适应。

（1）观测方法。

1）测压管法。测压管法是在坝体选择有代表性的横断面，埋设适当数量的测压管，通过测量测压管中的水位来获得浸润线位置的一种方法。测压管由透水管和导管组成，材料常用金属管或塑料管。测压管的种类较多，有单管式、双管式和 U 形管式等，其中单管式应用最广。

测压管根据设计要求钻孔埋设。钻孔孔径一般为 100～150mm，测压管管径一般为 50mm。单管式测压管的透水管段结构应能保证渗透水顺利进入管内，同时测点处又不致发生渗透变形，因此通常由反滤层和插入反滤层的透水管组成。透水管长约 2m，在下部

❶ 010217Ⓣ

0.5～1m长度的管壁上钻有直径为5～6mm的梅花状分布的小孔，因此，透水管俗称花管。为便于渗流进入测压管并防止透水管堵塞，在透水管外壁包裹过滤材料，并在透水管底部和四周填充经筛分并冲洗干净的粒径为6～8mm的砂卵石形成反滤层。反滤层以上用膨胀土泥球封孔，泥球应由直径5～10mm的不同粒径组成，应风干，不宜日晒或烘烤。封孔厚度不宜小于4.0m。测压管封孔回填完成后，应向孔内注水进行灵敏度试验。❶

导管管径与透水管管径相同，连接在透水管上面，一直引出到预定的便于观测的孔口部位。

2）渗压计法。渗压计又称孔隙水压力计，一般埋设在观测对象内部，通过观测测点处的渗透压力来确定测点的渗压水头。目前使用较多的是差动电阻式渗压计和弦式渗压计。

（2）测压管水位的观测方法。观测测压管水位的仪器很多，目前常用的有电测水位器、遥测水位器等。

1）电测水位计。电测水位计是利用水能导电或者利用水的浮力将导电的浮子托起接通电路的原理制成的。各单位自行制作的电测水位器形式很多，一般有测头、指示器和吊尺组成。测头可用钢质或铁质的圆柱筒，中间安装电极。利用水导电的测头安装有两个电极，也可只安装一个电极，而利用金属测压管作为一个电极。

电测水位计的指示器可采用电表、灯泡、蜂鸣器等。指示器与测头电极用导线连接。

测头挂接在吊尺上，吊尺可用钢尺。连接时应使钢尺零点正好在电极入水联通电路处，或者用厚钢尺挂接，再加自钢尺零点至电极头的修正值。

观测时，用钢尺将测头慢慢放入测压管内，至指示器得到反应后，测读测压管管口的读数，然后计算管内水位高程。

测压管水位高程＝管口高程－管口至水面距离－测头入水引起水面升高值

测头入水引起水面升高值可事先试验求得。

用电测水位计观测测压管水位每次需测读两次，两次读数的差值，对大型水库要求不大于1cm，对中型水库要求不大于2cm。测压管管口高程，在施工期和初蓄期应每隔3～6个月校测1次；运行期每两年至少校测1次，疑有变化时随时校测。

2）遥测水位器。在大型水库测压管水位低于管口较深，测压管数目较多，测次频繁，采用遥测水位器观测管中水位可大大节省人力，而且精度高，效果好。适用于测压管管径不少于50mm，且安装比较顺直的情况。其原理主要是采用测压管中的水位升降，由浮子带力传动轮和滚筒，观测时，通过一系列电路带动滚筒一侧的棘轮，追踪量测滚筒的转动量，并反映到室内仪表，即可读出管中水位。

上述各种观测方法表明，测读测压管水位高程都要以管口高程作为依据，因此，管内水位高程观测是否正确，不仅取决于观测方法的精度，同时也取决于管口高程是否可靠。

为此，要求定期对测压管管口高程进行校测。在土石坝运用初期，应每月校测一次，

---

❶ 010218Ⓟ

以后可逐渐减少，但每年至少一次。测头吊索上的距离刻度标志也要定期进行率定。

2. 渗流量观测

渗流量观测，由于坝型和水库具体条件不同，其方法也不一样。对土石坝来说，通常是将坝体排水设备的渗水集中引出，量测其单位时间的水量。对有坝基排水设备，如排水沟、减压井等的水库，也应将坝基排水设备的排水量进行观测。有的水库土石坝坝体和坝基渗流量很难分清，可在坝下游设集水沟，观测总的渗流量变化，也能据以判断渗流稳定是否遭受破坏。对混凝土石坝和砌石坝，可以在坝下游设集水沟观测总渗流量，也可在坝体或坝基排水集水井观测排水量。

渗流量观测必须与上下游水位以及其他渗透观测项目配合进行。土石坝渗流量观测要与浸润线观测、坝基渗水压力观测同时进行。混凝土石坝和砌石坝，则应与扬压力观测同时进行。根据需要，还应定期对渗流水进行透明度观测和化学分析。

观测总渗流量通常应在坝下游能汇集渗流水的地方，设置集水沟，在集水沟出口处观测。

当渗流水可以分区拦截时，可在坝下游分区设集水沟进行观测，并将分区集水沟汇集至总集水沟，同时观测其总渗流量。

集水沟和量水设备应设置在不受泄水建筑物泄水影响和不受坝面及两岸排泄雨水影响的地方，并应结合地形尽量使其平直整齐，便于观测。图 1-2 为某土坝水库渗流量观测设备布置图。

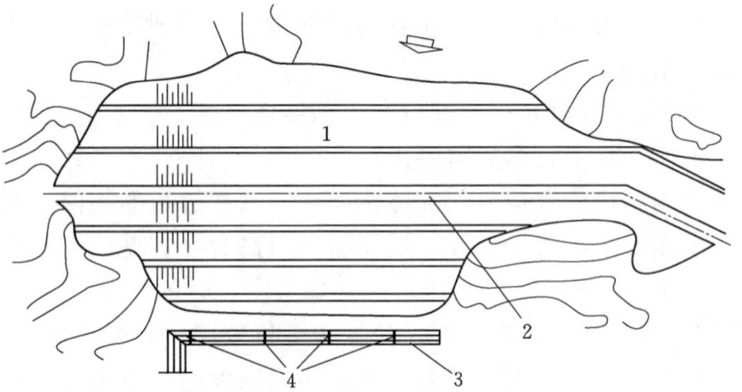

图 1-2 土坝水库渗流量观测设备布置

1—土坝坝体；2—坝顶；3—集水沟；4—量水堰

观测渗流量的方法，根据渗流量的大小和汇集条件，一般可选用容积法、量水堰法和测流速法。❶

(1) 容积法。容积法适用于渗流量小于 1L/s 或渗流水无法长期汇集排泄的地方。观

❶ 010219 ⓕ

测时需计时，当计时开始时，将渗流水全部引入容器内，计时结束时停止。量出容器内的水量，已知记取的时间，即可计算渗流量。

（2）量水堰法。量水堰法适用于渗流量为1～300L/s范围内的情况。量水堰法就是在集水沟或排水沟的直线段上安装量水堰，用水尺量测堰前水位，根据堰顶高程计算出堰上水头 H，再由 H 按量水堰流量公式计算渗流量。安装量水堰时，使堰壁直立，且与水流方向垂直。堰板采用钢板或钢筋混凝土板，堰口做成向下游倾斜45°的薄片状。堰口水流形态为自由式，测读堰上水头的水尺应设在堰板上游3倍以上堰口水头处。

量水堰按过水断面形状分为三角堰、梯形堰和矩形堰三种形式：①三角堰。三角堰缺口为一等腰三角形，一般采用底角为直角。三角堰适用于渗流量小于100L/s的情况，堰上水深一般不超过0.35m，最小不宜小于0.05mm。②梯形堰。梯形堰过水断面为一梯形，边坡常用1∶0.25。堰口应严格保持水平，底宽 b 不宜大于3倍堰上水头，最大过水深一般不宜超过0.3m。适用于渗流量在10～300L/s的情况。③矩形堰。矩形堰分为有侧收缩和无侧收缩。矩形堰适用于渗流量大于50L/s的情况。矩形堰堰口应严格保持水平，堰口宽度一般为2～5倍堰上水头，最小水头应大于0.25m，最大应不超过2.0m。

（3）测流速法。当渗流量大于300L/s或受落差限制不能设量水堰，且能将渗水汇集到比较规则平直的集水沟时，可采用流速仪或浮标等观测渗水流速 v，然后测出集水沟水深和宽度，求得过水断面面积 A，按公式 $Q=vA$ 即可计算渗流量。

3. 渗流水质监测

渗流水的透明度测定和水质的化验分析，是了解渗流水源、监测渗流发展状况以及研究确定是否需要采取工程措施的重要参考资料。

（1）渗流水的透明度测定。清洁的水是透明的，而当水中含有悬浮物或胶体化合物时，其透明度便大大降低。水中悬浮物等的含量越大，其透明度越小。

渗水透明度要固定专人进行测定，以避免因视力不同而引起误差。每次测定时的光亮条件应相同，光线的强弱和光线与视线的角度都应尽量一致，并避免阳光直接照射字板。正常情况下，渗流水的透明度测定可每月（或更长时间）测定一次，但是，如果发现渗水浑浊或出现可疑现象时，应立即进行透明度测定。

由坝体、坝基渗出的水，如果清澈透明，一般应认为是正常渗流。如果渗流水中带有泥沙颗粒或渗水浑浊不清，或渗水中含有某种可溶盐成分，则反映坝体或坝基土料中的细粒料被渗流水带出，或者是土料受到溶滤，这些现象通常是管涌、内部冲刷或化学管涌等渗流破坏的先兆。因此，应对渗流水进行透明度检测，并结合其他渗流观测分析判断是否会发生渗透破坏。

检测渗水透明度用透明度管进行。透明度管为一高35cm、直径3cm的平底玻璃管。管壁刻有厘米刻度，零点在管底处，管底有一放水阀门。其观测方法如下。

1）在渗水出口处取水样摇匀后注入透明度管内。

2）预制一块五号汉语拼音铅印字体底板，置于管底下4cm处，从管口通过水样观看铅印字体。如看不清字样，则打开阀门放水，降低管中水柱，直至看清字样为止。

3）从管壁刻度上读出水柱高度 t 即为渗水透明度。透明度大于30cm为清水。透明度越小，说明水样中含泥沙量越大。若事先率定出含沙量的关系，即可由透明度查出含沙量。

渗水透明度检测应固定专人进行，以免视力差异引起误差。检测工作在同样光亮条件下进行。检测应进行两次，两次读数差不大于1cm。渗水正常时，可每月或每季进行一次，渗水浑浊时每天检测一次或几次。

(2) 渗流水质的化验分析。渗流水质的化验分析可以了解渗流水的化学性质和对坝体、坝基材料有无溶蚀破坏作用。有时为了探明坝基和绕坝渗流的来源，也可在大坝上游相应位置投放颜料、荧光粉或食盐，然后在下游取水样进行分析。

在下游渗流出口处取0.5～1.0L水样，精确分析时取1～2L。用带玻璃瓶塞的广口玻璃瓶装水样，装入水样前先将玻璃瓶及瓶塞洗干净，再用所取渗流水至少冲洗三次。装入水样后，用棉线填满瓶口与瓶塞之间的缝隙，再用蜡进行封闭。最后，在瓶上标明采样地点、日期、时刻、化验分析的项目及目的，并迅速将水样提交化验单位进行分析。

4. 环境量监测

环境量监测的目的是了解环境量的变化规律及对水工建筑物变形、渗流和应力应变等的影响。需监测的环境量主要有上下游水位、降水量、气温、水温、波浪、坝前淤积和冰冻等。环境量监测仪器的安装埋设应在水库蓄水前完成。

(1) 水位监测。水位监测方法有水尺法、浮子式水位计法、压力式水位计法和超声波水位计法等，根据具体地形和水流条件选用。

1) 水尺法。水位测量基准值的获取需用到水尺，每个水位测点都必须设置水尺，即便采用别的水位观测方法，也应辅以水尺进行观测，并定期比对和校核。水尺要有一定的强度和刚度，温度变形要小，同时耐水性要好，一般由木材、搪瓷或合成材料制作而成。水尺的刻度要求清晰、醒目，刻度分辨率1cm，为方便夜间观测，水尺表面可设荧光涂层。

水尺的安装应尽量避开受回流、涡流、漂浮物以及风浪等影响的区域，还需方便观测人员近身测读水位。水尺的测量范围应大于最高和最低水位各0.5m。

$$水位=水尺尺底高程+水尺读数$$

2) 浮子式水位计法。浮子式水位计的观测原理是将绕过水位轮的悬索一端固定在漂浮于水位井内浮子上，另一端连接一个重锤，重锤的作用是控制悬索的张紧和位移。当浮子随着水位的升降而升降时，悬索带动水位轮转动，再由转动部件驱动水位编码器（或记录仪）记录数据。

浮子式水位计结构可靠、测量精度高、便于维护。但必须修建水位测井，水位测井造价高，且在有的地方建水位测井比较困难，因而限制了浮子式水位计的应用。

(2) 降水量监测。降水量主要为降雨量。常用的降雨量监测仪器有雨量器、虹吸式和翻斗式雨量计。小型水库较多采用雨量器观测降雨量。

1) 雨量器。雨量器由承雨器、储水筒、储水器和器盖等组成，并配有专用量雨杯，量雨杯的总刻度为10.5mm。雨量器上部的漏斗口呈圆形，内径20cm，器口是里直外斜的刀刃形，以防雨水溅失。量水器下部是储水筒，筒内放有收集雨水用的储水器。

2) 日记型自记雨量计。日记型自记雨量计需人工更换记录纸，适用于坝址雨量站观测降雨量。按其结构形式可分为两种：

a. 虹吸式自记雨量计。采用浮子式传感器，机械传动，图形记录降雨量，记录的分辨力为0.1mm。主要由承雨器、浮子室、虹吸管、自记钟、记录笔及外壳等组成。

b. 双翻斗式自记雨量计。采用翻斗式传感器，电量输出，图形记录和同步数字显示降雨量，记录和记数的分辨力为0.1mm或0.2mm。传感器部分由承雨器、上翻斗、计量翻斗、计数翻斗、转换开关及外壳等组成。记录部分由步进图形记录器、计数器和电子传输线路部件等组成。

(3) 气温及水温监测。常用的温度监测仪器有铜电阻温度计、铂电阻温度计和半导体温度计等。气温监测仪器应放在专门的百叶箱内，百叶箱应依据有关气象观测的规范和标准进行制作。库水温度监测的温度计应牢固固定在测点处，电缆设套管进行保护。

5. 大坝渗流自动化观测系统简介

大坝渗流自动化观测系统是将坝体测压管监测点的数据，通过GSM智能遥测终端，将数据送至移动通信服务中心，服务中心将数据转送至水库管理中心接收模块，接收到的数据经软硬件设备分析处理后，可对各监测点实现远程数据定时测报、各种报表资料生成打印、系统数据分析、现场及中心数据双重保存备份、历史数据的查询、远程设备的实时监控及中心指令控制等各项功能，从而实现对大坝测压管水位自动化观测。

该系统结构由监测管理中心、大坝渗压监测站两部分组成，其中监测管理中心包括工控计算机、管理计算机、相关软件等；大坝渗压监测站包括智能一体化水位遥测仪等部分组成，如图1-3所示。

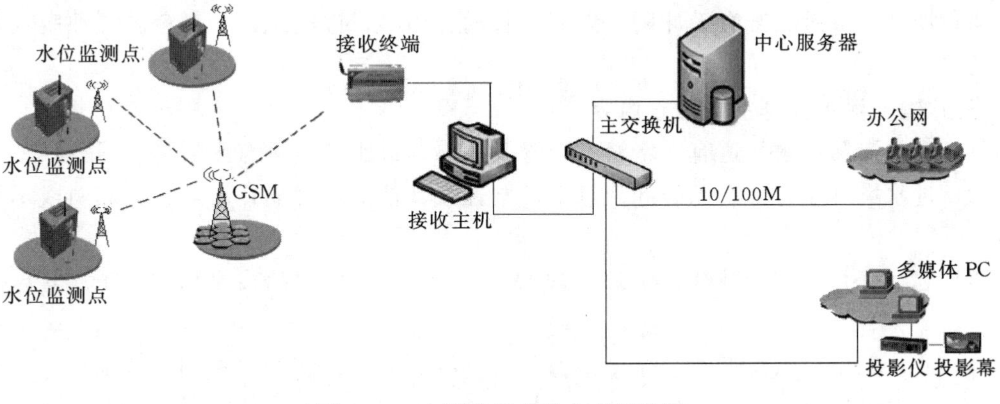

图1-3 大坝渗流自动化观测系统

任务3 混凝土坝及浆砌石坝的检查监测

一、混凝土及浆砌石坝巡视检查的项目与内容❶

混凝土坝和浆砌石坝巡视检查的内容应根据各大坝的具体情况经充分分析后确定。根

❶ 010301ⓦ 010302▶ 010303Ⓟ 010304

据《混凝土坝安全监测技术规范》(SL 601—2013)，混凝土坝巡视检查一般应包括以下内容。

(一) 坝体主要检查内容

(1) 坝顶。坝面及防浪墙有无裂缝、错动、沉陷；相邻坝段之间的错动；伸缩缝开合情况和止水的工作状况；排水设施工作状况。

(2) 上游面。上游面有无裂缝、错动、沉陷、剥蚀、冻融破坏；伸缩缝开合情况和止水的工作状况。

(3) 下游面。下游面有无裂缝、错动、沉陷、剥蚀、冻融破坏、钙质离析、渗水；伸缩缝开合状况。

(4) 廊道。廊道有无裂缝、位移、漏水、溶蚀、剥落；伸缩缝的开合状况、止水工作状况；照明通风状况。

(5) 排水系统。排水孔工作状况；排水量、水体颜色及浑浊度。

(二) 坝基和坝肩主要检查内容

(1) 基础岩体有无挤压、错动、松动和鼓出。

(2) 坝体与基岩（或岸坡）结合处有无错动、开裂、脱离及渗水等情况；两岸坝肩区有无裂缝、滑坡、溶蚀及绕渗等情况。

(3) 坝趾。下游坝趾有无冲刷、淘刷、管涌、塌陷；渗漏水量、颜色、浑浊度及其变化状况。

(三) 输、泄水设施主要检查内容

(1) 进水口和引水渠道有无堵淤、裂缝及损伤；进水口边坡有无裂缝及滑移。

(2) 进水塔（竖井）有无裂缝、渗水、空蚀或其他损坏现象；塔体有无倾斜或不均匀沉陷。

(3) 洞（管）身有无裂缝、坍塌、鼓起、渗水、空蚀等现象；放水时洞内声音是否正常。

(4) 放水期出口水流形态、流量是否正常，有无冲刷、磨损、淘刷；停水期是否有水渗漏；出口有无淤堵、裂缝及损坏；出水口边坡有无裂缝及滑移。

(5) 下游渠道及岸坡有无异常冲刷、淤积和波浪冲击破坏等情况。

(6) 工作桥有无不均匀沉降、裂缝、断裂等现象。

(四) 溢洪道主要检查内容

(1) 进水段有无堵塞，上游拦污设施是否正常，两侧有无滑坡或坍塌迹象；护坡有无裂缝、沉陷、渗水；流态是否正常。

(2) 堰顶或闸室、闸墩、边墙、胸墙、溢流面（洞身）、底板等处有无裂缝、渗水、剥落、冲刷、磨损和损伤；排水孔及伸缩缝是否完好。

(3) 泄水槽有无气蚀、冲蚀、裂缝和损伤。

(4) 消能设施有无磨损、冲蚀、裂缝、变形和淤积情况。

(5) 下游河床及岸坡有无冲刷和淤积情况。

(6) 工作桥有无不均匀沉陷、裂缝、断裂等现象。

（五）闸门及金属结构主要检查内容

（1）闸门有无变形、裂纹、螺（铆）钉松动、焊缝开裂；门槽有无卡堵、气蚀等；钢丝绳有无锈蚀、磨损、断裂；止水设施有无损坏、老化、漏水；闸门是否发生振动、气蚀现象。

（2）启闭机是否正常工作；制动、限位设备是否准确有效；电源、传动、润滑等系统是否正常；启闭是否灵活；备用电源及手动启闭是否可靠。

（3）金属结构防腐及锈蚀情况。

（4）电气控制设备、正常动力和备用电源工作情况。

（5）闸门顶是否溢流。

（六）近坝区岸坡主要检查内容

（1）库区水面有无漩涡、冒泡现象、严冬不封冻。

（2）岸坡有无冲刷、塌陷、裂缝及滑移迹象；是否存在高边坡和滑坡体；岸坡地下水出露及渗漏情况；表面排水设施或排水孔是否正常。

（七）监测设施主要检查内容

（1）边角网及视准线各观测墩。

（2）引张线的线体、测点装置及加力端。

（3）垂线的线体、浮体及浮液。

（4）激光准直的管道、测点箱及波带板。

（5）水准点。

（6）测压管。

（7）量水堰。

（8）各测点的保护装置、防潮装置及接地防雷装置。

（9）埋设仪器电缆、监测自动化系统网络及电源。

（10）其他监测设施。

（八）管理与保障设施主要检查内容

（1）与大坝安全有关的电站、供电系统、预警设施、备用电源、照明、通信、交通与应急设施是否损坏，工作是否正常。

（2）对浆砌石坝还应检查块石是否松动，勾缝是否脱落等。

二、混凝土坝及浆砌石坝监测的项目与内容❶

（一）混凝土坝及浆砌石坝变形监测❷

混凝土坝和浆砌石坝的变形监测包括外部（表面）变形监测和内部变形监测。外部变形监测项目主要包括水平位移和垂直位移监测；内部变形监测项目主要有分层水平位移、挠度、倾斜监测等。混凝土坝和浆砌石坝受水压力等水平方向的推力和坝底受向上的扬压力

❶ 010305Ⓛ

❷ 010306Ⓦ 010307▶ 010308Ⓟ 010309

作用，有向下游滑动和倾覆的趋势，因此要进行水平位移观测。混凝土和砌石均属弹性体，在水平向荷载下，坝体将发生挠度，需要进行挠度观测。坝体受温度影响和自重等荷载作用，将发生体积变化，地基亦将发生沉陷，需要进行垂直位移观测。大坝与地基、高边坡、地下洞室等变形发展到一定限度后就会出现裂缝，裂缝的深度、分布范围、稳定性等对结构与地基安全影响重大。同时，为了适应温度及不均匀变形等要求，坝身设计有各种接缝，接缝处的变形过大将造成止水的撕裂而出现集中渗漏等问题，因此，裂缝监测亦不容忽视。

1. 水平位移监测

对于混凝土坝和浆砌石坝，水平位移的监测方法有：垂线法、视准线法、引张线法、激光准直法、边角网法（前方交会法）、GPS法、导线法等。其中引张线法具有操作和计算简单、精度高、便于实现自动化观测等优点，尤其在廊道中设置引张线，因不受气候影响，具有明显的有利条件。[1]下面介绍引张线法。

（1）观测原理及设备。引张线法观测原理是在设于坝体两端的基点间拉紧一根钢丝作为基准线，然后测量坝体上各测点相对基准线的偏离值，以计算水平位移量。这根钢丝称为引张线，它相当于视准线法中的视准线，是一条可见的基准线。

由于水库大坝长度一般在数十米以上，如果仅靠坝两端的基点来支承钢丝，因其跨度较长，钢丝在本身重力作用下将下垂成悬链状，不便观测。为了解决垂径过大问题，需在引张线两端加上重锤，使钢丝张紧，并在中间加设若干浮托装置，将钢丝托起近似成一条水平线。因此，引张线观测设备由钢丝、端点装置和测点装置三部分组成。

（2）观测方法。引张线的钢丝张紧后固定在两端的端点装置上，水平投影为一条直线，这条直线是观测的基准线。测点埋设在坝体上，随坝体变形而位移。观测时只要测出钢丝在测点标尺上的读数，与上次测值比较，即可得出该测点在垂直引张线方向的水平位移，其位移计算原理与视准线法相似。

1）观测步骤。引张线观测随所用仪器的不同方法亦不同，无论采用哪一种仪器和方法观测，都应按以下的步骤进行。

a. 在端点上用线锤悬挂装置挂上重锤，使钢丝张紧。

b. 调节端点上的滑轮支架，使钢丝通过夹线装置V形槽中心，此时钢丝应高出槽底2mm左右，然后夹紧固定。但应注意，只有挂锤后才能夹线，松夹后才能放锤。

c. 向水箱充水或油至正常位置，使浮船托起钢丝，并高出标尺面0.5mm左右。

d. 检查各测点装置，浮船应处于自由浮动状态，钢丝不应接触水箱边缘和全部保护管。

e. 端点和测点检查正常后，待钢丝稳定30min，即可安置仪器进行测读。测读从一端开始依次至另一端止，为一测回。测完一测回后，将钢丝拨离平衡位置，让其浮动恢复平衡，待稳定后从另一端返测，进行第二测回测读。如此观测2～4个测回，各测回值的

---

[1] 010310Ⓣ

互差，要求不超过±0.2mm。

f. 全部观测完后，将端点夹线松开，取下重锤。

g. 若引张线设在廊道内，观测时应将通风洞暂时封闭。对于坝面的引张线应选择无风天观测，并在观测一点时，将其他测点的观测箱盖好。

2）常用的观测方法。

a. 直接目视法。用肉眼并使视线垂直于尺面观测，分别读出钢丝左边缘和右边缘在标尺上投影的读数 a 和 b，估读至 0.1mm，得出钢丝中心在标尺上读数为 $L=(a+b)/2$。显然 $|a-b|$ 应为钢丝的直径，以此可作为检查读数的正确性和精度。

b. 挂线目视法。将标尺设在水箱的侧面，在靠近标尺的钢丝上系上很细的丝线，下挂小锤，用肉眼正视标尺直接读数。

c. 读数显微镜法。该法是将一个具有测微分划线的读数显微镜置于标尺上方，测读毫米以下的数，而毫米整数直接用肉眼读出。观测时，先读取毫米整数，再将读数显微镜垂直于标尺上，调焦至成像清晰，转动显微镜内测管，使测微分划线与钢丝平行。然后左右移动显微镜，使测微分划线与标尺毫米分划线的左边缘重合，读取该分划线至钢丝左边缘的间距 a。第二次移动显微镜，将测微分划线与标尺毫米分划线的右边缘重合，读取该分划线至钢丝右边缘的间距 b。于是得钢丝中心在标尺上的读数为

$$L=r+\frac{a+b}{2} \tag{1-3}$$

式中：r 为肉眼从标尺上读取的毫米整数。

d. 两用仪法。两用仪由武汉测绘学院研制生产。采用两用仪观测引张线时，测点上不需另安标尺，而紧靠测点保护箱，钢丝的垂直下方埋设一个强制对中器，作为两用仪的底盘。观测时将两用仪安置在强制对中器上，通过目镜及读数放大镜进行读数。

随着自动化技术的发展，已出现将引张线与自动化测读仪表做成一体化的监测系统，如步进电机光电跟踪式引张线仪、电容感应式引张线仪以及光机式引张线仪等。自动化监测的引张线法设备简单，观测精度较高，已成为大坝水平位移监测的主要手段之一，应用相当普遍。

2. 挠度观测

混凝土及砌石坝体水平位移沿坝体高程不同会不一样，一般是坝顶水平位移最大，近坝基处最小，测出坝体水平位移沿高程的分布并绘制分布图，即为坝体的挠度。因此，测定坝体挠度实为测量坝体相对坝基的水平位移。测定坝体挠度的垂线法分倒垂线与正垂线两种，分述如下。

（1）倒垂线观测。

1）倒垂线原理与设备。倒垂线是将一根不锈钢丝的下端埋设在大坝地基深层基岩内，上端连接浮体，浮体漂浮于液体上。由于浮力始终铅直向上，故浮体静止的时候，必然与连接浮体的钢丝向下的拉力大小相等，方向相反，亦即钢丝与浮力同在一条铅垂线上。由于钢丝下端埋于不变形的基岩中，因此钢丝就成为空间位置不变的基准线。只要测出坝体测点到钢丝距离的变化量，即为坝体的水平位移。

倒垂线装置由浮体组、垂线和观测台构成。

2）现场观测。观测前，首先应检查钢丝的张紧程度，使钢丝的拉力每次基本一致。达到这一要求的做法，是在钢丝长度不变的情况下，观测油箱的油位指示，使油位每次保持一致，即浮力一致，钢丝的拉力也就一致了。其次要检查浮筒是否能在油箱中自由移动，做到静止时浮筒不能接触油箱。浮筒重心不能偏移，人为拨动浮筒后应回复到原来位置。还要检查防风措施，避免气流对浮筒和钢丝的影响。检查完毕后，应待钢丝稳定一段时间才进行观测。

观测时，将仪器安放在底座上，置中调平，照准测线，分别读取 x 与 y 轴（即左右岸与上下游）方向读数各两次，取平均值作为测回值。每测点测两个测回，两测回间需要重新安置仪器。读数限差与测回限差分别为 0.1mm 与 0.15mm。观测中照明灯光的位置应固定，不得随意移动。

用于倒垂线观测的仪器有很多种，分为光学垂线仪、机械垂线仪与遥测垂线仪三类。不同仪器的操作方法，读数系统也略有差异，可参见仪器的使用说明进行。每次观测前，对光学垂线仪还应在专用检查墩上进行零点检查。

计算坝体测点的水平位移要根据规定的方向、垂线仪纵横尺上刻划的方向和观测员面向方向三个因素决定。一般规定位移向下游和左岸为正，反之为负；上下游方向为纵轴 y，左右岸方向为横轴 x。垂线仪安置的坐标方向应和大坝坐标方向一致。

3）观测精度。进行挠度观测时，一般应观测两测回。自上而下（或自下而上）逐点观测为第一测回，而自下而上（或自上而下）逐点观测为第二测回。每测回应照准两次分别进行读数，一测回中的两次读数差应不大于 0.10mm，取平均值作为该测回的观测值。当第一、第二测回不大于 0.15mm 时，可取其平均值作为本次观测成果。

（2）正垂线观测。

1）观测原理与设备。正垂线是在坝的上部悬挂带重锤的不锈钢丝，利用地球引力使钢丝铅垂这一特点，来测量坝体的水平位移。若在坝体不同高程处设置夹线装置作为测点，从上到下顺次夹紧钢丝上端，即可在坝基观测站测得测点相对坝基的水平位移，从而求得坝体的挠度。

正垂线装置由悬挂装置、夹线装置、不锈钢丝、重锤、油箱、观测台等构成。

2）现场观测。正垂线观测使用的仪器和观测方法与倒垂线相同。观测步骤首先是挂上重锤，安好仪器，待钢丝稳定后才进行观测。观测顺序是自上而下逐点观测为第一测回，再自下而上观测为第二测回。每测回测点要照准两次，读数两次。两次读数差小于 0.1mm，测回差小于 0.15mm。

由于正垂线是悬挂在本身产生位移的坝体上，只能观测与最低测点之间的相对位移。为了观测坝体的绝对位移，可将正垂线与倒垂线联合使用，即将倒垂线观测台与正垂线最低测点设在一起，测出最低点正垂线至倒垂线的距离，即可推算出正垂线各测点的绝对位移。

3. 垂直位移观测

混凝土及砌石建筑物的垂直位移多采用精密水准法观测，也可以采用静力水准仪法（连通管法）、三角高程法和垂直传高法观测垂直位移。使用仪器、测量原理、观测方法和位移值计算、误差分析等均与土石坝垂直位移观测相似。一般情况下，混凝土坝按一等水准进行观测，中小型工程视情况可以再降低一个等级。

4. 伸缩缝和裂缝观测

（1）伸缩缝观测。重力坝为适应温度变化和地基不均匀沉陷，一般都设有永久性伸缩缝。随着外界影响因素的改变，伸缩缝的开合和错动会相应变化，甚至会影响到缝的渗漏。因此，为了综合分析坝的运行状态，应进行伸缩缝观测。

伸缩缝观测分测量缝的单向开合和三向位移。观测伸缩缝的单向开合时，用外径游标卡尺测读单向测缝标两标点头间的距离，各测次距离的变化量即为伸缩缝开合的变化。观测伸缩缝的三向位移时，用游标卡尺测读每对三棱柱间距离，从而推求坝体三个方向的相对位移。

（2）裂缝观测。当拦河坝、溢洪道等混凝土及砌石建筑物发生裂缝，并需了解其发展情况，分析产生原因和对建筑物安全的影响时，应对裂缝进行定期观测。在发生裂缝的初期，至少每日观测一次；当裂缝发展减缓后，可适当减少测次。在出现最高、最低气温，上下游最高水位或裂缝有显著发展时，应增加测次。经相当时期的观测，裂缝确无发展时，可以停测，但仍应经常进行巡视检查。裂缝的位置、分布、走向和长度等观测，同土坝裂缝观测一样，在建筑物表面用油漆绘出方格进行丈量。在裂缝两端划出标志，注明观测日期。裂缝宽度需选择缝宽最大或有代表性的位置，设置测点进行测量，常用方法有金属标点法和固定千分表法。此外，也可以用差动电阻式测缝计测量伸缩缝和裂缝宽度。对于裂缝深度的观测，可采用细金属丝探测，也可用超声探测仪测定。

上述观测成果需每次进行详细记录，并绘制相应的成果图，以便于比较分析，并采取相应的处理措施。

5. 倾斜观测

混凝土和浆砌石等刚性坝坝体、坝基的倾斜监测是内部变形监测项目之一。

为使测值真实反映大坝的倾斜状态，不受或少受局部收缩、膨胀或温度变化的影响，倾斜监测点不宜设在坝体的外表面或浅表面易受外界气温、水温等环境因素影响的部位。须紧密结合坝体的结构形式、数值计算和模型试验成果以及地形、地质条件，同时应尽量与挠度、位移监测等配合。

倾斜监测方法大致可分为直接法和间接法两大类。

（1）直接法。该法直接采用气泡式倾斜仪或遥测式倾斜仪测量坝体和坝基的倾斜角。气泡式倾斜仪由一个气泡水准管和一个测微器组成，监测精度取决于气泡水准管的灵敏度。气泡式倾斜仪的安装方法有固定式和活动式两种，固定式稳定可靠，活动式安装仪器少。遥测式倾斜仪又分为差动电容式、差动电阻式及差动电感式多种，具有可远程测量和动态观测并自动记录数据的优点。

（2）间接法。该法的原理是通过观测相对竖向位移确定坝体、坝基的倾斜角。根据竖向位移的观测方法又分为水管测量法和水准测量法。水管测量法是利用水管倾斜仪观测两点或多点之间的高差，而倾斜度为高差与各点间距离之比。水管测量法不受观测距离的限制，且观测距离越长，倾斜度观测的相对精度越高。水准测量法则是利用水准仪观测两测点之间的相对竖向位移，再换算为倾斜角，一般利用精密水准仪按一、二等水准测量进行观测，这样求得的倾斜角误差较小。

（二）混凝土坝和浆砌石坝渗流监测❶

混凝土坝和浆砌石坝渗流监测的项目主要有扬压力、渗压、绕坝渗流、渗流量和渗流水质监测等。

1. 扬压力监测

对于混凝土坝和浆砌石坝，向上的扬压力，相应减少了坝体的有效重量，降低了坝体的抗滑能力。可见，扬压力的大小直接关系到建筑物的稳定性。混凝土和砌石建筑物设计中，必须根据建筑物的断面尺寸和上下游水位，以及防渗排水措施等确定扬压力大小，作为建筑物的主要作用力之一，来进行稳定计算。建筑物投入运用后，实际扬压力大小是否与设计相符，对于建筑物的安全稳定关系十分重要。为此，对于混凝土和浆砌石坝，特别是混凝土重力坝，应重点监测坝基扬压力，以掌握扬压力的分布和变化，据以判断建筑物是否稳定。发现扬压力超过设计，即可及时采取补救措施。❷

混凝土和砌石建筑物的扬压力通常是在建筑物内埋设测压管来进行的。在监测扬压力的同时，应监测相应的上下游水位和渗流量。

（1）监测设备。监测扬压力的测压管与土坝浸润线测压管类似，也由进水管和导管等组成。一般在混凝土或砌石建筑物施工时埋设。

（2）测压管观测。当测压管中的扬压水位低于管口时，其水位观测方法和设备与土坝浸润线观测一样，先测出管口高程，再测出管口至管内水面的高度，然后计算得出管内水位高程。对于管中水位高于管口的，一般用压力表或水银压差计进行观测。压力表适用于测压管水位高于管口 3m 以上，压差计适用于测压管水位高于管口 5m 以下。不论采用哪种方法观测，观测的测次和精度要求均同土坝浸润线观测。

用压力表观测时，需在测压管顶部开一岔管安装压力表。压力表可以固定安装在测压管上，也可观测时临时安装。若观测时临时安装，需待压力表指针稳定后才能进行读数。压力表宜采用水管或蒸汽管上应用的压力表，其规格根据管口可能产生的最大压力值进行选用，一般应使压力值在压力表最大读数的 1/3～2/3 量程范围内较为适宜。观测时应读到最小估读单位，测读两次。两次读数差不得大于压力表最小刻度单位。测压管水位 Z 的计算方法为

$$Z=Z_b+0.102p \tag{1-4}$$

式中：Z_b 为压力表座中心高程，m；p 为压力表读数，kPa。

（3）渗压计测定扬压力。用于渗水压力观测的渗压计有钢弦式、差动电阻式等仪器，下面介绍振弦式渗压计。

振弦式渗压计用于监测岩土工程和其他混凝土建筑物的渗透水压力，适用于长期埋设在水工建筑物或其他建筑物内部及其基础，测量结构物内部及基础的渗透水压力，也可用于库水位或地下水位的测量。

振弦式渗压计主要由三部分构成：压力感应部件，感应板及引出电缆密封部件。压力感应部件由透水石、感应板组成。感应板上接振弦传感部件，振弦感应组件由振动钢弦和

❶ 010311 Ⓦ　010312 ▶　010313 Ⓟ　❷ 010314 Ⓣ

电磁线圈构成。止水密封部分由接座套筒、橡皮圈及压紧圈等组成，内部填充环氧树脂防水胶，电缆由其中引出。

振弦式渗压计埋设于坝体或基岩内，渗透水压力自进水口经透水石作用在渗压计的弹性膜片上，将引起弹性膜的变形，并带动振弦转变成振弦应力的变化，从而改变振弦的振动频率。电磁线圈激振振弦并测量其振动频率，频率信号经电缆传输至读数装置，即可测出水荷载的压力值，同时可同步测出埋设点的温度值。

2. 渗流量、绕坝渗流及水质监测

(1) 渗流量监测。

1) 监测设计。根据《混凝土坝安全监测技术规范》(SL 601—2013) 的规定，混凝土坝和浆砌石坝的渗流量设计应结合枢纽布置对渗漏水的流向、集流和排水设施的统筹规划。河床和两岸的渗漏水宜分段量测，必要时可对每个排水孔的渗漏水单独量测。

廊道或平洞排水沟内的渗漏水，一般用量水堰量测，也可用流量计量测。排水孔的渗漏水可用容积法量测。坝体渗漏水和坝基渗漏水应分别量测。坝体靠上游面排水管渗漏水，流入排水沟后，可分段集中量测；坝体混凝土缺陷、冷缝和裂缝的漏水，一般用目视观察。漏水量较大时，应设法集中后用容积法量测。

2) 监测仪器和方法。混凝土坝和浆砌石坝渗流量的监测方法与土石坝基本一样，常用的是容积法、量水堰法和测流速法等。

当渗漏量小于1L/s时，可采用容积法。采用容积法观测渗流量时，需将渗漏水引入容器内，测定渗漏水的容积和充水时间（一般为1min且不得小于10s)，即可求得渗漏量，两次测值之差不得大于平均值的5%。量水堰一般选用三角堰或矩形堰，直角三角堰适用于流量为1～70L/s的量测范围，堰上水头50～70mm；矩形堰适用于流量大于50L/s的情况，堰口宽度 b 为2～5倍堰上水头 H，为0.25～2m。采用流量计监测流量时，须将坝基、坝体渗漏水引入流量计，直接测读渗漏量。

除了量水堰和流量计外，还可以采用堰槽流量仪和量水堰槽流量仪监测渗流量。前者用于堰或槽内水流量测量，可以遥测，也可以人工目测。堰壁的堰口采用三角形、矩形或梯形，利用浮子自动监测三角堰水位，通过三角堰的流量公式，求得渗流量的大小。后者用于测量设置在坝体、坝基和基岩等各部位量水堰中的水头变化，来自动遥测大坝渗漏状况。

(2) 绕坝渗流和水质监测。混凝土坝和浆砌石坝绕坝渗流的测点布置、观测设施、原理、方法和测次都和土石坝类似。

任务4 大坝监测资料整编与分析❶

一、土石坝监测资料整编与分析

对水工建筑物进行的各种项目观测，为水库大坝的运行工况提供了第一手资料。取得

❶ 010401Ⓦ 010402▶ 010403Ⓟ 010404

这些第一手资料以后，还必须加以去粗取精、去伪存真、由此及彼、由表及里，进行科学的整理分析，才能作出正确的判断，获得规律性的认识，保证水库安全和合理运用，为设计、施工、管理和科学研究提供依据。

通过对观测资料的分析，能够了解水库各个建筑物的状态，掌握工程运用的规律，确定维修措施，改善运行状况，从而保证了水库的安全和发挥效益，并且为提高科学技术水平，提供了宝贵的第一手资料。例如官厅水库土坝下游发生泉眼漏水，通过观测资料的分析，判断为左岸山头基岩发生绕坝渗流，经过多种措施进行处理，安全运用至今。对观测资料进行科学的整理分析，是观测工作必不可少的组成部分，对于管好用好水库、保证水库安全运用、充分发挥效益，以及提高科学技术水平，具有重要的意义。

观测取得的数据是客观实际的反映。但是，每个观测项目所布置的测点数量总是有限的，测次一般有一定的周期，与其相关的因素也是多元的，而且实测数据不可避免地带有特定的误差。因此，必须通过科学的整理分析，才能掌握客观运动的规律性和与影响因素的相关关系，获得符合客观实际的理性认识。观测资料的整理分析，取决于现场观测所得数据的数量和质量，而又反过来推动和指导观测工作、水库运行更有成效地进行。

监测资料整编与分析工作包括平时资料整理与定期资料编印和观测成果的分析。

1. 平时资料整理工作的主要内容

（1）及时检查各观测项目原始观测数据和巡视检查记录的正确性、准确性和完整性。如有漏测、误读（记）或异常，应及时补（复）测、确认或更正。

（2）及时进行各观测物理量的计（换）算，填写数据记录表格。

（3）随时点绘观测物理量过程线图，考察和判断测值的变化趋势。如有异常，应及时分析原因，并备注文字说明，原因不详或影响工程安全时，应及时上报主管部门。

（4）随时整理巡视检查记录（含摄像资料），补充或修正有关监测系统及观测设施的变动或检验、校（引）测情况，以及各种考证图、表，确保资料的衔接与连续性。

2. 定期资料编印工作的主要内容

（1）汇集工程的基本概况（含各种运控指标）、监测系统布置和各项考证资料，以及各次巡检资料和有关报告、文件等。

（2）在日常资料整理的基础上，对整编时段内的各项观测物理量按时序进行列表统计和校对。此时如发现可疑数据，一般不宜删改，应加注说明，提醒读者注意。

（3）绘制能表示各观测物理量在时间和空间上的分布特征图，以及有关因素的相关关系图。

（4）分析各观测物理量的变化规律及其对工程安全的影响，并对影响工程安全的问题提出运行和处理意见。

（5）对上述资料进行全面复核、汇编，并附以整编说明后，刊印成册，建档保存。采用计算机数据库系统进行资料存储和整编者，整编软件应具有数据录入、修改、查询以及整编图、表的输出打印等功能，还应有电子文件备份。

3. 观测成果的分析

观测成果的分析是一项细致复杂而又十分重要的工作，要以认真的精神和科学的态度去完成。我国的水库建设是建国以后开始发展的，水库观测工作从无到有，但许多水库管理单位开展了大量的观测工作，观测成果的分析工作也取得了丰富的经验和显著的成绩。使用计算机应用比较法及回归分析、谐量分析等数理统计方法，对观测成果进行定量分析。

4. 监测报告

监测报告一般包括工程概况、巡视检查和仪器监测情况的说明、巡视检查资料和仪器监测资料的分析结果、大坝工作状态的评估及改进意见等。

（一）土石坝安全监测资料的整编

1. 巡视检查

巡视检查的各种记录、图件和报告等均属大坝安全监测的重要史料，除将原件归档外，应将发现问题的资料整理复制载入相应时段的资料整编。每次整编，除对本时段内巡视检查发现的异常问题及其原因分析、处理措施和效果观察等作出完整编录外，必要时可简要引述前期巡视检查结果加以对比分析。

2. 变形监测

变形监测资料整编，一般应根据所设项目进行各观测物理量的列表统计，一般如下：

（1）坝体表面垂直位移监测成果统计表，格式见表1-7。

表1-7　　______年度表面垂直位移监测成果统计表

工程部位______　监测断面______

监测日期		各测点累计垂直位移/mm						备注
		测点1	测点2	测点3	测点4	…	测点n	
		高程1	高程2	高程3	高程4	…	高程n	
		位置1	位置2	位置3	位置4	…	位置n	
全年度特征值统计	最大值							
	日期							
	最小值							
	日期							
	年变幅							
说明	1. 垂直位移正负号规定：下沉为正，反之为负。 2. 年变幅为本年度年底值与去年年底值之差。							

统计者：　　　　校核者：

（2）坝面横（纵）向水平位移监测成果统计表，格式见表1-8。

在列表统计的基础上，应尽量绘出能表示各观测物理量时间和空间分布特征的各种图件（必要时可加绘相关物理量，如坝体填筑过程、蓄水过程等），一般如下：

（1）坝面水平位移过程线图，如图1-4所示。

（2）坝体横断面分层垂直位移分布图，如图1-5所示。

（3）坝体表面垂直位移等值线图，如图1-6所示。

表 1－8　　＿＿＿＿年度表面水平位移监测成果统计表

工程部位＿＿＿＿＿＿＿＿　监测断面＿＿＿＿＿＿＿＿

监测日期		各测点累计水平位移/mm										备注
		测点 1		测点 2		测点 3		…		测点 n		
		高程 1		高程 2		高程 3		…		高程 n		
		位置 1		位置 2		位置 3		…		位置 n		
		X	Y	X	Y	X	Y	X	Y	X	Y	
全年度特征值统计	最大值											
	日期											
	最小值											
	日期											
	年变幅											
说明	1. X 代表上下游方向，Y 代表左右岸方向。 2. 水平位移正负号规定：向下游、向左岸为正，反之为负。 3. 年变幅为本年度年底值与去年年底值之差。											

统计者：　　　　　　　　　　　　　校核者：

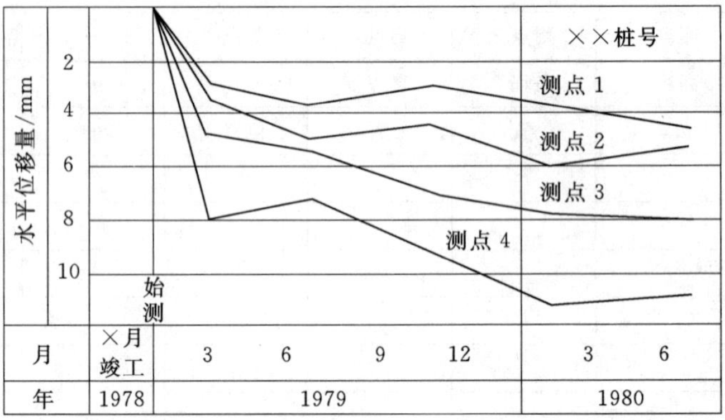

图 1－4　坝面水平位移过程线图

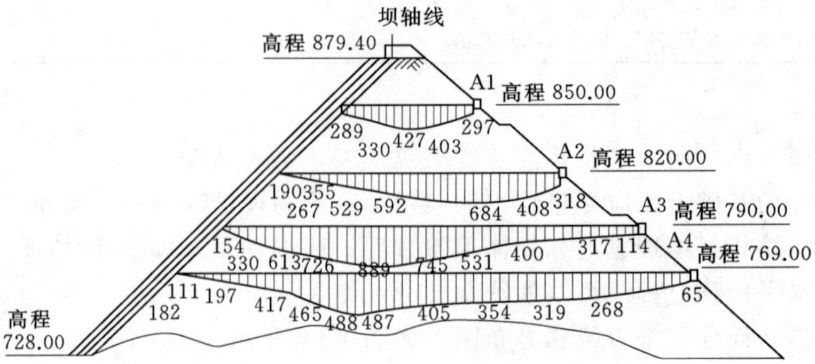

图 1－5　坝体横断面分层垂直位移分布图（单位：mm）

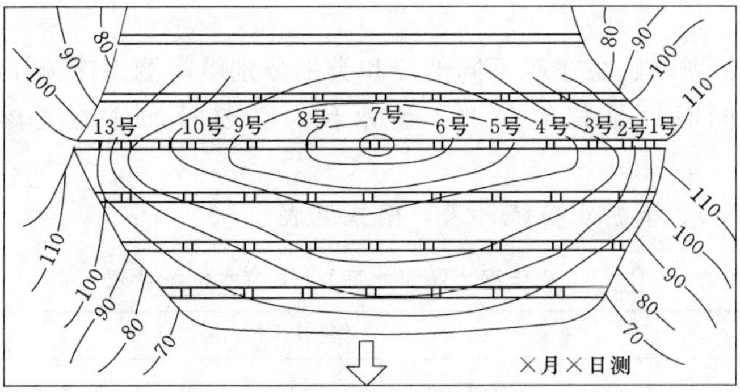

图1-6　坝体表面垂直位移等值线图

（4）坝体横断面垂直位移及水平位移等值线图，如图1-7所示。

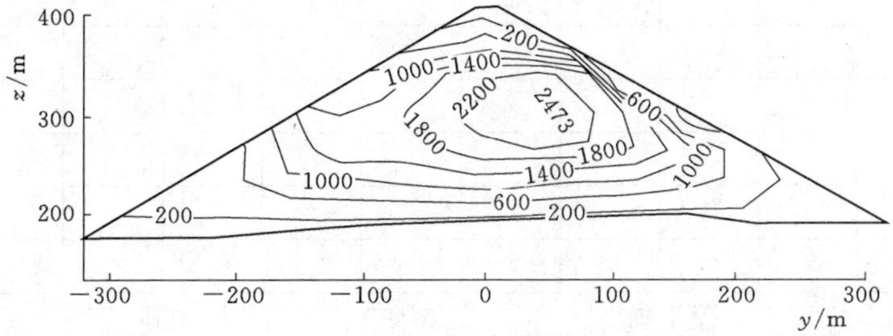

(a) 垂直位移

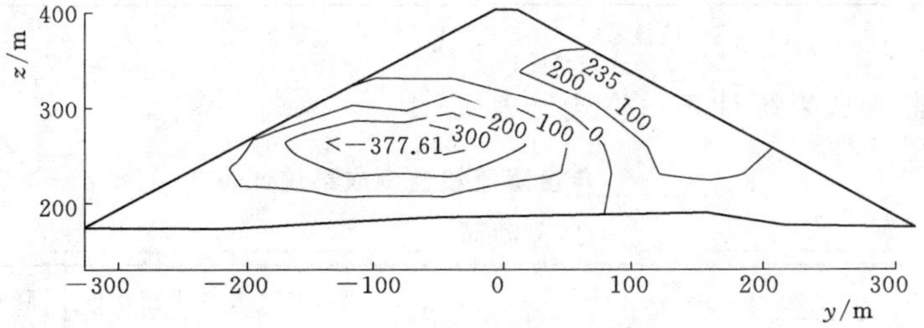

(b) 水平位移

图1-7　坝体横断面垂直位移及水平位移等值线图

（5）坝体裂缝平面分布图，如图1-8所示。

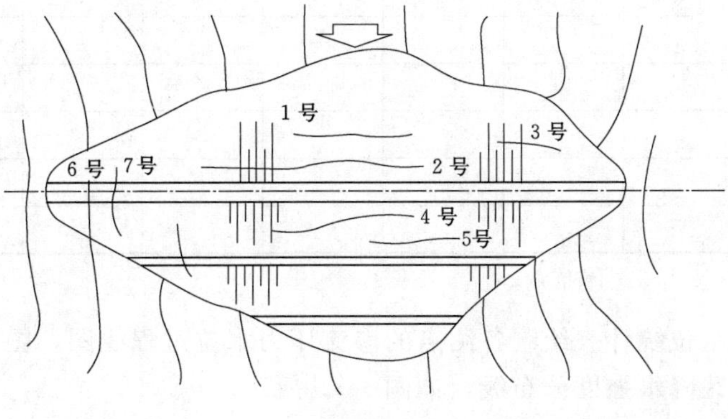

图1-8　坝体裂缝平面分布图

3. 渗流监测

一般应按坝体、坝基、绕渗等不同部位和类别分别填写测点渗流压力水位和渗流量监测成果统计表。并同时抄录相应的上下游水位，必要时加注有关渗流异常现象的说明。如：

（1）上游（水库）、下游水位统计表，格式见表 1-9。

表 1-9　　　　＿＿＿＿年度上游（水库）、下游水位统计表

监测日期		月份及水位/m											
		1	2	3	4	5	6	7	8	9	10	11	12
01													
02													
⋮		⋮	⋮	⋮	⋮	⋮	⋮	⋮	⋮	⋮	⋮	⋮	⋮
31													
全月统计	最高												
	日期												
	最低												
	日期												
全年统计		最高		日期		最低		日期		均值			
备注		包括泄流情况											

统计者：　　　　　　　　　　校核者：

（2）渗流量监测成果统计表，格式见表 1-10。

表 1-10　　　　＿＿＿＿年度渗流量监测成果统计表

工程部位＿＿＿＿＿＿＿＿　监测断面＿＿＿＿＿＿＿＿

监测日期		渗漏量/(L/s)				上游水位/m	下游水位/m	降雨量/mm	备注
		测点 1	测点 2	…	测点 n				
全年特征值统计	最大值								
	日期								
	最小值								
	日期								
	年变幅								

统计者：　　　　　　　　　　校核者：

根据渗流压力水位统计表绘制各测点的渗流压力水位过程线图，图上应同时绘出上下游水位过程线和坝区降水强度分布线，如图 1-9 所示。

根据渗流压力水位过程线图，用稳定流场的对应关系绘制以下图件：

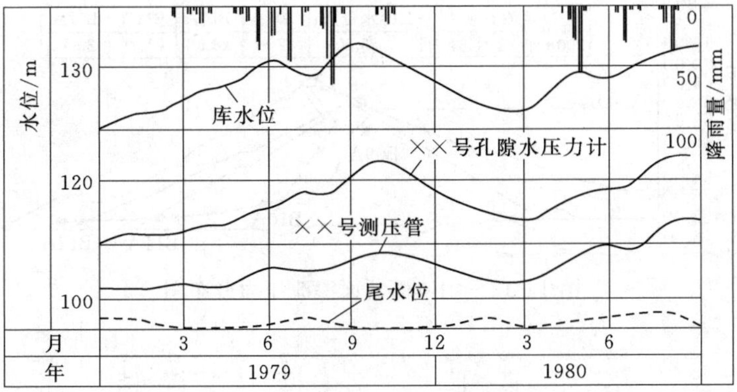

图1-9　渗流压力水位过程线图

(1) 特定库水位下的渗流压力水位过程线，如图1-10所示。

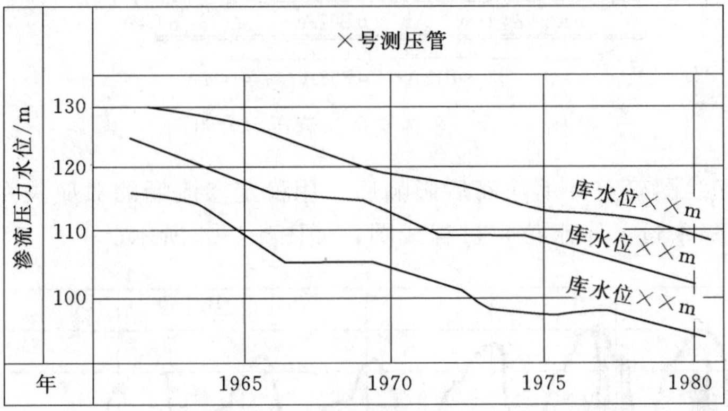

图1-10　特定库水位下渗流压力水位过程线图

(2) 渗流压力、测压管水位与库水位相关关系图，如图1-11所示。

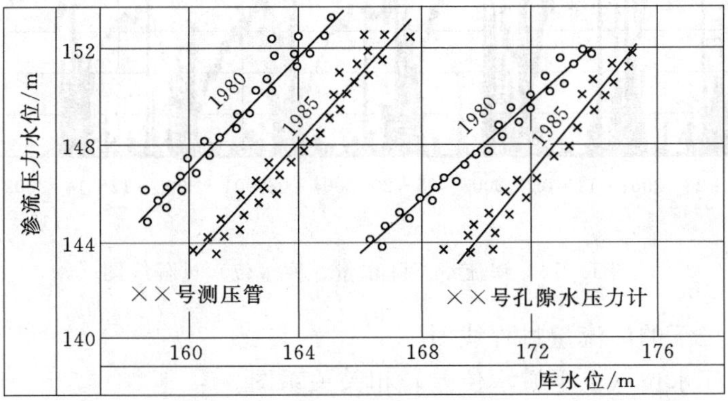

图1-11　渗流压力、测压管水位与库水位相关关系图

(3) 坝体横断面渗流压力分布图和坝体平面渗流压力分布图，如图1-12与图1-13所示。

监测日期	上游水位/m	B09A	B10A	B11A	B12A
2008 年 12 月 31 日	56.50	52.51	26.58	21.78	20.72

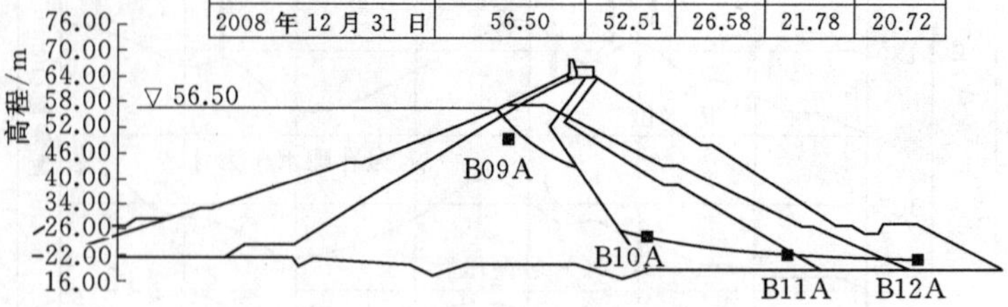

图 1-12　坝体横断面渗流压力分布图

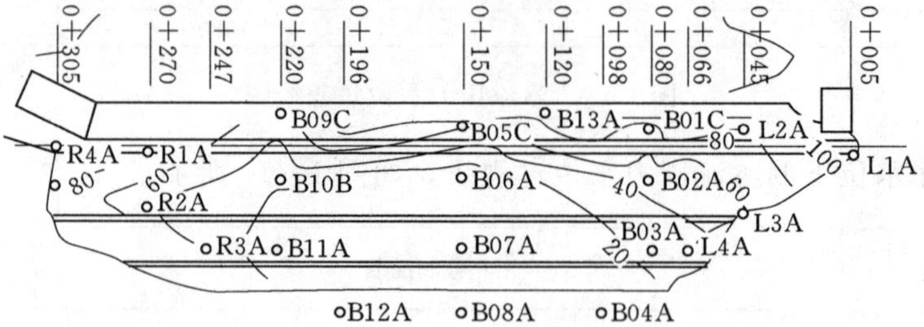

图 1-13　坝体平面渗流压力分布图

(4) 根据过程线图确定并消除滞后影响后，用稳定渗流场的对应关系绘制以下图件：

1) 渗流量（降水量、库水位）过程线图，如图 1-14 所示。

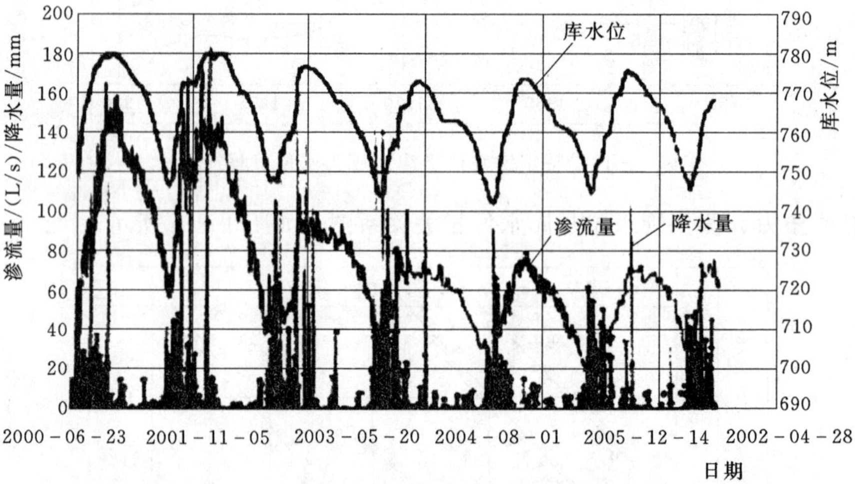

图 1-14　渗流量（降水量、库水位）过程线图

2) 特定库水位下的渗流量过程线图。

3) 渗流量与库水位（上下游水位差）相关关系图。

（二）安全监测资料的分析

1. 安全监测资料分析的目的和意义

大坝安全监测是掌握坝体运行状态、保证大坝安全运用的重要措施，也是检验设计成果、检查施工质量和掌握大坝的各种物理量变化规律的有效手段。但是，原始的观测成果往往只展示了大坝的直观表象，要深刻地揭示规律和作出判断，从繁多的监测数据中找出关键问题，还必须对观测数据进行检验、剖析、提炼和概括，这就是监测资料分析工作。其意义可从以下几方面来理解。

（1）监测数据本身，既隐含着大坝实际状态的信息，又带有观测误差及外界偶然因素随机作用所造成的干扰。必须经过辨析，识别干扰，才能显示出真实的信息。

（2）影响坝体状态的多种内外因素是交织在一起的，监测值是其综合效应。为了将影响因素加以分解，找出主要因素及各个影响因素的影响程度，也必须对测值作分解和剖析。

（3）只有将多种监测量的多个测点、多次测值放在一起综合考察，相互补充、印证，才能了解测值在空间分布上和时间发展上的联系，找出变化异常的部位和薄弱环节，了解其变化过程和发展趋势。

（4）任何事物的发展都是遵循从量变到质变的过程。大量事实表明，大坝的破坏和失稳，事前总是有所预兆的，同样也是一个由量变到质变的过程。通过对监测数据的分析，就可以及时发现大坝发生破坏前的各种征兆和异常情况，从而采取有效的补救措施。

（5）通过数据分析可以对设计的正确性、经济性和措施的有效性进行验证，进而为提高或改进大坝设计提供依据。大坝的设计和计算，既要符合安全的原则，又要符合经济的原则。然而，由于我们对自然规律的认识有待深入，不可能对所有影响大坝的复杂因素都进行精确的计算，只能是作了许多假设和简化以后，才进行设计计算。

（6）为了对大坝各种观测成果作出物理解释，预测未来测值变幅及可能的数值等，也离不开分析工作。

因此，观测资料分析被视为实现大坝安全监测根本目的最重要的一个环节，其任务就在于通过具有一定精度的监测资料，认识大坝监测数值在空间分布和时间发展上的规律性，掌握它和各种内外因素的联系，从观测值的变化来考察和发现大坝结构的变化和异常现象，防止大坝结构向不安全方向发展。❶

2. 监测资料分析的主要方法

资料分析的主要方法有比较法、作图法、特征值统计法、数学模型法和其他一些方法。下面作一简要介绍。

（1）比较法。所谓比较法就是将不同测次的监测资料、巡视资料及监测资料成果与技术警戒值、理论试验的成果作比较，判断测值有无异常，找出观测值的变化规律或发展趋势。

1）比较多次巡查资料，定性考察大坝外观异常现象的部位、变化规律和发展趋势。

2）比较同类效应量监测值的变化规律或发展趋势，是否具有一致性和合理性。

3）将监测成果与理论计算或模型试验成果相比较，观察其规律和趋势是否有一致性、

❶ 010405Ⓣ

合理性。并与工程的某些技术警戒值（大坝在一定工作条件下的变形量、抗滑稳定安全系数、渗透压力、渗漏量等方面的设计或试验允许值，或经历史资料分析得出的推荐监控值）相比较，以判断工程的工作状态是否异常。

（2）作图法。根据分析的要求，画出监测资料的过程线图、相关图、分布图及综合过程线图（如将上游库水位、某物理量和其警戒值，其他的效应量画在一张图上）等，由图可直接了解和分析测值的变化大小和其规律。

1）以观测时间为横坐标，所考查的测值为纵坐标绘制的曲线叫过程线。它反映了测值随时间而变化的过程。由过程线可以看出测值变化有无周期性，最大值、最小值等，一年或多年变幅有多大，各时期变化梯度（快慢）如何，有无反常的升降变化等。图上一般同时绘制相关因素如库水位、气温等的过程线，以了解测值和这些因素的变化是否相关，周期是否相同，滞后时间多长，两者变化幅度等。有时也可以同时绘制不同测点或不同项目的曲线，比较它们之间的联系和差异。

2）以横坐标表示测点位置，纵坐标表示测值所绘制的台阶图或曲线叫分布图。它反映了测值沿空间的分布情况。由图可看出测值分布有无规律，最大、最小值在什么位置，各点间特别是相邻点间的差异大小等。图上还可以绘出有关因素如坝高等的分布值。同一张图绘制出同一项目不同测次和不同项目同一测次的测值分布，以比较其间的联系及差异。

3）以纵坐标表示测值，以横坐标表示有关因素（如水位、温度等）所绘制的散点加回归线的图叫相关图。它反映了测值和该因素的关系，如变化趋势、相关密切度等。

（3）特征值统计法。这是对监测值（随机变量）进行统计、计算，得到一系列有代表性的特征值，用以浓缩、简化一批测值中的信息，以便对大坝性态的变化更加清晰、简单地了解、掌握和发现其有无异常。

特征值主要包括各监测物理量历年的最大和最小值（含出现时间）、变幅、周期、年（月）平均值及变化率等。通过对这些特征值的统计和分析，可帮助考察各监测量之间在数量变化方面是否具有一致性、合理性，以及它们的重现性和稳定性等。

（4）数学模型法。该法就是利用回归分析、经验或数学力学原理，建立原因量（如库水位、气温等）与效应量（如位移、扬压力等）之间定量关系的方法。这种关系往往是具有统计性的，需要较长序列的观测数据。当能够在理论分析基础上来寻求两者确定性的关系，称为确定性模型；当根据经验，通过统计相关的方法来寻求其联系，称为统计模型；当具有上述两者的特点而得到的联系，称为混合模型。

近年来，资料分析技术得到了较快发展，许多新技术、新方法在大坝监测资料分析领域得到了广为应用，如时间序列分析、灰色模型分析、模糊聚类分析、神经网络分析、决策分析以及专家系统技术等。

二、混凝土坝及浆砌石坝监测资料整编与分析

混凝土坝及浆砌石坝观测资料的整理、整编和分析工作，是工程观测的重要组成部分，在平时进行各项观测工作之后，应立即对观测资料进行整理分析，并隔一定时期将观测资料进行整编。

（一）混凝土坝及浆砌石坝变形观测资料分析

在对混凝土坝及浆砌石坝变形观测资料整理和整编的基础上，运用时间过程统计分析法、空间分布统计分析法、相关因素统计分析法、比较分析法、数学模型法等分析方法，绘制混凝土坝及浆砌石坝测值过程线、分布图和相关图等，以分析、诊断混凝土坝及浆砌石坝变形是否正常，有无裂缝等病害。

混凝土坝及浆砌石坝水平位移有关曲线图包括：

（1）水平位移过程线。

（2）水平位移分布图。

（3）挠度曲线。

混凝土坝及浆砌石坝垂直位移有关曲线图包括：

（1）垂直位移过程线。

（2）垂直位移分布图。

（3）垂直位移与温度或库水位相关图。

（二）混凝土坝及浆砌石坝坝基扬压力观测资料分析

在对混凝土坝及浆砌石坝坝基扬压力观测资料整理和整编的基础上，运用时间过程统计分析法、空间分布统计分析法、相关因素统计分析法、比较分析法、数学模型法等分析方法，绘制混凝土坝及浆砌石坝坝基扬压力有关曲线图，以分析、诊断混凝土坝及浆砌石坝坝基扬压力是否正常，有无坝基渗漏等病害。

混凝土坝及浆砌石坝坝基扬压力有关曲线图包括：

（1）扬压力过程线。

（2）扬压力分布图。

（3）扬压力相关图。

混凝土坝及浆砌石坝观测资料的分析可开发利用相关软件进行。

任务5　土石坝的养护维修

一、土石坝的养护[1]

（一）土石坝养护的一般规定

（1）养护工作应做到及时消除大坝表面的缺陷和局部工程问题，随时防护可能发生的损坏，保持大坝工程和设施的安全、完整、正常运用。

（2）坝面上不得种植树木、农作物，不得放牧、铲草皮以及搬动护坡和导渗设施的砂石材料等。

---

[1] 010501Ⓦ　010502▶　010503Ⓟ　010504Ⓣ

(3) 严禁在大坝管理和保护范围内进行爆破、打井、采石、采矿、挖沙、取土、修坟等危害大坝安全的活动。

(4) 严禁在坝体修建码头、渠道，严禁在坝体堆放杂物、晾晒粮草。在大坝管理和保护范围内修建码头、鱼塘，必须经大坝主部门批准，并与坝脚和泄水、输水建筑物保持一定距离，不得影响大坝安全、工程管理和抢险工作。

(5) 大坝坝顶严禁各类机动车辆行驶。若大坝坝顶确需兼作公路，须经科学论证和上级主管部门批准，并应采取相应的安全维护措施。

(二) 坝顶、坝端的养护

(1) 坝顶、坝端的养护应达到坝顶平整，无积水，无杂草，无弃物；防浪墙、坝肩、踏步完整，轮廓鲜明；坝端无裂缝，无坑凹，无堆物。

(2) 坝顶出现坑洼和雨淋沟，应及时用相同材料填平补齐，并应保持一定的排水坡度；对经主管部门批准通行车辆的坝顶，如有损坏，应按原路面要求及时修复，不能及时修复的，应用土或石料临时填平；坝顶的杂草、弃物应及时清除。

(3) 防浪墙、坝肩和踏步出现局部破损，应及时修补或更换。

(4) 坝端出现局部裂缝、坑凹，应及时填补，发现堆积物应及时清除。

(三) 坝坡的养护

(1) 坝坡养护应达到坡面平整，无雨淋沟缺，无荆棘杂草滋生现象；护坡砌块应完好，砌缝紧密，填料密实，无松动、塌陷、脱落、风化、冻毁或架空现象。

(2) 干砌块石护坡的养护。

1) 及时填补、楔紧个别脱落或松动的护坡石料。

2) 及时更换风化或冻毁的块石，并嵌砌紧密。

3) 块石塌陷、垫层被淘刷时，应先翻出块石，恢复坝体和垫层后，再将块石嵌砌紧密。

(3) 混凝土或浆砌块石护坡的养护。

1) 及时填补伸缩缝内流失的填料，填补时应将缝内杂物清洗干净。

2) 护坡局部发生侵蚀剥落、裂缝或破碎时，应及时采用水泥砂浆表面抹补、喷浆或填塞处理，处理时表面应清洗干净，如破碎面较大且垫层被淘刷、砌体有架空现象时，应用石料作临时性填塞，岁修时进行彻底整修。

3) 排水孔如有不畅，应及时进行疏通或补设。

(4) 对于堆石护坡或碎石护坡，石料如有滚动，造成厚薄不均时，应及时进行平整。

(5) 草皮护坡的养护。

1) 应经常修整、清除杂草，保持完整美观，草皮干枯时，应及时洒水养护。

2) 出现雨淋沟缺时，应及时还原坝坡，补植草皮。

(6) 严寒地区护坡的养护。在冰冻期间，应积极防止冰凌对护坡的破坏。可根据具体情况，采用打冰道或在护坡临水处铺放塑料薄膜等办法减少冰压力；有条件的，可采用机械破冰法、动水破冰法或水位调节法，破碎坝前冰盖。

(四) 排水设施的养护

(1) 各种排水、导渗设施应达到无断裂、损坏、阻塞、失效现象，排水畅通。

（2）必须及时清除排水沟（管）内的淤泥、杂物及冰塞，保持通畅。

（3）对排水沟（管）局部的松动、裂缝和损坏，应及时用水泥砂浆修补。

（4）排水沟（管）的基础如被冲刷破坏，应先恢复基础，后修复排水沟（管）；修复时，应使用与基础同样的土料，恢复到原来断面，并应严格夯实；排水沟（管）如设有反滤层时，也应按设计标准恢复。

（5）随时检查修补滤水坝趾或导渗设施周边山坡的截水沟，防止山坡浑水淤塞坝趾导渗排水设施。

（6）减压井应经常进行清理疏通，保持排水畅通；周围如有积水渗入井内，应将积水排干，填平坑洼，保持井周围无积水。

（五）观测设施的养护

（1）各种观测设施应保持完整，无变形、损坏、堵塞现象。

（2）经常检查各种变形观测设施的保护装置是否完好，标志是否明显，随时清除观测障碍物；观测设施如有损坏，应及时修复并应重新进行校正。

（3）测压管口及其他保护装置，应随时加盖上锁；如有损坏应修复或更换。

（4）水位观测尺若受到碰撞破坏，应及时修复并重新校正。

（5）量水堰板上的附着物和量水堰上下游的淤泥或堵塞物，应及时清除。

（六）坝基和坝区的养护

（1）对坝基和坝区管理范围内一切违反大坝管理规定的行为和事件，应立即制止并纠正。

（2）设置在坝基和坝区范围内的排水、观测设施和绿化区，应保持完整、美观，无损坏现象。

（3）发现绿化区内的树木、花卉缺损或枯萎时，应及时补植或灌水养护。

（4）发现坝区范围内有白蚁活动迹象时，应按要求进行治理。

（5）发现坝基范围内有新的渗漏逸出点时，不要盲目处理，应设置观测设施进行观测，待弄清原因后再进行处理。

二、土石坝的修理❶

（一）土石坝裂缝处理

土石坝坝体裂缝是一种较为常见的病害现象，大多发生在蓄水运用期间，对坝体存在着潜在的危险。例如，细小的横向裂缝有可能发展成为坝体的集中渗漏通道；部分纵向裂缝则可能是坝体滑坡的征兆；有的内部裂缝，在蓄水期突然产生严重渗漏，威胁大坝安全；有的裂缝虽未造成大坝失事，但影响正常蓄水，长期不能发挥水库效益。因此，对土石坝的裂缝，应予以足够重视。实践证明：只要加强养护修理工作，分析裂缝产生的原因，及时采取有效的处理措施，是可以防止土坝裂缝的发展和扩大，并迅速恢复土石坝的

❶ 010505 ⓦ 010506 ▶ 010507 Ⓟ 010508 ◎

工作能力的。

1. 裂缝的类型❶

土石坝的裂缝，按其方向可分为龟状裂缝、横向裂缝和纵向裂缝；按其产生原因可分为干缩裂缝、冻融裂缝、不均匀沉陷裂缝、滑坡裂缝、水力劈裂缝、塑流裂缝、震动裂缝；按其部位可分为表面裂缝和内部裂缝等。在实际工程中土石坝的裂缝常由多种因素造成，并以混合的形式出现。

2. 裂缝的处理方法❷

处理裂缝前，首先应根据观测资料、裂缝特征和部位，结合现场探测结果，分析裂缝类型、产生原因，然后按照不同情况，采取针对性措施，适时进行加固和处理。❸

各种裂缝对土石坝都有不同的影响，危害最大的是贯穿坝体的横向裂缝、内部裂缝及滑坡裂缝，一旦发现，应认真监视，及时处理。对缝深小于 0.5m、缝宽小于 0.5mm 的表面干缩裂缝，或缝深不大于 1m 的纵向裂缝，也可不予处理，但要封闭缝口；有些正在发展中的、暂时不致发生险情的裂缝，可观测一段时间，待裂缝趋于稳定后再进行处理，但要作临时防护措施，防止雨水及冰冻影响。

非滑坡性裂缝处理方法主要有开挖回填、灌浆、开挖回填与灌浆结合等。开挖回填是处理裂缝比较彻底的方法，适用于处理深度不超过 3m 的裂缝，或允许放空水库进行修补加固防渗部位的裂缝。当裂缝很深或裂缝很多，开挖困难或开挖危及坝坡稳定或工程量过大时，可采用灌浆法处理，特别是内部裂缝，则只宜用灌浆法处理。开挖回填与灌浆结合法适用于自表层延伸到坝体深处的裂缝，或当库水位较高、不易全部开挖回填的部位，或全部开挖回填有困难的裂缝。

（二）土石坝渗漏处理❹

由于土石坝属于散粒体结构，在坝身土料颗粒之间，仍然存在着较大的孔隙，再加之土石坝对地基地质条件的要求相对较低，在土基或较差的岩基上均可筑坝。因此水库蓄水后，在水压力的作用下，渗漏现象是不可避免的。渗漏通常分正常渗漏和异常渗漏。❺如渗漏从原有导渗排水设施排出，其出逸坡降在允许值内，不引起土体发生渗透破坏的则称为正常渗漏；相反，引起土体渗透破坏的称为异常渗漏。异常渗漏往往渗流量较大，水质浑浊，而正常渗漏的渗流量较小，水质清澈，不含土壤颗粒。渗漏问题是病险土石坝主要病害之一。

1. 渗漏的类型及危害

土石坝渗漏按沿坝身、坝基和绕过坝端渗向下游三种途径分为坝身渗漏、坝基渗漏及绕坝渗漏。这些渗漏过大时将造成以下危害：

---

❶ 010509 ⓕ　❷ 010510 ⓕ　❸ 010511 Ⓣ　❹ 010512 Ⓦ　010513 ▶　010514 Ⓟ　010515

❺ 010516 Ⓣ

（1）损失蓄水量。一般正常的渗漏所损失水量与水库蓄水量相比，其值很小。若对坝基的工程地质和水文地质条件重视不够，未作必要的调查研究，更未作防渗处理，则蓄水后会造成大量渗漏，甚至无法蓄水。

（2）抬高浸润线。严重的坝身、坝基或绕坝渗漏。常会导致土石坝坝身浸润线抬高，使下游坝坡出现散浸现象，降低坝体的抗剪强度，甚至造成坝体滑坡。

（3）渗透破坏。渗流通过坝身或坝基时，若渗流的渗透坡降大于临界坡降，将使土体发生管涌或流土等渗透变形，甚至产生集中渗漏，导致土坝失事。显然，对于土石坝的异常渗漏，一经发现，必须立即查清原因，及时采取妥善的处理措施，有效防止事故扩大。

土石坝渗漏处理措施可分为水平防渗和垂直防渗两大类，其原则为“上堵下排”。“上堵”即在上游坝身或地基采取措施，堵截渗漏途径，防止入渗，或延长渗径，降低渗透坡降，减少渗透流量；“下排”即在下游做好反滤和导渗设施，将坝内渗水尽可能安全地排出坝外，以达到渗透稳定，保证工程安全运用的目的。目前，我国水库土石坝常用的防渗加固处理措施主要有混凝土防渗墙、高压喷射灌浆、劈裂灌浆、土工膜及其他防渗加固方式。

2. 坝身渗漏的处理方法❶

坝身渗漏的处理应按照“上堵下排”的原则，针对渗漏的原因，结合具体情况，采取不同的处理措施。处理措施主要有斜墙法（例如黏土防渗斜墙、沥青混凝土斜墙、土工膜防渗斜墙）、充填式灌浆法、防渗墙法（例如混凝土防渗墙、黏土防渗墙）、劈裂灌浆法、导渗法（例如导渗沟、导渗砂槽、导渗培厚）等。

3. 坝基渗漏的处理方法❷

坝基渗漏处理的原则，仍可归纳为“上堵下排”。即在上游采取水平防渗（如黏土铺盖）和垂直防渗（如截水槽、防渗墙等）两种措施，阻止或减少渗流通过坝基；在下游用导渗措施（如排水沟、减压井等）把已经进入坝基的渗流安全排走，不致引起渗透破坏。处理措施主要有黏土截水槽、混凝土防渗墙、帷幕灌浆、砂浆板桩、高压定向喷射灌浆、黏土铺盖、排渗沟、减压井、透水盖重（压渗台）、垂直铺塑截渗等。

（三）土石坝滑坡处理❸

滑坡也是土石坝常见的病害之一。土石坝坝坡的一部分土体，由于各种原因失去平衡，发生显著的相对位移，脱离原来位置向下滑移的现象，称为滑坡。对于土坝滑坡，如能及时注意，并采取适当的处理预防，则损害将会大大减轻；如不及时采取适当措施，将会影响水库发挥其应有效益，严重的也可能造成垮坝事故。

1. 滑坡的种类

土石坝滑坡按其性质不同可分为剪切型滑坡、塑流型滑坡和液化型滑坡；按滑动面形状不同可分为圆弧滑坡、折线滑坡和混合滑坡；按其部位不同分为上游滑坡和下游滑坡。

---

❶ 010517 010518

❷ 010519

❸ 010520 010521 010522 010523

2. 滑坡的处理方法[1]

当滑坡已经形成且坍塌终止，或经抢护已经进入稳定阶段后，应根据具体情况研究分析，进行永久性处理。其基本原则是“上部减载，下部压重”并结合“上截下排”。处理措施主要有堆石（抛石）固脚、放缓坝坡、开沟导渗滤水还坡、清淤排水、裂缝处理等。

（四）土石坝护坡破坏处理[2]

土石坝护坡可根据其损坏情况，确定采取维修、加固与重做等措施。上游护坡可采用块石护坡、现浇混凝土护坡及预制混凝土块护坡；下游护坡可采用草皮护坡、格构草皮护坡、块石护坡、现浇混凝土护坡及预制混凝土块护坡等。对于有旅游功能的水库，其上游坡可选用具有美化作用的预制混凝土块护坡，其下游坡可选用具有美化作用的预制混凝土块护坡、草皮护坡及格构草皮护坡。

1. 护坡破坏的类型

土石坝常见护坡破坏的类型有：脱落破坏、塌陷破坏、崩塌破坏、滑动破坏、挤压破坏、鼓胀破坏、溶蚀破坏等。

2. 护坡破坏的处理方法

土石坝护坡破坏永久加固修理的方法有局部翻砌、框格加固、砾石混凝土、砂浆灌注、全面浆砌块石、混凝土护坡等。

任务6 混凝土坝及浆砌石坝的养护维修

一、混凝土坝及浆砌石坝的养护

混凝土坝和浆砌石坝的日常养护，主要包括以下内容：

（1）经常保持坝体清洁完整，无杂草、无积水。在坝顶、防浪墙、坝坡等处，都不应随意堆放杂物，以免影响管理工作。

（2）坝本身的排水孔及其周围的排水沟、排水管等排水设施，均应保持通畅，如有堵塞、淤积，应加以修复或增开新的排水孔。修复时，可以人工掏挖，也可用压缩空气或高压水冲洗，但须注意压力不能过大，以免建筑物局部受到破坏。有的排水沟、集水井要加保护盖板。

（3）预留伸缩缝要定期检查观测，注意防止杂物进入缝内；填料有流失的，要进行补充；止水破坏应及时修复。

（4）严禁坝体及上部结构承受超设计允许的荷载。交通桥、工作桥不准超过设计标准的车辆通行；坝顶、人行桥、工作桥等处禁止堆放重物，以保证建筑物的正常运用。

（5）坝体表面有冲刷、磨损、风化、剥蚀或裂缝等缺陷时，应加强检查观测，分析原

[1] 010524 Ⓛ

[2] 010525 Ⓦ 010526 ▶ 010527 Ⓟ 010528

因，尽量设法防止。如继续发展，应立即修理。

（6）严禁在大坝附近爆破。

（7）坝在运用中发现基础渗漏或绕坝渗漏时，应仔细摸清渗水来源，加强检查观测，必要时进行处理。

（8）坝上游的漂浮物应经常清理，防止漂浮物、船只和流冰对坝体的撞击。

（9）对于溢流坝，应经常保持表面光滑完整，对溢流表面被泥沙磨损或水流冲毁的部分，应及时用混凝土修补。

（10）浆砌石坝常见的病害是坝体裂缝，当发现裂缝时，应查明原因并及时进行维修。一般表面裂缝可用水泥砂浆填塞，如发现严重裂缝时，应做专门研究处理。

（11）在南方地区，有些坝体混凝土上附生着蚧贝类生物，对建筑物的表面有强烈的腐蚀破坏作用，应及时清除。

（12）在北方地区，针对建筑物可能遭受冰凌破坏的情况制定防冻措施，并准备冬季管理所需的设备、材料及破冰工具。要及时清除建筑物上的积水和重要部位的积雪。对易受冻害的部位，应做好保温防冻措施，在解冻后，应检查建筑物有无冻融剥蚀及冰胀开裂等缺陷，必要时应进行处理。

（13）应保护好各种观测设备，如有损坏或失效的，应及时处理。

二、混凝土坝及浆砌石坝的修理

（一）混凝土坝及浆砌石坝抗滑稳定性不足的处理[1]

重力坝是用混凝土或浆砌石修筑的大体积挡水建筑物，它的主要特点是依靠自重来维持坝身的稳定。重力坝必须保证在各种外力组合的作用下，有足够的抗滑稳定性，抗滑稳定性不足是重力坝最危险的病害情况。当发现坝体存在抗滑稳定性不足，或已产生初步滑动迹象时，必须详细查找和分析坝体抗滑稳定性不足的原因，提出妥善措施，及时处理。

增加重力坝抗滑稳定性的主要措施有减少扬压力（例如加强防渗、加强排水）、增加坝体重力（例如加大坝体断面、预应力锚固）、增加摩擦系数（例如加大清基深度、固结灌浆）、减小水平推力（例如可采用控制水库运用和在坝体下游面加支撑等方法）等。

（二）混凝土坝及浆砌石坝的裂缝处理[2]

1. 裂缝的类型[3]

混凝土坝及浆砌石坝裂缝是常见的现象，其类型主要有沉陷缝、干缩缝、温度缝和应力缝。

---

[1] 010601 ⓦ 010602 ▶ 010603 Ⓟ 010604 ◎

[2] 010605 ⓦ 010606 ▶ 010607 Ⓟ 010608 ◎

[3] 010609 Ⓕ

2. 裂缝处理的方法[1]

混凝土坝及浆砌石坝裂缝的处理，目的是恢复其整体性，保持其强度、耐久性和抗渗性，以延长建筑物的使用寿命。[2]裂缝处理的措施与裂缝产生的原因、裂缝的类型、裂缝的部位及开裂程度有关。沉陷裂缝、应力裂缝，一般应在裂缝已经稳定的情况下再进行处理；温度裂缝应在低温季节进行处理；影响结构强度的裂缝，应与结构加固补强措施结合考虑；处理沉陷裂缝，应先加固地基。

（1）裂缝的表面处理。当裂缝不稳定，随着气温或结构变形而变化，而又不影响建筑物整体受力时，可对裂缝进行表面处理。常用的裂缝表面处理的方法有表面涂抹、表面贴补、凿槽嵌补和喷浆修补等。[3]裂缝表面处理的方法也可用来处理混凝土表层的其他损坏，如蜂窝、麻面、骨料架空外露以及表层混凝土松软、脱壳和剥落等。

（2）裂缝的内部处理。裂缝的内部处理，系指贯穿性裂缝或内部裂缝常用灌浆方法处理。其施工方法通常为钻孔灌浆，灌浆材料一般采用水泥和化学材料，可根据裂缝的性质、开度以及施工条件等具体情况选定。对于开度大于 0.3mm 的裂缝，一般可采用水泥灌浆；对开度小于 0.3mm 的裂缝，宜采用化学灌浆；对于渗透流速大于 600m/d 或受温度变化影响的裂缝，则不论其开度如何，均宜采用化学灌浆处理。

（3）加厚坝体。浆砌石坝由于坝体单薄、强度不够而产生应力裂缝和贯穿整个坝体的沉陷缝时，可采取加厚坝体的措施，以增强坝体的整体性和改善坝体应力状态。坝体加厚的尺寸应由应力核算确定。在具体处理时，应保证新老坝体结合良好。

（三）混凝土坝及浆砌石坝的渗漏处理[4]

1. 渗漏的种类及危害

混凝土坝和浆砌石坝渗漏，按其发生的部位，可分为以下几种。

（1）坝体渗漏，如由裂缝、伸缩缝和蜂窝空洞等引起的渗漏。

（2）坝与岩石基础接触面渗漏。

（3）地基渗漏。

（4）绕坝渗漏。

混凝土坝和浆砌石坝的渗漏危害是多方面的。坝体渗漏，将使坝体内部产生较大的渗透压力，影响坝体稳定。侵蚀性强的水还会产生侵蚀破坏作用，使混凝土强度降低，缩短建筑物的使用寿命。[5]在北方地区，渗漏还容易造成坝体冻融破坏。坝基渗漏、接触面渗漏或绕坝渗漏，会增大坝下扬压力，影响坝身稳定，严重的将因流土、管涌等而引起沉陷、脱落，使坝身破坏。

---

[1] 010610 Ⓛ
[2] 010611 Ⓣ
[3] 010612 ⓕ 010613 ⓕ 010614 ⓕ 010615 ⓕ
[4] 010616 Ⓦ 010617 ▶ 010618 Ⓟ 010619
[5] 010620 Ⓣ

2. 渗漏的处理原则与方法❶

混凝土坝和浆砌石坝渗漏处理的基本原则是：“上截下排”，以截为主，以排为辅。应根据渗漏的部位、危害程度以及修补条件等实际情况确定处理的措施。

（1）对于坝体渗漏的处理，主要措施是在坝的上游面封堵，这样既可直接阻止渗漏，又可防止坝体侵蚀，降低坝体渗透压力，有利于建筑物的稳定。

（2）对于坝基渗漏的处理，以截为主，以排为辅。排水虽可降低基础扬压力，但会增加渗漏量，对有软弱夹层的地基容易引起渗漏变形，应慎重对待。

（3）对于接触渗漏和绕坝渗漏的处理，应尽量采取封堵的措施，以减少水量损失，防止渗透变形。

任务7　橡胶坝维护管理❷

一、橡胶坝管理工作的主要任务

（1）橡胶坝管理人员要从技术上保障工程安全，熟悉本工程各部结构、设计意图、施工情况及工程中存在的问题，并掌握控制运用、检查观测和养护修理等各项业务。

（2）根据度汛预案、管理运用办法及操作规程，做好工程控制运用。

（3）对工程进行检查观测，做好详细记录，经常进行养护修理，消除故障隐患，维护工程完整，确保工程安全。

（4）掌握水情、雨情，做好防洪工作。

（5）掌握坝袋修理技术，备有一般的修补材料及修补工具，进行日常的局部修补。

（6）做好安全保卫工作，并向群众做好保护橡胶坝的宣传工作。

（7）建立日常的管理登记制度和技术档案。

（8）利用水土资源，开展综合经营。

二、橡胶坝存在的问题

有的橡胶坝缺少冲砂相关设施，主汛期到来时，洪水进入河道，若采取塌坝运行，河水会把大量的砂石带到坝前，引起坝前淤积。洪水过后，再次冲坝时需要清淤，如果坝袋和墩面的夹缝中也充满砂石，就会造成坝袋安全隐患，对工程管理来说，清淤较为困难。一般情况下，在缝隙中采用人工清淤的方式，坝袋的清理工作难度很大，石子清理不干净，将很容易划伤坝袋。

一般的橡胶坝在设计时，考虑到节约建设资金，在坝的两岸之间是不设工作桥的，这给坝袋的日常安全检查带来很大不便，不容易在行洪期对全坝进行安全检查。

橡胶坝管理人员缺乏相应的闸坝管理经验，特别是一些河流首次建坝，相关人员往往

❶ 010621Ⓛ　010622Ⓛ

❷ 010701ⓦ　010702▶　010703Ⓟ　010704◎

没有管理经验。在一些地区，橡胶坝较少，规模较小，对橡胶坝采用粗放型管理方式。不同的河流及自然环境对坝袋的形式结构和运行管理等技术要求不同，无法用统一的管理模式进行运行管理，增加了管理人员工作的难度。橡胶坝的管理人员要充分认识橡胶坝的各种危险问题，做到发现问题，及时上报和处理。

三、橡胶坝运行管理

（一）基本要求

（1）保证工程安全，满足度汛要求，充分发挥工程景观效果。

（2）监视工程的运行状况，掌握工程变化规律，为正确管理提供科学依据。

（3）发现异常现象，及时分析原因，立即采取措施，防止隐患进一步扩大，保证工程安全运行。

（二）橡胶坝运行

在保证橡胶坝安全，满足度汛要求的前提下，尽最大可能保证景观效果。

（1）正常情况，橡胶坝保持相对固定的高程，汛期按度汛方案规定的高程控制。

（2）非汛期橡胶坝的运行由河道管理局调度，局长签署调度令，管理处（所）执行；汛期将按照度汛方案运用，市防指调度，河道管理局接市防指调度令后，签署升降坝执行命令，管理所执行。

（3）管理处（所）接调度令后，严格按照橡胶坝运行操作规程操作，要准确、快速执行调度，执行命令负责人和具体执行人要对命令及操作情况做好记录，完成命令后及时报告命令执行、坝体运行及河道过流情况。

（三）橡胶坝的检查

橡胶坝运行管理中的检查包括经常检查、定期检查、特别检查。操作运行要把握好两个时期，即河道枯水期和行洪期。橡胶坝工程检查目的是监视水情和水流形态、工程状态变化和坝袋运用情况，及时发现工程异常现象，分析原因，采取措施，防止工程事故发生。❶

应经常对橡胶坝工程的各个部位、坝袋的运行情况、充排设备和河床的冲淤、机电设备、河道堤防、水流情况等进行检查。每周期的检查为一月一次以上。如果橡胶坝出现不利情况，应对相关问题加强观察，用眼看和手摸耳听的方法对工程和设备的各个部位进行巡视和巡检。定期检查要对橡胶坝工程的各个部位和各项设备进行全方位的检查，汛前检查工程的完成情况，汛后检查工程的变化和损坏情况。在冬季时要注意检查坝袋的结冰情况，防止坝袋受损。在特殊情况下还要对大洪水、暴雨、地震和重大工程事故进行特别检查。

1. 经常检查

管理人员经常对橡胶坝工程的坝体、坝袋、护岸、供电设施、主要机泵设备、供排水

---

❶ 010705Ⓣ

管道、充水电动闸阀、排水闸阀及其他机电设备、通信设施、河床冲淤变化等进行检查。

实行每日巡视制度，正常情况下每天早、晚两次巡视，发现问题及时处理。在汛期或高水位期间，应加大巡查次数，2～4h巡视一次。必要时，对可能出现险情的部位昼夜监视。检查完毕后，严格按照规范要求认真填写相关检查记录，确保原始资料的清晰、完整。

经常检查的内容包括：

(1) 河道工程。应注意观察河道内有无打鱼、采砂、漂浮物、淤积物、杂草、种植、弃置废弃物品等现象，河道水质有无污染。

(2) 护岸工程。应注意混凝土护岸有无裂缝、松动、架空、隆起、塌陷、损坏；预制混凝土六棱块护岸有无塌陷、松动、隆起、架空、冲走和人为破坏；伸缩缝止水有无损坏、填充物有无流失等。

(3) 坝体工程。应注意坝袋表面有无破损；锚固件有无松动；坝袋下游底板上有无异物；充排水设施有无异常现象；时刻注意坝袋高度，严禁坝袋超压运行。冬季，着重检查坝袋内外是否结冰，防止坝袋受损。

(4) 动力系统。应注意动力设备是否运转正常，管路有无堵塞和漏水现象，各阀门启闭是否灵活，电气设备是否安全可靠，供电线路、变压器、配电柜是否正常，接头是否牢固，安全保护装置是否准确可靠，指示仪表是否指示正确，管道、闸阀等易锈件是否锈蚀等内容。

(5) 保护区。应注意管理范围内有无违章建筑、非法采砂、垦殖、倾倒垃圾、船只、漂浮物等危害工程安全的活动。

2. 定期检查

每年汛前汛后对橡胶坝工程各部位及各项设施进行全面检查。汛前着重检查岁修工程完成情况，汛后着重检查工程变化和损坏情况。

(1) 主体建筑物。坝底板连接段有无裂缝、渗漏、沉陷、管涌等情况；中墩、翼墙等工程部位有无裂缝、破损情况，混凝土有无腐蚀、磨损、剥蚀、碳化、露筋及钢筋锈蚀等情况；闸门有无垃圾、表面涂层剥落、门体变形、锈蚀或螺栓、铆钉松动；运转部位的加油设施是否完好；拦河设施有无损坏；冰冻期间是否对坝袋、闸门采取有效的防冰冻措施。

(2) 附属建筑物。进出口翼墙是否完好，有无倾斜、坍塌、勾缝脱落等；底板、铺盖、消力池、海漫等水下工程有无冲刷破坏；消力池内有无杂物沉积，上下游引河有无淤积、冲刷；观测设施有无损坏等情况。

(3) 动力设备。机体表面是否保持清洁；机体连接件是否保持紧固；机械是否运转灵活、制动可靠，转动部分润滑油是否充足，油质、油量是否符合要求；动力线路是否损坏，线路布置、保险丝选择是否合理，继电保护装置动作是否可靠；机泵运行时有无异常声响，是否定期清洗保养。

(4) 机电设备及防雷设施。机电设备、线路是否正常，是否牢固；配电柜接线是否符合规范，绝缘设施配备是否齐全；安全保护装置是否动作准确可靠；指示仪表是否指示正确、接地可靠；建筑物和用电设备接地系统及防雷设施是否正常、接地可靠。

3. 特别检查

当河道大流量行洪、强烈地震等情况发生，必须及时做好各项准备工作，特别检查工程主体有无损坏等。

(四) 橡胶坝的养护维修

橡胶坝工程的养护维修工作分为日常养护、定期养护、岁修和抢修。养护维修应本着“经常养护、随时维修、养重于修、修重于抢”的原则进行。

在日常维护方面，要针对橡胶坝运行中常出现的问题进行每月定期保养，汛前要洗井，还要进行充坝和塌坝的相关试验。对日常橡胶坝的检查和观测设专人详细记录，早发现早治理。应用水务信息平台，提高管理水平。可通过防汛网络系统获得洪水情报和河水流量资料，查看气象资料和季风情况，从而及时采取相关措施，通过网络随时和水务管理部门及相关水利专家就橡胶坝运行状态进行沟通，实现科学调度和安全监控。还要全面提高管理人员的业务水平，建立健全相关制度。

1. 日常养护维修

对经常检查发现的缺陷和问题，应随时进行保养和局部修补，以保持工程及设备完整清洁，操作灵活。日常养护维修应每月进行一次，养护内容具体包括：

(1) 橡胶坝的养护修理。坝袋底板的异物定期清理干净；坝体上下游漂浮物要及时清除；锚固件要定期紧固；管路内杂物应定期清理；管道、闸阀等易锈件定期进行除锈保养。

(2) 混凝土建筑物的养护修理。消力池及河道内杂物应定期清除。如发现混凝土表面损坏或出现裂缝等，报请上级部门后定。

(3) 闸门的养护修理。利用非汛期低水位的时机，将闸门提升进行检查；清除附着在闸门上的水生物、闸门附近漂浮的杂草和污物，并采用涂料作防腐涂层处理，运转部位加润滑油。

(4) 动力设备的养护修理。机体表面应经常清扫，保持清洁；应不定期对连接件进行紧固养护；机泵运行过程中发生振动、噪声，应及时对部件之间的间隙、松紧及工作参数进行调整；零部件保持良好的润滑，油料要充足，油质须合格，注油应及时；油孔、油道、油槽等应经常清洗。

(5) 机电设备的维护。机房应保持整齐清洁，室内不得堆放其他杂物，室内应配备有效的灭火器；备用发电机按有关规定经常维护，使其保持完好清洁。油、气、电、水路应经常检查，保持畅通、不渗漏，不定时检查并试运行，要保证随时启动发电，使电压、输出功率能达到额定值；电动机外壳应经常打扫，保持无尘、无污、无锈，电动机接线盒应防潮，压线螺栓无松动，轴承润滑良好，无松动、磨损，绕组的绝缘电阻值应定期检测；各种输电线路应防止漏电、短路、断路及虚连等现象，线路接头应连接良好；定期测量导线绝缘线阻值；开关柜、各种开关、继电保护装置、主令控制器等应经常清扫，保持其干净整洁，并经常检查，保证其能正常工作，指令准确可靠，变压器运行符合有关规定。

(6) 避雷设施的维护。避雷设施的构架上，严禁架设低压线及通信线等；避雷设施导电部件的焊接点或螺栓接头经检查发现有脱落、松动应予以补焊或旋紧；避雷带及引下线应保证无锈蚀；避雷接地装置的接地电阻值应按有关规定进行定期检测。

2. 定期养护

根据管养分离的要求，橡胶坝定期养护由河道局统一安排进行养护，定期养护完毕后认真填写各种养护记录表，养护内容具体同日常养护内容。

3. 岁修

运行期间和汛后全面检查发现的工程损坏和其他问题，需对工程设施进行必要的整修和局部改善的，在上报主管部门批准后组织实施。

4. 抢修

当工程及设备遭受突发性损坏，危及工程安全或影响正常运用时，应及时上报主管部门，由主管部门采取应急抢护措施。

橡胶坝具有施工简单、方便、经济造价较低、调度灵活、易于维修和管理等优点，对河水净化、城市景观、旅游发展和生态恢复有重要作用。因此，应加强对橡胶坝的运行管理，使橡胶坝在生态、旅游、环境等效益上为生态文明建设作出贡献。

复习思考题

1. 土石坝和混凝土坝的监测项目分别有哪些？其中哪些是必设项目？
2. 土石坝巡视检查的主要内容有哪些？
3. 简述视准线法观测水平位移的原理以及水平位移观测点的布设要求。
4. 土石坝的裂缝按成因分类有哪些？裂缝的处理方法是怎样的？
5. 什么是滑坡？滑坡的处理原则是什么？处理方法有哪些？
6. 叙述土石坝护坡破坏的永久性处理措施及适用范围。
7. 混凝土坝及浆砌石坝巡视检查的内容有哪些？
8. 混凝土坝及浆砌石坝日常维护的内容有哪些？
9. 变形量符号如何确定？
10. 简述引张线法观测混凝土坝水平位移的原理及设备组成。
11. 简述引张线法观测混凝土坝水平位移的步骤与方法。
12. 什么叫挠度观测？挠度观测的目的是什么？
13. 倒垂线法、正垂线法观测混凝土坝挠度的原理与方法分别是什么？
14. 什么叫混凝土和砌石建筑物的扬压力？扬压力观测的目的是什么？
15. 如何用电测水位器观测与计算测压管水位？
16. 如何用压力表观测与计算测压管水位？
17. 混凝土坝应力和温度观测的要求有哪些？
18. 混凝土坝及浆砌石坝观测资料整理分析的内容有哪些？
19. 混凝土坝及浆砌石坝观测资料初步分析的方法有哪些？
20. 重力坝抗滑稳定性不足的主要原因有哪些？
21. 重力坝所受的主要外力有哪些？增加重力坝抗滑稳定性的主要措施有哪些？
22. 混凝土坝及浆砌石坝裂缝表面处理的常用方法有哪些？
23. 水泥灌浆处理混凝土坝裂缝施工程序及技术要求有哪些？

24. 化学灌浆处理混凝土坝裂缝施工程序及技术要求有哪些？
25. 混凝土坝及砌石坝渗漏的途径有哪些？渗漏的危害有哪些？
26. 帷幕灌浆处理混凝土坝基岩渗漏施工程序及技术要求有哪些？
27. 橡胶坝运行管理中经常检查、定期检查的内容分别有哪些？
28. 橡胶坝运行管理中日常养护维修的内容有哪些？

项目二　泄水工程管理[1]

【学习目标】

通过本项目的学习，学生可以了解水闸、溢洪道检查养护的内容和要求；熟悉闸门和启闭机的控制与操作；掌握水闸自动化监控系统管理与维护。

任务1　水闸的检查[2]

一、水闸检查的分类

水闸检查工作，应包括经常检查、定期检查、特别检查和安全鉴定。[3]

经常性检查和定期检查是水闸技术管理的重要组成部分，为安全鉴定积累资料，因此也是水闸安全鉴定工作的基础。经常性检查一般由水闸管理单位进行，对建筑物各部位、闸门、启闭机、机电设备、通信设施，管理范围内的河道、堤防、拦河坝和水流形态等进行检查。每月不得少于一次。当水闸遭到不利因素影响时，对容易发生问题的部位应加强检查观察。当水闸处于不正常情况，如下泄较大流量、出现较高水位、冬季冰冻以及暴风雨或地震影响本地区时，都应增加检查次数。

定期检查一般安排在每年汛前、汛后或用水期前后，要对水闸各部位及各项设施进行全面检查。汛前着重检查岁修工程完成情况，度汛存在问题及措施；汛后着重检查工程变化和损坏情况，据以制订岁修工程计划。冰冻期间，还应检查防冻措施落实及其效果等。

经常检查和定期检查应包括以下内容：

（1）管理范围内有无违章建筑和危害工程安全的活动，环境应保持整洁、美观。

（2）土工建筑物有无雨淋沟、塌陷、裂缝、渗漏、滑坡和白蚁、害兽等；排水系统、导渗及减压设施有无损坏、堵塞、失效；堤闸连接段有无渗漏等迹象。

（3）石工建筑物块石护坡有无塌陷、松动、隆起、底部淘空、垫层散失；墩、墙有无倾斜、滑动、勾缝脱落；排水设施有无堵塞、损坏等现象。

（4）混凝土建筑物（含钢丝网水泥板）有无裂缝、腐蚀、磨损、剥蚀、露筋（网）及

[1] 0200ⓦ　[2] 020101ⓦ　020102▶　020103ⓟ　020104　[3] 020105ⓣ

钢筋锈蚀等情况；伸缩缝止水有无损坏、漏水及填充物流失等情况。

（5）水下工程有无冲刷破坏；消力池、门槽内有无砂石堆积；伸缩缝止水有无损坏；门槽、门坎的预埋件有无损坏；上下游引河有无淤积、冲刷等情况。

（6）闸门有无表面涂层剥落、门体变形、锈蚀、焊缝开裂或螺栓、铆钉松动；支承行走机构是否运转灵活；止水装置是否完好等。

（7）启闭机械是否运转灵活、制动准确，有无腐蚀和异常声响；钢丝绳有无断丝、磨损、锈蚀、接头不牢、变形；零部件有无缺损、裂纹、磨损及螺杆有无弯曲变形；油路是否通畅，油量、油质是否合乎规定要求等。

（8）机电设备及防雷设施的设备、线路是否正常，接头是否牢固，安全保护装置是否动作准确可靠，指示仪表是否指示正确、接地可靠，绝缘电阻值是否合乎规定，防雷设施是否安全可靠，备用电源是否完好可靠。

（9）水流形态，应注意观察水流是否平顺，水跃是否发生在消力池内，有无折冲水流、回流、旋涡等不良流态；引河水质有无污染。

（10）照明、通信、安全防护设施及信号、标志是否完好。

特别检查是当水闸遭受特大洪水、风暴潮、强烈地震和发生重大工程事故时，必须及时对工程进行检查。

安全鉴定是当水闸投入运用后，每隔 15～20 年应进行一次全面的安全方面的鉴定；当工程达折旧年限时，也应进行一次；对存在安全问题的单项工程和易受腐蚀损坏的结构设备，应根据情况适时进行安全鉴定。

二、水闸运用前的检查

水闸在启闭运用前对闸门、启闭设备、电器等有关部位进行的检查与日常维护的检查内容是不同的，日常维护检查是按养护修理规程进行维护，使设备处于正常使用状态，而运用前的检查是为了水闸能够安全及时启闭，着重于安全运行方面的检查。❶

（一）闸门的检查

1. 门槽和门体

闸门周围有无漂浮物卡阻，门槽是否堵塞，有无块石、碎石或其他硬物，门体是否倾斜，闸门是否振动等。

2. 闸门的位置

多次启闭的闸门，应检查闸门是否在原来的位置。特别是液压启闭机，由于油缸或管道漏油，可能导致闸门位置下移，使其不在原来位置，应作为检查重点。

3. 冰冻冻结

北方寒冷地区，在冬季启闭闸门时，要检查闸门门体周边有无冻结情况。对已冻结的，应将闸门周边的冰冻破碎，或用加温方法使冰冻熔化后方可启闭闸门。

❶ 020106Ⓣ

（二）电器的检查

1. 电源

电源或动力装置有无故障或异常。由于水闸工程多地处偏僻，供电时常没有保障，或因恶劣天气因素影响，可能发生主线路断线等异常情况，出现此种情况，必须运用备用电源或备足人力。所以，一般大、中型水闸配有备用电源（即柴油发电机），电源检查主要是查看备用电源设备是否正常，燃料是否充足等。

2. 仪表

电器设备的仪表是否完好或准确，指示电器设备能否正常工作，如电压表、电流表是否在额定工况下工作；自动化装置部分的各种仪表、监控仪显示和指示是否正确等。

（三）启闭机的检查

1. 转动部位

启闭机的转动部位是否放置工器具及其他硬物，若有则影响水闸的安全运行。如某水闸养护修理时，将钢丝刷遗忘在开式齿轮上，运用前未作详细检查，运行时，启闭机超载钢丝绳被拉断，闸门摔落受损，造成重大操作事故。

2. 高度指示器

闸门高度指示器起到闸门开启高度的指示作用，在闸门关闭到位时，应归零，运行中指示灵活正确。闸门操作人员应准确理解刻度盘数字代表闸门的开启高度，否则将会出现安全事故。

3. 液压启闭机的部件

主要检查液压启闭机的油泵、各类控制阀件工作是否正常；工作压力能否达到设计要求，管道、油缸是否漏油等。

（四）其他方面的检查

1. 闸室或洞身隐患检查

在开闸前，应检查水闸的闸室或洞身有无船只、渔民及其他安全隐患。对开敞式水闸检查较为容易；对涵洞式水闸检查较为困难，若有船民捕鱼，也很难发现，若疏忽大意，就可能引发安全事故。无论何种形式的水闸，开闸前，均应对闸室或洞身进行检查，以确保安全。某涵洞式水闸曾发生过渔民驶船进入洞身靠近闸门捕鱼，因开闸前未被发现，开闸后听到呼救并紧急关闸，但仍造成船翻人亡事故。

2. 上下游障碍物检查

水闸上下游水面的船只，均应驶出水闸警戒区，到安全地带停靠；上游的漂浮物如水草、草垛、树木等均应及时打捞，以免闸门卡阻，无法启闭运用。

3. 水位及水流流态检查

开启的水闸，除正常观察上下游水位，流量外，还应对水流流态进行观察。如水流流向是否偏流、有无折冲水流、闸下水跃位置是否在消力池内等。

4. 通气孔检查

设有通气孔的建筑物，要检查其通气孔是否被堵塞，以避免闸门开启后产生负压，造成闸门或建筑物结构的气蚀破坏。

任务2　闸门和启闭机的控制与操作[1]

一、水闸控制运用

水闸控制运用，是通过有目的地启闭闸门、控制流量、调节水位、发挥水闸作用的重要工作，必须有计划、按步骤进行，同时应按批准的控制运用计划或上级主管部门的指令进行，不得接受其他任何单位和个人的指令。[2]

水闸管理单位应综合考虑各有关部门的要求，结合工程具体情况，并参照历史水文规律和工程运用经验以及当年水情预报等，按年度或分阶段制订控制运用计划，报上级主管部门批准后执行。有防洪任务的水闸，汛期的控制运用计划应同时报送有管辖权的人民政府防汛指挥部备案，并接受其监督。

（一）水闸控制运用原则

水闸控制运用，必须符合下列原则：

（1）必须在保证工程安全的条件下，合理地综合利用水资源，充分发挥工程效益。局部服从全局，全局照顾局部，当兴利与防洪矛盾时，兴利服从防洪，统筹兼顾。

由于各地行政区划多以河流湖泊为界，其上下游及左、右岸对水的供需不一致，会导致矛盾冲突和水事纠纷。例如，在防汛期间，为了保障下游河道和重要城市防洪安全，就需要在分洪和滞洪区分洪、泄洪，最大限度地减少洪灾损失。

（2）按照有关规定和协议合理运用，与上下游和相邻有关工程密切配合运用。

每个水闸工程都是防洪体系的一个组成部分，需要配合才能充分发挥工程效益，例如，行、蓄洪区进洪闸与退洪闸配合使用，才能避开洪峰，降低河道水位，减小下游堤防防洪压力；节制闸（拦河闸）和船闸配合使用，才能确保水运通畅；泄洪闸和水坝配合使用，才能充分发挥水利工程综合效益等。

（3）有淤积问题的水闸，应研究采取妥善的运用方式防淤、排沙和防冲。

许多河流修建水闸后，因水位壅高，流速减小，促使大量泥沙淤积，河口兴建挡潮闸后，闸下河道受潮汐影响的淤积问题尤为突出。淤积使工程效益降低、寿命缩短，严重者甚至造成水闸报废。为了减少淤积，多年来各地积累了不少减淤防淤的经验，如引水灌溉工程采用渠首拦沙、分散沉沙、沉沙与淤地改土相结合等办法，防治河渠淤积。受潮汐影响的水闸用水力冲淤、机械拖淤和水力冲淤相结合等办法，减少闸下河道淤积。

（4）在通航河道上的水闸，应尽量保持上下游河道水位相对稳定和通航水深；保持通航河道水位相对稳定和最小通航水深。

水运是综合运输体系中的一种重要运输形式，也是水资源综合利用的重要组成部分，通航河道上建闸后，运用中尽量保持河道水位相对稳定和最小通航水深，防止发生船舶搁浅。

---

[1] 020201 Ⓦ　020202 ▶　020203 Ⓟ　020204　[2] 020205 Ⓣ

（5）位于鱼类洄游河道上的水闸，应尽可能通过控制运用满足鱼类洄游的要求。

鱼类洄游河道，利用鱼道或采取其他运用方式纳苗，在鱼苗旺发季节，将过鱼效果好的鱼道及时投入运行，能使水产资源得到保护和增殖。除鱼道外，也可因地制宜采用开闸纳苗（又称灌江纳苗）或利用检修叠梁门控制倒灌流量纳苗等方法，但无论采用何种方法，都必须以确保工程安全为前提。

（二）水闸控制运用指标

水闸工程控制运用指标是水闸运用的控制条件，也是实际运用中判别工程是否安全、效益能否发挥的主要依据之一。一般情况下，规划设计所采用的各种水位、流量特征值就是运用指标的限值。

当水闸由于某种原因，如上下游河道未达到标准或安全状况出现较大变化，不能按设计标准运用时，就需要及时论证，重新确定运用指标。各项运用指标之间是互相联系的，当某一指标被重新确定后，其他相应指标应随之修改。

水闸应根据规划设计的工程特征值，结合工程现状确定下列有关指标，作为控制运用的依据：

（1）上下游最高水位、最低水位。

（2）最大过闸流量，相应单宽流量。

（3）最大水位差及相应的上下游水位。

（4）上下游河道的安全水位和流量。

（5）兴利水位、流量。

二、闸门的操作

闸门的操作原则应按照设计规定执行，[1]一般为：

（1）工作闸门和阀门能在动水情况下启闭。船闸为了保证船只进出闸室的安全，使船只在闸室中随水位的变化只作上升与下降运动，因此，船闸廊道闸门是动水开启、静水关闭。作为工作闸门的人字闸门、横拉闸门、三角闸门等都是静水启闭。

（2）事故闸门能在动水情况下关闭，一般在静水情况下开启。平压阀门应在动水下开启，静水下关闭。

（3）检修闸门在静水中启闭。

（一）工作闸门的操作

1. 控制开度，安全泄流

在工作闸门操作过程中，应合理地控制开度，使其过闸流量小于河道的安全泄量，避免下游河道的冲刷。同时，使过闸流量与下游水位相适应，避免远驱式水跃产生，保护消能防冲设施。在初始开启闸门时，应采用多次开启办法，每次泄放的流量应根据闸下安全水位与流量关系曲线确定，使水跃发生在消力池内，待闸下水位升高并稳定后，才能再次

[1] 020206 Ⓣ

增加闸门开启高度。一般初始开启高度宜控制在0.2～0.3m，最大不宜超过0.5m。

2. 合理操作，减少振动

由于过闸水流在刚开启状态时多为高速水流，闸门产生振动在水闸运用中是较为常见的现象。闸门底缘形式、止水形式及安装方式的不同，都会对闸门振动产生一定影响；下游水位以及回流对闸门有节奏地冲击，也可能引起闸门的振动。微弱的振动一般对安全没有影响，但应注意观察，防止进一步加剧；剧烈的振动，可引起门体疲劳、杆件变形及脱焊，严重的则使闸门破坏，砂基引起液化，降低承载能力。但对某孔闸门而言，在开启过程中存在着振动相对较大的区域，因而在实际运用过程中，应避开振动区域，以减少振动。

3. 控制泄流，避免不利流态

水闸开启过程中，若控制不当，可能会导致过闸水流紊乱，并可能产生集中水流、折冲水流、回流、漩涡等不良流态。集中水流的产生，会增大单宽流量，引起消能设施及下游河道局部冲刷；折冲水流，多因河道水流流向不正而引起，也常因左右孔出流多少的差异而形成，都会引起下游水流紊乱，严重的将冲刷河道和堤防，影响河势稳定，尤其是沙性土质的河道影响更大；回流及漩涡，会挤压主流，同时也可能引起边坡局部冲刷。运用时都应根据实际情况调整闸门的开度，消除各种不良流态。

4. 控制水位升降速度

山区供水输水洞或压力管道多为远距离、高水头，在操作此类闸门时，充放水不应使洞或管内的流量增减过快，要确保通气孔畅通，避免洞内或管内产生负压、气蚀、水锤等现象，以免造成结构破坏。闸下游河道或渠道，在闸门关闭或减小泄量时，不应使下游水位降落过快，避免因降水过快引起边坡崩塌，危及河道、堤防安全。

5. 全程一次升降闸门

对不允许局部开启的闸门，应一次升降到位，中途不能停留，否则会改变水流的流态，影响工程的安全运行。

（二）事故闸门、检修闸门的操作

1. 事故闸门

事故闸门也称快速闸门，常用在水电站或压力管道的进口处。在下游或发电机组设备发生事故后，为减轻事故损失，及时排除故障，能在动水中迅速关闭。它常放置在距洞口上方0.3～0.5m处，以减少关闭的时间。

事故闸门在运用中，必须一次关闭到底，不得用以控制流量，并在静水中开启。

2. 检修闸门

检修闸门是用以建筑物或机械设备的日常检修时使用，在静水中承担水头压力。在运用中，与事故闸门一样，一次关闭到底，不得用以控制流量，并在静水中开启。

（三）多孔闸门的操作

多孔水闸的控制运用，应按照批准的控制运用办法或模型试验确定的运行方式操作，并按照对称、同步、等高的原则进行。

1. 对称开启

当需要多孔闸门全部开启时，一般为由中间孔先开启0.2～0.3m，依次向两边开启同样高度，待过闸水流平顺后，再逐步提升。多孔闸的开启应严格按批准的控制运行办法执行，以避免因开启不当，造成下游消能工和河床、岸坡的冲刷。对少数水闸，也有先开启边孔，再依次向中间孔开启。

当只需开启部分闸门时，一般只开中孔闸门。如果开边孔闸门，一是可能引起岸坡的坍塌或滑动，影响泄水；二是造成下泄水流的偏流和摆动，影响下游河势的稳定。

2. 同步操作

多孔闸门在启闭运用过程中，对于设有自动化控制的水闸，同步运用较易实现，操作人员在控制室内即可实现对每孔闸门的启闭操作。但对靠人工操作启闭的闸门较难做到。无论何种操作形式，应尽可能做到同步运行，以保持过闸水流的对称，不致形成偏流或折冲水流。

3. 等高控制

等高控制是指闸门每次开启的高度都应该一致，这样才能保证在相同水位下，各闸孔的过流量相同，才能保持水流的平稳。对于分洪闸，由于泄流流向与主河道水流成一夹角，进闸的水流形态可能引起出闸水流不正、闸前局部漩涡等影响泄流现象，控制时，左右闸门的开度可做小幅度的调整。

（四）双层孔口闸门的操作

对于双层孔口的闸门或上下双扉布置的闸门，运用时应先开下层或下扉闸门，再开上层或上扉闸门。关闭时顺序相反。双层布置的闸门，多属水头高、压力大，泄流时流速大，如先开上层闸门或上扉闸门时，会使下层泄水孔间产生负压，扰乱下层的水流流态，加速闸门的振动。

三、启闭机的操作

启闭机的操作必须严格按照规定的程序进行。❶

（一）固定卷扬式启闭机操作程序

（1）凡有锁定装置的，应先将其打开。

（2）合上电源开关，向启闭机供电。

（3）启动驱动电动机，闸门即启闭。

（4）闸门运行至预定开度。

（5）拉开电源开关，切断电源。若有锁定装置的，且停留时间长，应将闸门锁定。

（二）螺杆启闭机操作程序

（1）电力启闭方式同固定卷扬式启闭机。

（2）人力启闭，应先切掉电源，合上离合器，装上摇柄进行启闭操作。

（3）用力要均匀，不宜时快时慢。

（4）闸门运行至预定开度，停止摇动。

---

❶ 020207 Ⓣ

(5) 闸门启闭到位后明显偏重，不应强行启闭，以免螺杆弯曲。

(6) 启闭完毕，取下摇柄，拨开离合器。

(三) 液压启闭机操作程序

(1) 打开各有关阀门，将换向阀手柄扳至所需位置，并打开锁定装置。

(2) 合上电器开关，向油泵机组供电、启动油泵。

(3) 自动溢流阀关闭，油系统压力升高至额定压力，开始启闭闸门。

(4) 在运行中如需改变闸门运动方向，应先使闸门停止运行，然后扳动换向阀的手柄换向，改变供油方向，使闸门反向运动。

(5) 闸门运行至预定位置，油泵机组停机。

(6) 停机后，将换向阀手柄扳至停止位置，关闭所有的阀门，锁好锁定。

(7) 拉开电器开关，切断电源。

四、闸门和启闭机操作注意事项及管理制度

(一) 闸门和启闭机操作注意事项

(1) 在操作过程中，不论是遥控、集中控制或机旁控制，均应有专人在机旁和控制室进行监护。

(2) 启动后应注意：启闭机是否按要求的方向动作，电器、油压、机械设备的运用是否良好；开度指示器及各种仪表所示的位置是否准确；用两部启闭机控制一个闸门的是否同步启闭。若发现当启闭力达到要求，而闸门仍固定不动或发生其他异常现象时，应立即停机检查处理，不得强行启闭。

(3) 闸门应避免停留在容易发生振动的开度上。如闸门或启闭机发生不正常的振动、声响等，应立即停机检查。消除不正常现象后，再行启闭。

(4) 使用卷扬式启闭机关闭闸门时，不得在无电的情况下，单独松开制动器降落闸门(设有离心装置的除外)。

(5) 当开启闸门接近最大开度或关闭闸门接近闸底时，应注意闸门指示器或标志，应停机时要及时停机，以避免启闭机械损坏。

(6) 在冰冻时期，如要开启闸门，应将闸门附近的冰破碎或融化后，再开启闸门。在解冻流冰时期泄水时，应将闸门全部提出水面，或控制小开度放水，以避免流冰撞击闸门。

(7) 闸门启闭完毕后，应校核闸门的开度。

水闸的操作是一项业务性较强的工作，要求操作人员必须熟悉业务，思想集中，操作过程中，必须坚守工作岗位，严格按操作规程办事，避免各种事故的发生。

(二) 闸门和启闭机操作管理制度

(1) 闸门启闭必须经水库管理局(处)领导批准，非工作人员不得任意启闭。操作人员必须树立高度的政治责任感和工作责任心，严格执行上级批准的洪水调度原则和闸门启闭方案，并及时做好详细规范的闸门启闭记录。

(2) 闸门操作人员必须定期进行相应的岗位培训和学习，应该执证上岗。操作人员要经常学习机械、电气设备的基础理论知识，学习安全操作规程，做一名有理论知识和实践

经验的操作人员。

(3) 闸门启闭前应检查油泵油位是否在正常位置，动力是否正常；检查上游是否有船只或其他漂浮物，溢洪道和下游是否有人或其他牲畜。泄洪时，应事先通知沿河地区做好准备，确保安全泄洪。

(4) 闸门和闸门槽以及门坎等均应密合，以防漏水。闭闸时应注意消除闸底上的碎石等障碍物，以免关闸不严或损伤止水设备。

(5) 合上电源后，检查控制柜指示灯有无故障显示，无异常情况后按操作规程进行闸门启闭。

(6) 开启多孔闸门时，应遵循对称启闭的原则，或由中间向两岸对称开启，并保证同一开度；闸门启闭过程中，应使闸门两侧止水保持湿润状态。

(7) 当开启闸门接近最大开度及闸门接近闸底时，要特别注意控制，及时停车，以免闸门和启闭机损坏。

(8) 应定期对系统各部分进行检修和养护，相关人员要做好设备和周边环境的清洁及溢洪闸的安全保卫工作，保持机械电气设备及闸门的良好状态。

(9) 相关操作人员必须参加年度汛前和汛后对闸门、启闭机、电气设备的维护工作；每年汛前、汛后应做较为彻底的检查、修理，并做好维修记录；汛期加强水库溢洪闸闭启操作系统的巡查，发现问题及时上报及时处理；确保闸门始终处于可操控的良好状态。

任务3　水闸的养护维修❶

水闸在运用中，不断地遭受各种内外不良因素的作用，使工程产生冲刷、磨损、腐蚀等破坏，使构件的承载能力降低，可能出现闸基变形、混凝土开裂、闸门振动及漏水、启闭设备老化失灵等问题，如不及时养护修理，则缺陷必将日益严重，影响建筑物的安全运用，严重的甚至会导致失事，因此，为了保证工程及设备完整整洁、安全运用、操作自如，延长使用寿命，必须经常做好养护修理工作。❷

一、水闸混凝土结构物的养护

水闸混凝土结构物的养护应做好以下工作：

(1) 水闸上下游，特别是底板、闸门槽和消力池内的碎石等杂物应定期清除，以防对混凝土表面的磨损。此点务必引起足够重视，某闸曾发生深孔门滚轮因锈蚀脱落，放水时冲入消力池内，经过几次放水后，滚轮磨成铁饼状，消力池的钢筋混凝土保护层大部分磨掉，钢筋裸露。

(2) 混凝土及钢筋混凝土表面的污水、污物、垃圾或附着水生物，应随时清除干净，以防对混凝土的污染。特别是有些水闸的混凝土或闸门上附生着蚧贝类或“石蝇”等，对

❶ 020301Ⓦ　020302▶　020303Ⓟ　020304◎　❷ 020305Ⓛ

建筑物表面有强烈的腐蚀作用，应及时清除。

(3) 混凝土建筑物上的排水管、进水孔和通气孔等应及时进行疏通保养。特别是桥面上的排水孔也应随时疏通，以防雨水沿板和梁漫流，加速其碳化、老化。空箱式挡土墙箱内的淤土也应适时清除。

(4) 因施工质量导致的混凝土表面的蜂窝、麻面、骨料架空和外露、模板走样、接缝不齐等，要用水泥砂浆或喷浆修补。施工用的模板、排架拆除后，遗留在表面的螺栓及其他铁件，除个别因运行需要保留外，其余均应全部割除，如在泄流面上的，还应进行表面整修。要保留的铁件也应油漆保养、防止锈蚀。

(5) 伸缩缝要定期检查观察，注意防止杂物卡塞；填料如有流失的要补充。设有沥青井，并在井内预埋钢管或钢筋导体的，要按要求每隔一定时间用蒸气或通电加热熔化，补充新的沥青等，使其充填物饱满。

(6) 泄水期间，特别是汛期排洪时，河道上的漂浮物应经常清理，以防阻水、卡堵闸门，冲坏消能工。

(7) 经常露出水面的底部钢筋混凝土构件，如进洪闸的底板、护坦等，长期暴露在大气中，夏季酷暑高温曝晒，冬季严寒冰冻，应根据情况因地制宜地采取适当的保护措施，例如覆盖一层0.2～0.3m厚的土加以保护等。

(8) 处于北方严寒地区的水闸，冬季还应随时清除混凝土结构上的积水和重要部位的积雪。

二、闸门养护

由于闸门多安装于露天场所，长期或间歇地浸于水中，承受较大的水压力或水流、泥沙及污物的冲击磨损和周围介质的腐蚀作用，一般情况下，闸门的寿命总是小于建筑物的寿命，只有良好的维护工作，才能保证闸门安全正常的运行，延长闸门的使用年限，以充分发挥工程的效益。[1]

（一）一般性养护

1. 清理检查

正常工作的闸门必须保持清洁完好，启、闭运行灵活。但随着水流的运动，水中的漂浮物、推移质等总是向闸门集中，贴附于门体或卡阻于门槽内，影响闸门的正常运行，或造成漏水，或加快闸门的腐蚀，所以必须随时进行检查清理。

(1) 闸门门体上不得有油污、积水和附着水生生物等污物。启闭机检修时，应避免废油落于门体上，卷筒和钢丝绳上多余的润滑脂应刮除干净，防止夏季溶化滴落到闸门上。门体结构上的落水孔应畅通。严禁向闸门上倾倒污水垃圾等污物。

(2) 闸门槽、门库和门枢等部位，常会被树木、钢丝、块石或其他杂物卡阻，影响闸门正常运行，甚至酿成事故，应及时进行检查清理。对浅水中的建筑物，可经常用竹篙、

[1] 020306Ⓣ

木杆进行探摸，利用人工或借助水力进行清除；对深水中较大的建筑物，应定期进行潜水检查和清理。

2. 观察调整

(1) 闸门运行时，应注意观察闸门是否平衡，有无倾斜跑偏现象。闸门严重倾斜，可能撕裂止水橡皮，拉断钢线绳或使闸门变形损坏，必须配合启闭机进行调整。对双吊点闸门，两侧钢丝绳长度应调整一致，侧轮与两侧轨道间隙大体相同。

(2) 止水橡皮应紧密贴合于止水座上，止水不严密或有缝隙，必然造成漏水。但预压过紧，则增加摩擦力，加快止水磨损或挤压变形，最后失去止水作用。因此，应视各种不同的止水形式进行适当调整。对于没有润滑装置的闸门，启闭前应对干燥的橡皮注水润滑。

3. 清淤、拦污

多泥沙河流上的闸门，闸前往往有大量泥沙淤积。闸门在泥沙压力作用下，负荷加重，运行困难，或因泥沙淤堵，闸门落不到底，孔口封闭不严造成漏水。为此，除采取其他清沙措施外，应定期输水排沙，或利用高压水枪在闸室范围内进行局部清淤。在水草和漂浮物多的河流上，应注意检查，定期进行拦污栅清污。

4. 防冰凌

北方寒冷地区的闸坝，因水面结冰，对闸门产生冰压力，加大闸门的荷载。对冬季有运行要求的闸门，门槽冻结将影响闸门的正常运行。为此，需要采取防冰冻措施。一般在闸门前用压缩空气或压力水，形成一条不冻的水域，与河流冰盖隔开，也可采用加热的方法，为门槽加热，使之不致结冰。

5. 防风浪

位于沿海、湖泊或开阔河面的水闸，由于吹程长，风浪对闸门的冲击力很大。有时风浪进入潜孔闸门门前喇叭口段，水体扩散不畅，对闸门形成不完整水锤作用，对闸门安全有相当大的威胁。一般采用设置防浪板或在胸墙底梁开扩散孔的办法加以解决。在强风暴地区，可根据气象预报，在大风到来之前，适当降低闸前水位。

(二) 钢闸门的养护

1. 门叶部分的养护

由于闸门前横向水流、漩涡以及门后淹没出流和回流等的作用，可能引起闸门振动、门槽气蚀或其他故障。因此，在闸门维护中，除应做好防腐蚀和防漏水等工作外，还必须注意防止钢闸门的振动和气蚀工作。

(1) 防止振动。闸门本身具有一定的自振频率。在闸门泄流时，如果水流的脉动频率接近或等于闸门的自振频率，便会出现共振现象，振幅增大，使闸门整体或局部发生强烈的振动。剧烈的振动有可能引起金属构件的疲劳变形、焊缝开裂或紧固件松动，以致整体结构遭到破坏。

由于闸门振动的现象比较复杂，必须弄清引起振动的原因，以便采用有效的措施予以治理。一般有以下几种情况：

1) 由于波浪冲击闸门引起的振动，应在闸门上游加设防浪栅、防浪排，以削弱波浪对闸门的冲击。

2）因止水漏水而引起闸门振动，多因止水座板安装不平直，或止水选型不合适，柔性不够，使止水与止水座板之间呈不连续接触，在上游静水压力作用下，不能完全密封，于是有水流从止水与座板间隙中射出。这种作用于止水上的脉动压力使止水发生振动，从而导致了闸门的振动。这时应调整止水位置或更换止水材料尺寸，使止水与止水座板紧密接触，漏水停止，闸门就不再振动。

3）闸门在一定开度下泄流时，下游淹没水跃产生对闸门周期性的冲击，也是引起闸门振动的原因之一。如改变一下运用条件，振动可能就不再发生。

（2）防止气蚀。在高速水流情况下，由于建筑物过水断面发生突变，或过水结构面不平整，泄水建筑物补气不足等原因，常使闸门槽及其预埋件发生气蚀。

防止气蚀的措施为：对已遭气蚀损坏的部位用耐气蚀材料补强。如用不锈钢焊补或用环氧砂浆修补，尽量使过水表面平整光滑（必要时增设补气设施。对闸门门槽形式不合理的，应通过试验选型，进行改建）。

2. 闸门行走支承装置及导向装置的养护

行走支承装置是闸门的运行和承力部件，是门体和闸墩之间的过渡部分。如平面闸门的主轮和弧形闸门的支铰，一方面起着传递水压荷载的作用，必须具有足够的强度；另一方面又起着使闸门沿轨道行走或旋转的作用，要求摩擦力小，以减少闸门的启闭力。

（1）常见故障与原因。主轮或台车机构润滑不良，转动不灵，多因润滑油流失或老化变质，致使轮轴生锈与轴套抱死。有的轮轴与轴套间隙偏大，水中泥沙细粒沉积硬化，造成卡阻。

（2）养护方法。

1）定时向闸门主轮、弧形闸门支铰、人字闸门门枢以及闸门吊耳轴销等部位注油。一般采用油枪或用油枪配油嘴注油，注油时应使轮子转动几圈，在转动时不停地加注，尽量使旧油全部排出，新油完全注满。由于闸门经常处于水下或潮湿场所，其润滑应采用钙基或钙钠基润滑脂。

对于没有注油孔道的转动机构，可定期拆下清洗，然后涂油组装。

2）对于闸门滚轮经常处于门槽内或闸门提不出门槽时，人工加油润滑很不方便，可采用集中润滑的方法。集中润滑有油箱自流润滑和压力注油润滑两种形式。自流润滑由启闭机室油箱通过软管向每个滚轮轴端的油孔自流供油，在闸门启闭前或启闭时，打开油箱总阀，启闭结束时关闭总阀，这种加油方法只能使用黏度不太大的润滑油。压力注油润滑采用加油器进行注油，加油器类似大型黄油杯，安装于闸门顶上，用钢管或铜管将加油器和各滚轮油孔相连。当旋转加油器筒盖时，筒盖下压，黄油通过油管送至各滚轮。

3. 闸门止水装置的养护

止水装置效果不好，不仅会严重漏水，还可能引起闸门的振动，引起气蚀等。船闸漏水还会使船只过闸时间延长，给闸门运行和维修工作带来不便。

对于不同材料的新更换的止水，在闸门完全关闭状态，其漏水量不应超过下列数值：木止水，1.0L/(s·m)；木加橡皮止水，0.3L/(s·m)；橡皮止水，0.1L/(s·m)；金属止水，0.1～0.8L/(s·m)。

经长期运行，材料老化，止水效果降低，数值适当放宽，对于橡皮止水漏水量可放宽到0.2L/(s·m)，超过此值应当更换。

止水的养护工作主要有：

（1）定期检查闸门止水的整体性，不得有断裂或撕损，止水与止水座板的接合是否紧密，止水座板有无变形，固定螺栓有无松动或锈蚀脱落，如发现问题应及时处理。

（2）闸门运行中检查止水是否有严重磨损，如发现橡皮止水压缩过紧或止水座板表面过于粗糙，应适当调整橡皮的预压量。对止水座板粗糙表面，可用平面砂轮打磨，然后涂刷一层环氧树脂，使其平整光滑。当发现因止水橡皮磨损造成与止水座间隙过大而漏水时，可采用加垫橡皮条的办法来调整止水间隙。

（3）为防止止水橡皮老化，可在橡皮非摩擦面涂刷防老化涂料，同时，尽量避免使止水橡皮受烈日曝晒。如发现橡皮已老化失效，应及时更换。

（4）木止水必须做好防腐、防虫蛀、防挤压劈裂及扭曲变形等。经常清理附着在止水木上的泥垢和水生物，如发现局部腐烂劈裂，应及时修复，并热涂沥青防腐。

（5）金属止水应做好防锈蚀、防气蚀工作，避免局部破坏。发现金属止水构件翘曲变形，应及时矫正，以免扩大为整体破坏。

4. 闸门预埋件的养护

闸门预埋件由于更换困难，尤应注意防锈蚀、防气蚀。各种金属埋件除轨道水上部位摩擦面可涂油脂保护外，其余部位，凡有条件的均宜涂坚硬耐磨的防锈涂料。如发现锈蚀或磨损严重时，可采用环氧树脂或不锈钢材料进行修复。

闸门槽内的淤积物应定期清理，以免造成闸门止水或构件的破坏。

5. 闸门吊耳与吊杆的养护

吊耳与吊杆应动作灵活，坚固可靠。转动销轴应经常注油保证润滑，其他金属表面应喷涂防锈材料。并应经常用小锤敲击检查，零件有无裂纹或焊缝开焊、螺栓松动等，止轴板不得有丢失、销轴窜出现象。吊杆在不用时，应摆放整齐，不要乱放。

（三）钢丝网水泥混凝土闸门的养护

钢丝网水泥混凝土闸门以及钢筋混凝土闸门，结构刚度大，抗振能力强，在海水或碱性污水中工作，比钢闸门更耐腐蚀，维护工作量少。但也应注意闸门的养护工作。

（1）经常清理附着在闸门表面的泥污、苔藓及水生物，检查面板与梁系结构是否完好，有无保护层剥落、脱壳、露筋、露网，有无裂缝及渗水现象。如发现问题要及时处理。

（2）运行中要注意观察、排除漂浮物，以免其撞击闸门。启闭机制动器应十分可靠，防止闸门自动坠落，摔坏闸门。对用于船闸的钢丝网水泥混凝土闸门还应防止船只的铁件和篙尖对闸门的撞击。

（3）闸门上的预埋铁件，一旦锈蚀损坏，难于更换，可能造成整个闸门报废，应做好防锈蚀处理。

（4）对钢丝网水泥混凝土闸门面板，可定期涂刷环氧砂浆或其他防腐材料保护，以防混凝土碳化和裂缝渗水。

三、启闭机养护

养护是闸门启闭机运行管理的重要内容，须做到“经常维护，随时维修，养重于修，修重于抢”，保持设备始终处于良好的技术状况，以延长使用寿命，减少运行费用，确保安全可靠地运行。[1]水工闸门启闭机养护通常有动力部分养护、传动部分养护、制动部分养护、悬吊装置以及附属设备养护等内容。

（一）养护的一般内容

启闭机养护一般可概括为“清洁、紧固、调整、润滑”八字作业。

1. 清洁

启闭机械在运行过程中，由于油料、灰尘等影响，必然会引起设备表面的脏污。有些关键部位，如制动轮圆周面、电器接点、电磁铁吸合接触面、蓄电池、整流子碳刷滑环接触面等会因脏污而使设备不能正常运转，甚至会引起事故。因此必须定期进行清洁工作。必须定期对机器周围的环境，如移动式启闭机的轨道沟、场地上的油污等应及时清扫，场地上的工器具应及时整理，摆放整齐。

综上所述，清洁是针对启闭机的外表、内部和周围环境的脏、乱、差所采取的最简单、最基本却很重要的保养措施。

2. 紧固

启闭机的紧固连接，虽然在设计、安装时已采取了相应的防松措施，但在工作过程中由于受力振动等原因，可能还会松动。紧固件松动的影响，与其自身的作用相关联。如压力油系统中的螺纹管接头、密封用压盖螺栓等松动，会造成漏油；基础、法兰等各种定位螺栓、门式启闭机的高强螺栓、钢丝绳压紧螺栓和吊具连接螺栓等松动，会改变被连接零部件的受力和运动情况，并构成事故隐患。

3. 调整

启闭设备在运行过程中由于松动、磨损等原因，引起零部件相互关系和工作参数的改变，如不及时调整，轻则会引起振动和噪声，导致零件磨损加快，机器性能降低，甚至会导致事故。所以要及时调整，以保证设备经常处于正常状态，确保灵活、安全可靠地运行。

1）各种间隙调整。如轴瓦与轴颈、滚动轴承的配合间隙；齿轮啮合的顶、侧间隙；制动器闸瓦与制动轮之间的松闸间隙等。

2）行程调整。如制动器的松闸行程，离合器的离合行程，安全限位开关的限位行程和闸门启闭位置指示行程等。

3）松紧调整。如转动皮带、链条等松紧的调整，弹簧弹力大小的调整等。

4）工作参数调整。如电流、电压、制动力矩、油压启闭机的流量、压力、速度等调整。

4. 润滑

在启闭设备中，凡是有相对运动的零部件，均需要保持良好的润滑，以减少磨损，延长设备寿命，降低事故率，节约维修费用，并降低能源消耗等。

---

[1] 020307 Ⓣ

设备的润滑工作很重要。国外因润滑不良和润滑方法不当引起的故障占总故障次数的1/3以上；而国内由于润滑问题引起的停机时间，占总停机时间的1/2以上。经验证明，设备的寿命在很大程度上取决于润滑。所以，对润滑工作必须引起足够的重视。

（二）动力部分养护

1. 电动机的养护

电动设备维护主要包括：保持电动机外壳上无灰尘污物，以利散热；检查接线盒压线螺栓是否松动、烧伤；检查轴承润滑油脂，使之保持填满轴承空腔的1/2～2/3，脏了要换；拆下一边端盖，检查定子与转子之间的间隙是否均匀合格，以判断轴承磨损情况若不均匀，要拆下轴承进行检查，磨损严重的要更换；每年必须用摇表测量电动机相间以及相对铁心的绝缘电阻的情况（如在温度较高而通风条件不良的地区，间隔停用时间较长，在每次使用前，还需测量绝缘情况），如果少于0.5MΩ，说明线圈受潮，则要进行烘干处理。一般烘干温度约为100℃，烘干时间约24h；若绕组绝缘老化（老化后颜色变为深棕色），则需刷浸绝缘漆。

2. 操作设备的养护

操作设备的维护主要包括：电动机的主要操作设备如闸刀、电磁开关、限位开关及补偿器等，应保持清洁干净、触点良好、机械传动部件灵活自如、接线头连接可靠；电机的稳压、过载保护装置必须可靠；限位开关应经常检查调整，使其有准确可靠的工作性能；不经常运行的闸门，应定期进行试运转；保险丝必须按规格准备备件，严禁使用其他金属丝代替。

3. 各种仪表的养护

电动部分装置的各类指示仪表，如电流表、电压表、相序表、功率表及压力表等，应按有关规定进行检验，保证指示正确。电动机、操作设备、仪表的接线相序必须正确，以防因相序接错反转而造成事故。接地应保证可靠。

（三）传动部分养护

启闭机的传动机构，一般可分为机械传动和液压传动。各传动部件，如各部滚动轴承、联轴器、变速箱、变速齿轮、蜗轮、蜗杆、轴与轴孔、油（水）泵、阀门及管道等，应及时润滑和维护，以减少部件的磨损和保证传动部位的正常运行。

1. 机械传动装置的养护

机械传动装置养护包括：应定期用煤油清洗闸门启闭机摩擦部位，使用润滑油前应检查新油质量，是否含有水分、杂质和油块等，在加注新油前应清洗加油设施，清理油孔、油槽、油道，然后再加注新油。润滑油料要充足，严禁缺油情况下运行，在加黏度较大的油时，要检查油料是否达到摩擦面上；各种联轴器检修后，用手作正向、反向转动，以感觉轻快灵活为准。带圆柱销的弹性联轴器，在安装时，应检查弹性销圈的销与靠背轮孔的配合紧密度，最大侧向间隙不得超过0.05mm。弹性销圈如有老化或损坏，应予更换。齿轮联轴器应按要求灌注润滑油；此外，在灰尘较多的地方，增设防尘套或防尘罩。

2. 液压传动装置（油压启闭机）的养护

油压启闭机的高压油泵是启闭机的心脏，应密切注视其工作状况。油压启闭机的养护包括：供油管和排油管应保持色标清晰，敷设牢固；油缸支架应与基体连接牢固，活塞杆外露部分可设软防护装置；工作油液定期化验、过滤；调控装置及指示仪表定期检验。

当油压启闭机使用时，如出现不正常声响、负压值超过规定值、脉动冲击、油液夹杂空气等现象时，首先应检查贮油箱油量是否充足，滤油器是否有污物堵塞，如果滤油不畅，应拆开滤网进行清洗，并检查供油阀芯有无断裂，油液黏滞度和纯净情况是否符合要求，一般每年应进行一次检查。由于油泵叶片、活塞环磨损而降低排油量时，应予修理；此外，对于脉动冲击，主要表现在压力表指针跳动频繁，跳动幅度越大，冲击压力越高，对溢流阀（保险阀）弹簧压力过低而引起的脉动冲击，应调整压力。对止回阀（逆止阀）弹簧压力过大而引起的脉动冲击，应更换弹簧。由于油液夹杂空气而引起的脉动冲击，应利用排气阀放走空气。

3. 润滑油料的性能及选择

（1）润滑脂（黄油）较常采用的有单一皂基脂，其中有钠基润滑脂和钙基润滑脂。

钙基润滑脂分1号、2号、3号、4号、5号等五种，用途较为广泛，抗水性强，但当温度超过80℃时，就会失掉水分引起分离。4号、5号适用于低温（<55℃）水下以及慢速传动装置的润滑，如启闭机的齿轮、滑动轴承、起重螺杆和滑轮组等。

钠基润滑脂。这种润滑脂遇水乳化，但耐热性强，可用于处在干燥环境且温度可达100℃的机械运转部分。

（2）变速箱、齿轮联轴器用的润滑油。可按照厂家说明书要求选用适当的油料。一般在气温较低环境下，要选择凝固点较低的；在气温较高的环境下，要选择黏度较高的油料。新安装使用或大修后的各齿轮啮合部分，容易产生金属粉末，当从变速器或齿轮联轴器放出来的污油有较多金属粉末或水分时，应予更换新油。在更换新油时，应事先用煤油清洗内壳，除去杂质及污物。

4. 几种辅助润滑措施

（1）油盘（油槽）润滑：为了改善润滑条件，对转速不高，运转时不会将油飞溅的开敞式传动齿轮，以及蜗轮蜗杆等传动部件，可在合适部位增设油盘（油槽）。油盘（油槽）可用薄铁皮加工，内装机油或其他润滑油，油面浸没齿轮与蜗轮等部件的轮缘为度。

（2）自流油润滑：螺杆式启闭机的螺杆与螺母，除定期清洗涂油维护外，还可以增设自流油润滑装置，即在较高处放置润滑油箱，在启闭机运转时，依靠油的自重，由管路向螺杆、螺母供油。

（四）制动部分养护

制动器（刹车）是启闭机的重要部件之一，它可以在启闭机停止运行时立刻刹住制动轮，使闸门停止升降。要求启动灵活，制动准确。若发现闸门自动沉降，应立即对制动器进行彻底检查及修理。

（1）长、短冲程电磁制动器应经常保持制动轮与制动瓦表面不含有任何油污、油漆及水分等，制动瓦与制动轮表面接触不应少于面积的80%。电磁线圈应根据使用情况定期测试绝缘情况，若不合要求，可做烘烤处理。衔铁应经常擦拭除油污，保证紧密地与固定磁铁吻合。衔铁与制动杠杆、连接铰轴应经常涂油保养，保证动作灵活。制动器的主弹簧应涂油保养，以防生锈。

（2）电动液压制动器的制动弹簧，应保持不缺油不锈蚀。制动器使用的工作油液应定期过滤，以保证油质合格。制动阀应定期进行调整。

(3) 棘爪棘轮制动器应经常清洗，擦除油污，并检查各部件有无裂缝等缺陷，固定是否牢靠。棘爪在棘轮上应转动自如，棘爪上的弹簧应保持一定压力，各销轴要经常注油润滑。

(4) 蜗轮、蜗杆应按要求加油保养，工作一定时间后要清洗换油一次。闸门锁定装置必须灵活可靠，防止锈蚀。

(五) 悬吊装置养护

悬吊装置有钢丝绳、螺杆、拉杆、齿杆、活塞杆和链条等。目前常用的是钢丝绳和螺杆。

1. 钢丝绳的养护

(1) 钢丝绳的检查。检查钢丝绳悬吊装置的两端接头（特别是常处水下的一端）是否牢固，钢丝绳有无扭转、打结、锈蚀、断丝，通过各滑轮间有无压边及偏角过大，以及松紧是否适度等。如发现不正常的现象，应及时调整。钢丝绳在一个节距内断丝数超过表2-1规定的数值时，应予更换。

表2-1　钢丝绳断丝报废标准

钢丝绳安全系数	钢丝绳的类型					
	6×19+1		6×37+1		6×61+1	
	交叉绕捻式	单向绕捻式	交叉绕捻式	单向绕捻式	交叉绕捻式	单向绕捻式
	一个节距长度断裂的钢丝根数					
<6	12	6	22	11	36	18
6～7	14	7	26	13	38	19
>7	16	8	30	15	40	20

(2) 钢丝绳的养护。

1) 涂脂。为了防止钢丝绳锈蚀，应定期涂抹油脂保养，其方法是先刮除、清洗绳上的污物，用钢丝刷子刷，用柴油清洗，干净后涂抹合适的油脂（钢丝绳油膏）。为了便于在钢丝绳上涂油，可用自制的简易鼓形涂油装置，见图2-1。即用薄铁皮加工成鼓形油筒，筒内装油，两头留孔，串在钢丝绳上，两孔沿钢丝绳周边装有棕丝圈，包住钢丝绳。加油时，只需拉动油筒上下移动，即可将油较均匀地涂在钢丝绳表面。此法只适用于上下都不穿过滑轮的钢丝绳。

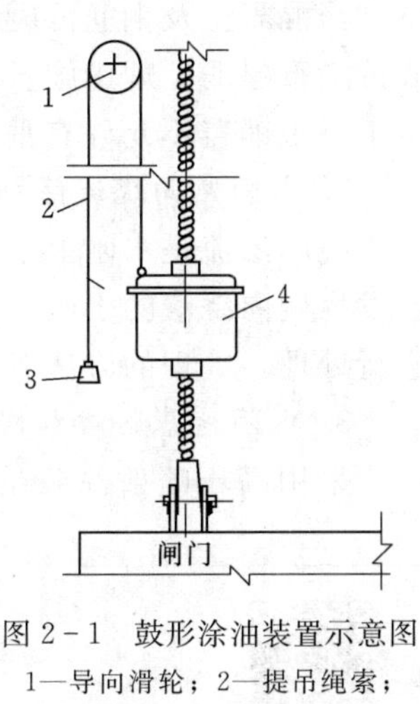

图2-1　鼓形涂油装置示意图
1—导向滑轮；2—提吊绳索；3—重锤；4—鼓形油筒

2) 包裹。钢丝绳外表先用煤油或柴油清洗干净后，涂抹润滑脂，然后用布条缠紧（并可用塑料布条缠紧），再用旧橡皮管包扎。此法效果很好，适用于经常淹没于水下的钢丝绳，但要注意不能将包扎的钢丝绳绕上卷筒或滑轮。

3) 防尘。钢丝绳外表黏附灰尘、砂粒，不仅影响润滑脂的作用，而且还会加剧对钢丝绳的磨损。在灰尘较多环境中工作

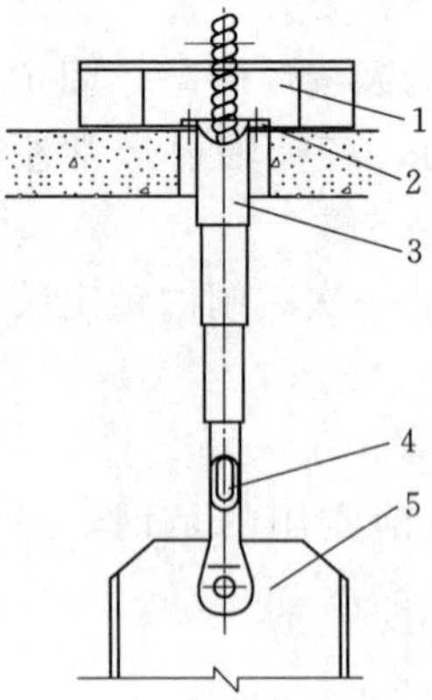

图 2-2 防尘套示意图
1—卷扬机；2—固定卡；
3—防尘套；4—钢丝绳；
5—闸门

的钢丝绳应注意防尘工作。对露天放置的启闭机，其钢丝绳卷筒的罩壳应封盖严密，工作桥上的绳孔，可设特别的盖板以防止灰砂进入卷筒上的钢丝绳。对于不绕上卷筒或滑轮的部分，可用包裹法保护。另外，还可用薄铁皮加工成多节的伸缩式防尘套，见图 2-2。多节伸缩式防尘套大筒的上端固定在启闭机卷筒的底梁上，小筒的下端固定在闸门顶部，可随钢丝绳上下而伸缩，保护效果良好。

4）调整松紧度。双吊点启闭闸门的两根钢丝绳，应保持松紧度一致，否则应及时调整。船闸人字闸门，如采用双卷筒的启闭机，当开门钢丝绳与关门钢丝绳松紧配合不协调一致时，容易引起门底滑轮脱槽，影响闸门启闭。为防止钢丝绳脱槽，应经常调整钢丝绳松紧度。有时也可采用在松弛的一根钢丝绳上悬挂适量的重物等方法来解决。

2. 螺杆的维护

螺杆启闭机的螺杆有齿部位应经常清洗、抹油，有条件的可设置防尘装置。

（六）附属设备维护

闸门开度指示器，应保持运转灵活，指示准确。如果指示器不准，将直接影响控制运用，甚至引起工程事故。如有的螺杆顶压弯曲和启闭机台破坏，都是由于指示器不准造成的。因此，要经常调整指示器，做到准确无误。

四、水闸的病害处理❶

（一）水闸防渗排水设施修补

1. 水闸铺盖修补

铺盖一般分为柔性铺盖和刚性铺盖，当铺盖出现裂缝、渗漏等缺陷时，根据不同铺盖类型，一般可采取接长、修复、拆除重建铺盖的处理措施。

当混凝土及钢筋混凝土铺盖长度不够而结构强度满足规范要求，可以采取接长、修复或拆除重建的处理措施。对于黏土铺盖，无论是长度不够还是铺盖出现裂缝、冲刷破坏，由于黏土铺盖不允许有垂直施工缝存在，因此一般采取拆除重建。

2. 水闸侧向绕流修补

绕闸渗流是水闸上游水流绕过水闸两侧与堤坝连接段形成流向下游的渗透水流。对于已发生侧向绕渗的水闸，应首先了解水闸两侧的地质情况和渗漏部位，然后采取相应措施进行处理，处理的方法有增加侧向齿墙等。

3. 水闸地基防渗加固

采用高压喷射注浆是水闸地基加固的常用方法。适用于既有水闸的地基处理与防

❶ 020308Ⓛ

渗帷幕等工程，也可采用该方法形成地下连续墙围堵地基液化土层，处理地基液化问题。

（二）水闸混凝土结构加固

1. 增大截面加固法

增大截面加固法是用增大结构构件或构筑物截面面积进行加固的一种方法，它不仅可以提高被加固构件的承载能力，而且可以加大其截面刚度，改变其自振频率，使正常使用阶段的性能得到改善和提高。这种加固方法广泛应用于加固混凝土结构的梁、板、柱等构件。增大截面加固具有原理简单、应用经验丰富、受力可靠、加固费用低廉等优点；但它也有一些缺点，如湿作业工作量大，养护周期长，增加结构自重，占用建筑空间较多等，使其应用受到限制。

2. 置换混凝土加固法

置换混凝土加固法是将原结构、构件中的破损混凝土凿除并用强度高一级的混凝土浇灌置换，使新、旧两部分粘合成一体共同工作。置换混凝土加固法能否在承重结构中得到应用，关键在于新、旧混凝土结合面的处理效果是否能达到可以采用协同工作假定的程度。

（三）水闸消能防冲设施冲刷破坏

水闸消能防冲设施冲刷破坏是多方面的，包括设计、施工和管理等多方面因素，所以在改善、修理前，首先要找出造成损坏的原因，然后针对不同损坏现象和原因，采取相应的修理或改善的措施，其通常的做法有以下几种：

1. 改善消力池

（1）改造消力池构造。若消力池尺寸不合理，不能保证下泄水流在护坦上形成水跃，应适当加深、加长消力池，或将挖深式消力池改为坎式或综合式消力池；若存在恶性平面流态时，可在消力池内适当增设消力墩、消力齿、尾坎等辅助消能工程；对于产生波状水跃而引起冲刷的情况，可在闸底板末增设小坎，以促成水跃消能，防止下游海漫和河床的冲刷。

（2）改善翼墙的扩散角。当上游河道流态不良使过闸水流的主流偏向一边，导致下游岸坡遭受冲淘破坏的，可在下游河道的适当部位修建导水墙或丁坝加以改善和防止；对于水闸下游翼墙扩散角不当使水流产生折冲和回流，引起岸坡冲淘破坏的，应采取措施改善翼墙扩散角，使过闸水流均匀扩散，避免折冲水流和回流的产生；当水闸上游的局部淤积造成过闸水流产生折冲现象的，可采用增设排砂孔或人工清淤的措施来处理。

（3）加固护坦。如果水闸的护坦是由于不均匀沉陷或由于扬压力和水跃产生不平衡水压力而造成损坏的，应加固护坦，提高其抗冲、抗扬压力的能力。

1）改善排水系统。

2）改善防渗、止水设施。

3）在混凝土底板之间的分缝处加设止水（如设塑料止水片或其他止水措施），以减少由于浮托力和动水压力引起的底板损坏。

4）提高护坦本身的抗冲、抗扬压力的能力。

2. 增设海漫抗冲

（1）增设齿墙法。

（2）抛石护底法。

（3）增设尾坎法。

（4）柴排或软排保护法。

（5）延伸降低海漫高程法。延伸降低海漫出口高程，增加过水断面以减小流速，可保护海漫基础不被淘空和减小水流对河床的冲刷。

（6）混凝土预制块连锁法。在原有海漫上铺筑一层用钢筋连锁的混凝土预制块，可起到对水流继续消能的作用，这种柔性结构还具有适应河床冲刷变化的能力，能起到保护护坦基础不被淘空的作用。

（四）挡土墙发生断裂或倾斜或有滑动迹象

水闸翼墙、边墩挡土墙发生断裂或倾斜原因多是由于挡土墙后的填土超过原设计高程，或是在墙顶堆放重物，而使墙后的土压力增大而致。也有的因墙下未设排水孔，排水不畅，墙体除承受土压力外，还承受水压力。在北方寒冷地区，挡土墙还承受墙后含水土层的冰胀压力。

（五）钢筋混凝土结构物碳化

混凝土碳化主要是碳酸气通过混凝土毛细孔进入混凝土内部，破坏混凝土内的高碱环境，因而防碳化处理，主要是防止碳酸气进入，目前基本上是采用涂料封闭的方法，常用涂料如环氧厚浆涂料、CT203 涂料等。

（六）钢闸门及其钢构件腐蚀

水工钢闸门及其钢构件，在使用过程中，由于常处水下或干湿交替的环境中，极易发生腐蚀，这种腐蚀不断地削弱结构的承载力，以致严重到一定程度后失去工作能力而酿成事故。钢闸门在普通涂料的保护下使用 10 年后，10mm 厚的面板，腐蚀深度可达 2～3mm，最坏的情况甚至穿孔。水工钢结构的腐蚀多属电化学腐蚀。目前，水工钢闸门常用的防腐蚀措施多属覆盖层保护，即涂料保护、金属热喷镀保护等。当采用覆盖层保护时，必须要对其进行表面处理。表面处理的方法，常用的有人工敲铲、电动工具除锈和干喷砂除锈等。

（七）磨损

在多砂河流上的水闸，磨损现象较为普遍。水闸因设计不周而引起闸室底板、护坦的磨损，可对其结构布置进行改进。例如，有的水闸护坦上因设置了消力墩引起立轴漩涡，漩涡夹带砂石长时间在一定范围旋转，使护坦磨损，严重时会磨穿护坦，在这种情况下可废弃消力墩，将尾坎改成斜面或流线型，使池内砂石随水流顺势带向下游，减轻对护坦的磨损。

对难以改变结构布置的部位（如闸室底板），可采用抗蚀性能好的材料进行护面或修补，也能收到很好的效果。磨损的修补材料较多，如环氧材料、高标号混凝土等，可根据具体部位、磨损状况，参考已建工程的运用经验确定。

任务 4　水闸自动化监控系统管理与维护[1]

随着国民经济的发展与科学技术的进步，对水闸实行自动化监控，是现代化水利工程管理科学化的必然趋势。水闸的自动化监控是建立在现代通信技术、自动化控制技术、计算机技术、自动控制设备及现代测量技术基础上的。

水闸自动化监控主要是通过计算机监控系统准确检测到闸门上、下游水位，闸门荷重，闸门启闭状态与闸门开度，图像信息自动化采集与传输，达到能够在监控中心远程控制闸门启闭以及闸门自动控制和系统联动。通过实时图像可以直观了解到闸门的运行工况以及周边环境。被控制的闸门形式主要是平板门、弧形门与人字门，闸门的启闭机械有卷扬式启闭机、液压式启闭机与螺杆式启闭机。

随着现代信息技术的不断发展，水闸自动化监控也被注入新的内容，主要表现在：采用GPS/GIS/RS 技术，实现水利的“3S”化，从 C/S 体系转向 B/S 体系，实现多媒体化等。

一、水闸自动化监控系统构成与工作原理

水闸自动化监控系统主要由中心监控室与现场测控站组成，如图 2-3 所示。中心监

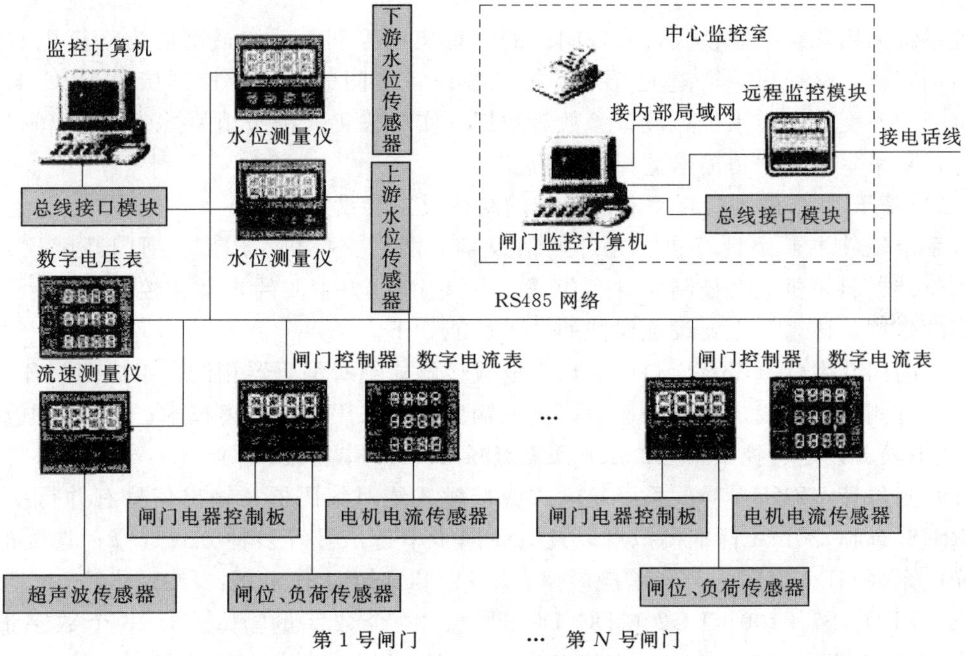

图 2-3　闸门控制系统硬件结构图

---

[1] 020401 Ⓦ　020402 ▶　020403 Ⓟ　020404

控室也称测控调度中心，一般设在水闸管理处（所）内，由测控计算机、网络设备、及其他计算机设备等组成；现场测控站是水闸（或闸群、多孔水闸）监控系统的主要信息源及命令执行者，其主要任务是根据中心监控室的遥测查询指令，自动采集本站点的水情或工情数据，并发送给控制中心，或根据控制中心调度指令控制闸门运行。现场测控站一般设在启闭机房内，由各类传感器、通信设备、主控设备（如PLC、人机界面HMI）、中间继电器、电机保护及配电设备等构成。

从图2-3中还可看出，水闸自动化控制系统中水位、闸位、闸门启闭电流与电压以及荷重的监测大都采用各类传感器。传感器的作用与功能主要是：测量与数据的采集、检测与控制、诊断与监测以及辅助观测等，以满足信息的传输、处理、记录、显示和控制要求。

二、基于PLC的闸门自动启闭系统

（一）基于PLC的闸门自动启闭系统的工作原理

基于可编程逻辑控制器（programmable logic controller，PLC）的闸门自动启闭系统主要由闸门、启闭机、现场监控设备、数据采集设备、数据传输设备及远程控制室监控设备等组成，为闸门、启闭机提供现地及远程控制，同时监视闸门的工作状态及相关参数。❶

该系统采用总线控制模式，实现闸门的远程集中控制。系统最高层为计算机监控层，它包括计算机、交换机，通过光纤网，实现各设备之间的通信。控制层由PLC来完成，它负责闸门开度、上游水位、设备参数等数据的实时采集，按照相关指令，输出闸门的上下动作，将采集的数据传输给监控计算机。

（二）基于PLC的闸门自动启闭系统的结构及主要设施仪器

该系统硬件主要由计算机、光纤通信设备、网络交换机、PLC、闸门开度仪、闸位计、水位计、启闭机电气控制元件等组成，其中PLC为主要的自动化控制元件，起到控制中枢的作用。该系统主要设施仪器的技术性能如下。

（1）闸门开度仪（ZKY-3）。能与光电或接触式绝对编码器相配合组成闸门开度测控装置。具有测量值和设定值数码显示；输入输出电路采用光电隔离技术；五个继电器动作（上限、下限、设定、控1、控2五个预置点）；RS485串行接口。

（2）闸位计（ZKC-3）。采用光电式或接触式绝对编码器；输出信号有并行格雷码、串行RS485、4～20mA标准模拟量以及SSI同步串行信号等多种方式选择；选配的编码器为光电系列GD-65536/64；响应频率：0～100kHz；工作电压：DC5～30V。

（3）PLC（S7-200 CPU226 DC/DC/DC）。24个数字量输入点，16个数字量输出点，直流24V供电，直流输入、直流输出，加EM2314路模拟量输入模块1块。

（4）触摸屏（TK6070iH）。24V供电，多种通信接口，与常见PLC连接。

---

❶ 020405 Ⓣ

（三）基于PLC的闸门自动启闭系统的控制运行

该系统控制分为现地控制和远程控制。现地控制由PLC对采集的数据进行逻辑判断，完成对闸门的开启、关闭、停止等各项控制。远程控制设备安装在远程控制室，主要由计算机完成对闸门控制参数设置及远程操作控制、画面显示等。

1. 现场地控室

现场地控室距离闸门现场比较近，主要有控制柜，工控机、GPRS IP MODEM、不间断电源、分控软件以及转换模块组成。工控机作为下位机功能基本与上位机相同，但操作级别比上位机低。下位机也有工控机主要是为增强系统的可靠性，即使上位机出现了故障，不致影响对闸门的操作。

2. 现场控制屏

现场控制屏相当于闸门操作按钮。它直接对闸门的上升、下降、停止进行控制，也是闸门开度的采集部分，负责将闸门开度值传到下位机中。将开度仪传来的模拟信号转变成RS485信号传到下位机中，完成开度的采集传输工作。

3. 闸门开度仪

闸门开度仪可采用弹拉式开度仪，它是将测量柔丝的线位移转换成码盘的角位移，以达到用编码器来测量线位移的目的。同时将闸门的开度转换成模拟信号传到现场控制屏里，完成测量工作。

4. 中心控制室

中心控制室是整个系统的调度中心，主要由工控机和上位机软件等构成。计算机设计有标准软硬件接口，可以与水情自动遥测、大坝自动观测等系统共同组成水库运行调度系统。工控机作为上位机对闸门进行远程控制，以及对实时采集来的闸门开度、水库水位进行数据处理入库等操作。通过水库水位（H_1）、闸门开度（H_2）和实际H_1、H_2-Q曲线、$H-M$曲线、$H-V$曲线，计算机自动对比计算出放水流量、水库库容、库面面积等。可以随时观察水库水位和蓄水量等参数的变化情况。为了系统工作安全的要求，对闸门的操作有严格的使用权限，设有软硬件隔离，操作指令保护措施。闸门开度、操作时间、操作者姓名及时入库保存，只有高级管理员才可以修改。这样可以保证闸门操作的安全。

三、水闸自动化监控系统的功能及应用

为了实现工程管理自动化、信息化的目标，从实际出发，充分依靠科学技术。水闸自动化监控系统必须具有先进性、稳定性、实用性、可靠性、时效性、高效性、扩展性和抗干扰性。❶具体来说，系统设备要先进；自动监控和自动化控制要可靠、稳定；数据采集和传输要准确、及时；软件开发要科学、合理；系统运作要体现效益。为了使闸门自动化监控系统能可靠、高效、安全、经济地运行，采用计算机控制技术和网络通信技术对其设

❶ 020406 Ⓣ

备进行全方位的监控、保护、管理是十分必要的。

（一）数据采集、处理及远程传输

这部分功能包括对实时数据的采集、进行必要的数据预处理并以一定的格式存入实时数据库。通常按照信号性质的不同把它分为模拟量、开关量及脉冲数字量等，其采集及处理方法也各不相同。

1. 模拟量的采集与处理

这一类实时量包括电气模拟量、非电气模拟量及温度量，对它们的采集范围、处理方式以及各量的变化规律各不相同，所要求的采集周期也各不相同。电气模拟量系指电压、电流、频率及功率、功率因素等电气信号量。非电气模拟量主要指压力、流量、水位、位移等信号量。温度量也属于非电气模拟量，出于其采集的信号是测温电阻，且其变化速度一般也比较缓慢，因此将其单列出来。其处理包括预防回路断线及断线检测功能、信号抗干扰、数字滤波、误差补偿、数据有效性合理性判断、标度换算、梯度计算、越限判断、越限报警，最后经格式化处理后形成实时数据并存入实时数据库。

2. 开关量的采集

开关量采集包括中断型开关量和非中断型开关量两种。中断型开关量信号指计算机监控系统能以中断方式迅速响应事故信号、断路器分合及重要继电保护的动作信号，采集这些信号要做出一系列必要的反应及自动操作。中断型开关量信号输入为无源接点输入，中断方式接收。非中断型开关量信号，包括各类故障信号、断路器及隔离开关位置信号、启闭机、机组设备运行状态信号、手动自动方式选择的位置信号等。计算机监控系统对这些信号的采集方式为定期扫描，对信号的处理包括光电隔离、接点防抖动处理、硬件及软件滤波、基准时间补偿、数据有效性合理判断、启动相关量处理功能（如启动事故顺序记录、发事故报警音）。

3. 通信信道

在闸门自动监控系统中，通信信道是一个极其重要的部分，这不仅由于通信信道的可靠性、稳定性直接影响到整个系统的工作，而且有时是系统里价格最为昂贵的一部分。这里简要介绍一下闸门自动监控系统通信网络的工作方式。

系统通信网络主要用于中心控制室与现场测控站的通信，也包括测控站之间或与水位站之间的通信。通信链路种类可以是有线或无线的，常用的有超短波、微波、光纤和电缆等。通信方式一般采用全双工应答方式，即可由中心控制室触发通信和测控站触发通信。中心控制室触发通信方式，包括巡检轮询方式、广播方式和控制命令下发方式。测控站触发的通信方式包括事件触发方式和突发传输方式等。

（二）运行、控制和监视

在需要进行远程监控的水闸控制系统中，由于枢纽的闸门布置比较分散，且距离较远，为了能够减轻运行人员的劳动强度，水闸控制系统要求运行人员能够在中心控制室对现场各个闸门进行远程监控，同时还能监视各闸门的位置以及运行情况，当出现闸门故障时，系统能及时报警。系统除了能在远程进行监控外，还能在现场对闸门进行控制，以便于现场的调试、维护和紧急情况处理。现地控制单元上设有切换开关以实现远程控制与现地控制之间的相互闭锁。一般可以通过三种方式来开关闸门：一是现地测控站每个闸门都有一个小机柜，操作上升、停止、下降按钮手动开关闸门；二是现地端有主控设备，操作相关按钮可以实现单孔闸门或多空闸门的手动操作；三是通过中心控制室监控计算机给现地端设备发送控制指令，由现地主控制设备执行控制指令以实现远程自动控制。监控计算机可以根据需要设置闸门启闭方案，达到智能控制多孔闸门的目的。

水闸自动监控系统通常采用由上位机系统（主控级）及现地控制单元组成的分层分布式控制系统，当其中某处设备出现故障时，并不影响其他设备的正常运行，在硬件上确保整个系统简单、安全、可靠。闸门现地控制单元一般安装在闸门启闭机房或者系统配电中心操作柜中，由可编程控制器、智能闸门测控仪、控制电器、逻辑保护电路、操作按钮、状态指示灯、电流电压显示表等组成，成套于一台机柜内，通过接线端子与闸位传感器、荷重传感器、机械限位、闭锁保护、启闭机电动机、三相交流电源进线等连接，同时具有以下功能：

（1）显示功能。数字显示闸位、荷重、行程设定值、荷重两极报警设定值、电网电压、运行电流等参数；提升，降落等各种运行状态指示。

（2）操作闸门。通过按键可提升、降落闸门到指定位置。

（3）安全保护。具有数字电子限位、机械限位、负载过荷、工作超时、闸门启闭机过电流、方式闭锁等多重保护功能，确保闸门运行安全可靠。

（4）通信功能。接收并执行远程遥控控制命令，精确提升、降落闸门到指定位置。

（三）记录、报告、统计报表

所有监控对象的操作、报警事件及实时参数报表等可记录下来，并能以中文格式在CRT上显示，在打印机上打印。打印记录分为定时打印记录、事故故障打印记录、操作打印记录及召唤打印记录等工作方式。能在打印机和绘图仪上打印各种现场水情报表、历史数据库中的历史水情报表和曲线、历史图片、报警曲线等信息。

记录、报表的主要内容：①操作事件记录；②报警事件记录；③定值变更记录；④报告；⑤各种统计表；⑥趋势记录；⑦事故追忆和相关量记录。

对从实地采集来的数据进行管理、分析、统计，生成报表并打印输出。

输出内容包括：①各闸门上、下游日水位过程线，水位报表；②各闸门引、排历时及对应流量报表；③闸门开度（闸位）和有关配电开关状态、电压、电流、压力等工况参数；④闸门运行参数、运行状态的监测及记录表达式。

可按设定的条件对数据进行查询和统计，结果以报表或过程线的形式显示出来。

（四）运行参数的计算

闸门自动监控系统在运行期间应能够实时计算、检测各项运行参数，并实时显示、报警，以便于操作人员及时做出准确地判断，确保闸门运行的安全可靠。

（1）计算机监控系统可以使运行值班人员通过CRT对系统各主要设备及辅助设备的运行状态进行实时监视控制及在线修改参数。

（2）监控系统将对某些参数以及计算机数据进行范围监视，进行趋势分析，可预先设定其限制范围，当它们越限或越复限时要作相应的处理。这些处理包括越限报警、越复限时的自动显示、记录和打印；启动相关量分析功能，作故障原因提示。

（3）当闸门发生事故时，计算机监控系统将立即以中断方式响应并自动显示、记录和打印事故名称及时间；记录、显示和打印相关设备的动作情况；自动推出相关画面；对事故原因进行分析并提示处理方法；计算机监控系统能将发生的事故及设备的动作情况按其发生的先后顺序记录下来。

(4) 对闸门启闭机电动机定子温度、轴承温度，电动机工作电流、电压、功率，主变压器油温等进行趋势分析；对闸门上、下游水位，水闸开启高度，过闸流量，闸门实时荷重，排涝即时流量等参数的变化趋势曲线进行分析，趋势变化速率超过上、下限值时向各工作站值守人员发出报警信号。

(五) 通信控制

水闸自动化监控系统的通信控制选择应秉承“安全可靠、先进实用”的原则，选择具有成熟和先进的分布式计算机控制系统，在信息集中管理和科学操作的前提下，使控制危险分散，提高系统的可靠性。现场各种数据通过 PLC 采集，并通过高速总线传送到中央控制室集中监控和管理；同样，中央控制室主机的控制命令也通过上述高速总线传送到 PLC 的测控终端，实施对各单元的分散监测和控制。一般通信控制的方式有三种。

1. 集中控制方式

早期的闸门自动控制系统多采用集中控制方式，即由中央控制室统一直接监测与调度控制。这种工作体制由于功能过于集中，命令信息传输量大等而导致系统运行可靠性降低，已逐步被淘汰。

2. 分布式数据采集和测控系统 (SCADA 系统)

SCADA 系统属中小规模的测控系统。系统主要由远程控制单元 RTU、通信网络及控制中心三部分组成。它既具有现场测控功能强的特点，又具有信息资源系统共享的组网通信能力。其中一些系统既可配有线通信系统，又可配无线通信系统，而无线通信系统尤为适合地域广阔的应用环境。

SCADA 系统主要应用于水利、石油、供电等行业中，用于地理环境恶劣或无人值守的情况进行远程控制，该系统性能价格比高，在中小规模闸群自动控制和水利枢纽自动控制中，已有许多的应用及广泛应用的推广前景。

3. 集散型分布式计算机控制系统 (DCS 系统)

系统采用 DCS 系统框架，标准总线结构，具体可应用到现场总线技术、以太网技术、PLC 技术等。系统分为两个层次，上层为中心管理级（称中心站），下层为现场控制级（称闸控站或现地控制单元），上层与下层通过现场总线或以太网通信。

全系统由中心站主计算机统一进行管理，主要是对闸控站（包括水位站）进行自动监测、数据记录保存、状态报告、下达调控指令以及人机界面操作等。而闸控站则采用分布式控制结构，各站之间相互独立，在中心主计算机管理下，分别由各自的 PLC 管理，独立完成本闸门的监视、控制以及与主机的通信等。由于采用分散控制，因此系统可靠性高。

一般地，分布式远程闸群控制系统，对闸门开启实施实时控制，对监控闸门实现实时图像传输和状态数据（包括现象数据和控制命令）传输。基于上述要求，要保证数据传输的快速性、一致性，图像传输的实时性及控制策略实施的可靠性，必须采用可靠的传输构架。对于有远程的，分散的监控系统通常采用总站—分站构架，有的大型系统还要采用多级分站。光纤通信凭借着它本身特有的可靠性高，数据传输稳定，维护费用低的优势在系统中有较大的市场。

（1）基于光纤网络的通信。在各个终端与中心站（管理中心）之间建立局域网完成数据通信。光纤具有可靠性高，数据传输稳定，维护费用低的特点，是实施远程可靠数据传输较为合理的方案。

（2）点对多的拓扑结构。中心站与各个分站或终端之间采用点对多的拓扑结构，即中心主机可监控任一分站或终端的主机的数据信息，实现信息共享，形成统一的集散式构架。

（3）高集成度，高效率终端技术。采用具有较强通信功能与通信速率的芯片作为分站或终端的信息采集与控制的执行机构，保证控制功能的可靠实现与信号传输的快速性。

水闸自动监控系统的通信网络包含三部分：一是现地测控站的现场总线；二是现地测控站与中央控制室的通信；三是如果水闸自动监控系统需要通过Internet发布信息，则还要包括远程用户与中央控制室的通信。

（1）现场总线。现地测控站主要是有线链路，常用到的有：RS232、RS485、RS422、Modbus、CAN、Lon－Works等。随着科学技术的不断发展，新的通信方式层出不穷，如HART、WIFI、蓝牙等。

（2）现地测控站与中央控制室的通信。它的通信链路种类可以是有线或无线的，无线常用的有超短波、短波、微波、红外线，有线的包括CAN总线、RS485、光纤等。

（3）远程接入。远程用户接入中央控制室的物理链路有多种方式。PSTN：普通电话调制解调器。ISDN：一线通。ADSL：模拟非对称数字用户线。DDN：x.25专线。LAN：光纤、双绞线。GPRS：通用无线分组系统。CDMA：码分多址专线。

（六）系统自检与故障处理

为保证水闸自动化监控制系统的安全、可靠运行，故要求系统必须具备自检与故障报警功能。

1. 系统自检

对系统每一功能和操作提供检查和校核，发现有误时能报错、撤销。

（1）当操作者有误时，能自动被禁止并报警。

（2）对任何自动或手动操作提示指导并有存贮记录。

（3）在人机通信中设操作员控制权口令。

（4）现地操作与远方操作通过现地控制屏上的转换开关转换，控制优先级为现地操作优于远方操作。

2. 通信安全

（1）系统要保证信息传送中的错误码率不会导致系统关键性故障。

（2）主控级与现地控制单元的通信包括控制信息时，对有否响应能作明确的提示。

3. 安全措施

（1）有电源故障保护和自动重新启动。

（2）能预置初始状态和重新预置。

（3）有自检能力，检出故障时能自动报警。

(4) 自身设备故障能自动切除并能报警。

(5) 任何硬件和软件的故障都不危及电力系统的完善和人身安全。

(6) 系统中任何地方单个元件的故障都不会造成生产设备错误动作。

4. 保护措施

系统具有故障检测、提示、报错功能及相应的保护措施。闸门启闭时，现地测控站自动采集闸门开度（闸位）和有关配电开关状态，电压、电流、压力等工况参数，并将参数数据上传给中心监控室计算机，在控制相应闸门的升、降、停运行过程中，实时反馈控制终端所监测闸门的各项参数及现场工况。具有故障（如过电压、过电流、过热、断相、过行程、越限等）检测、提示、报警功能及相应的保护措施，并向中心站发送有关故障信息，标识出可能的故障类别。中心站监控计算机自动监测闸门上、下游水位，并进行过闸流量估算，当水位越限或达到设定的报警条件时报警。

如水位监测系统的自检功能。当采用压力传感器时，开机首先对机器本身进行零位自检，零位偏差较大时，仪器显示报警信息，循环检测直至正常为止；当其中有一个传感器未接上或有故障时，也会显示错码代号，提醒管理人员排除故障。当采用码盘传感器（浮子式）时，开机时首先对两路码盘信道馈电进行自检，如两个码盘均未连上或有故障，显示相应的报警信息；当只有一个码盘未连上或有故障时，显示错码代号，提醒管理人员排除故障。

5. 常见故障及处理

水闸自动化监控系统一般都设置自检与互检功能，当系统某处发生故障时，计算机通过人机对话的形式，提示管理员快速发现故障并予以排除。

表 2-2 列举了一些常见故障的处理方法，仅供参考。

表 2-2　　常见故障的处理

故障现象	主要处理方法
中央控制室与现地测控站不能正常通信	(1) 检查所有电源是否打开。 (2) 检查系统相关的通信参数设置是否正确。 (3) 检查通信链路两端的设备工作是否正常，如光端机、CAN 模块等（防止接触不良）。 (4) 现地测控站的设备是否正常
视频没有图像或云台不能控制	(1) 检查中央控制室与现地测控站之间的通信是否正常。 (2) 检查摄像头或云台解码器的电源是否打开。 (3) 检查视频线路或云台控制线路连接是否正常
控制室不能远程开关闸门	(1) 检查中央控制室与现地测控站之间的通信是否正常。 (2) 检查闸门启闭电机的电源是否打开。 (3) 检查现地测控站的控制单元是否工作正常。 (4) 检查现场是否能正常开关门
闸位值、水位值不准	(1) 检查采集数据的传感头是否移位。 (2) 检查压力式水位计的传感头是否清洁。 (3) 检查浮子式水位计是否长时间断电

四、水闸自动化监控系统的维护、扩展和更新

（一）计算机的维护

若使电脑保持良好的工作状态，对电脑进行维护是十分重要的。因为，充分的维护工作，不但能使电脑保持良好的性能，也可以避免很多问题的发生。

电脑的维护分为软件维护和硬件维护两大方面，下面主要介绍硬件的维护。

（1）电脑在使用过程中电压要稳定在220V，否则可能损伤系统，造成不必要的损失。所以，一般最好配一台在线不间断电源（UPS），不但可以稳压，还可以防备突然断电造成的数据丢失。

（2）使用时的环境温度不要过高或过低，以20～100℃为宜，否则可能影响系统的正常工作，一般房间内配有空调最好。

（3）使用电脑要在干燥无尘的环境中，以保护主机和磁盘驱动器。使用后要及时关机，待主机冷却后用防尘布盖好。

（4）不要频繁开关电脑，两次开机之间至少要有几分钟间隔，以延长电脑的使用寿命。

（二）闸门控制系统的维护

系统在日常使用中的维护是保证系统正常运行的一个重要环节，应做到专人负责，定期进行。

（1）在正常使用时注意是否有异常现象。如有异常记下现象、时间以及在怎样操作的情况下产生的异常现象。

（2）在不经常使用时，要定期检查系统工作是否正常，如不正常要及时报告处理。

（3）在雷雨季节要注意防雷，打雷时要把系统的电源断掉。

（4）每年的3—4月，要委托当地供电部门对水闸自动控制系统与避雷接地电阻进行一次测试，并提供测试报告（系统接地电阻一般不大于1Ω；避雷接地电阻一般不大于4Ω）。

（5）要定期检查设备的安装螺丝等是否有松动。

（6）要定期清洗压力式水位计传感器的传感头（一般每年清洗一次，清洗时不要损坏传感器探头）。

（7）建立运行日志档案、更新系统设置说明。

（8）闸门自动监控系统较复杂，需要对操作人员进行培训，提高他们的素质，系统所使用的计算机要求专机、专人、专用。

（三）水闸自动化控制系统的扩展和更新

20世纪90年代末，随着网络带宽、计算机处理能力和存储容量的快速提高，以及各种实用数据信息处理技术的出现，步入了全数字化的网络时代，称为第三代远程监控系统。譬如说第三代远程监控系统将以网络为依托，以数字视频的压缩、传输、存储和播放为核心，采用嵌入式系统，以智能实用的图像分析为特色，逐步成为视频监控网络的主体。

视频、电信、数据三网合一已经成为目前新一代网络的趋势，统一的网络意味着更好的延展性、更低的建网成本、更强的可维护性，而使用统一的IP网进行承载已经成为必

然的发展趋势。由于模拟监控系统必须基于星状连接，每个监控点都需要将控制信号与视频线拖放到监控中心。对视频系统来说，如果监控点需要云台镜头控制的话，云台镜头控制线也需要从每个监控点拖放到监控中心，这就给安装和后期维护造成了很大的麻烦，增加一个监控点面临很大的工程量。而数字监控系统只需要将监控点的摄像头和云台镜头连接到一个网络编码器上，网络编码器再通过网线连接入局域网，就可以将视频、音频、云台镜头控制水闸。就水闸监控系统而言，由于数字监控系统利用计算机的高速数据处理能力，进行控制信号与视频信息的采集和处理，利用显示器的高分辨率实现图像的多画面显示，从而大大提高了图像质量。同时数字网络传输没有损耗，而模拟视频信息的远程传输会因为衰减而使图像受到较大影响，所以数字监控系统能够较好地保障闸门控制系统通信与监控图像的质量。

综上所述，在水闸自动化监控系统中，要体现出在各个控制点数的基础上必须留有一定的余量，这样才便于今后系统的扩展与更新。此外，系统的组态必须是一个开放型的结构，整个网络也要求采用标准化的以太网，对于以后设备的扩展和管理网络的建立留有较大的发展空间。

任务5 溢洪道的养护维修❶

一、溢洪道在运用中存在的主要问题

溢洪道在运用中存在的主要问题是泄洪能力不足、闸墩开裂、闸底板开裂、陡坡底板被掀起、边墙冲毁、消能工破坏等。❷

1. 泄洪能力不足

在我国241座大型水库的1000次事故中，因泄洪能力不足而漫坝失事的占42%，因超设计标准洪水而漫坝失事的占9.5%。造成溢洪道泄洪能力不足的原因主要包括：

（1）设计资料不全，如降雨资料不准、系列较短、水库积水面积计算差别大等。

（2）计算方法与实际差别较大，如设计洪水标准确定和溢洪道泄洪能力计算。

（3）进口增设拦鱼栅及闸前堆渣等抗洪物。

（4）引水渠水头损失考虑不足或根本未计入。

（5）大坝沉降使溢洪道的堰顶水头达不到设计要求等。

2. 闸墩和闸底板开裂

建在岩基上的河岸溢洪道，闸墩开裂部位比较规则，多在牛腿前1～2m范围内。主要原因是温度应力，由于岩石和混凝土的线膨胀系数、弹模及泊桑比不同，在温度作用下，两者的伸缩率亦不同。温升时，墩的两端可自由伸长其伸长率大，岩基的伸长率小，故岩基对闸墩有约束作用，所以墩处于受压状态。温降时，混凝土收缩率大，而岩石收缩

❶ 020501Ⓦ 020502▶ 020503Ⓟ 020504 ❷ 020505Ⓣ

率小，故在闸墩内底部处于受拉状态，其拉应力超过闸墩底部抗拉强度时，将在墩底中间部位开裂。

3. 陡坡底板被掀起及边墙被冲毁

陡坡底板被掀起及边墙被冲毁原因主要包括：

(1) 泄水槽高速水流掺气，而导致水深的增加，若边墙保护高度不足时，将直接冲毁边墙。

(2) 受地形限制，进口收缩不对称、槽身转弯、出口扩散布置时，槽内水流易发生侧向水跃、菱形冲击波及掺气现象，槽内流态紊乱、破坏力强，同时菱形冲击波的作用，也严重恶化了下游的消能条件。

(3) 槽内流速大、流态差，易产生气蚀破坏而使接缝破坏等现象。

(4) 施工质量差、平整度不满足要求，接缝不合理，强度不够，维护不及时造成局部气蚀。

(5) 陡槽底板下部扬压力过大、排水失效。

(6) 基础为土基或风化带未清理干净，泡水后强度降低及不均匀沉陷，底板掏空等造成破坏。

4. 消能设施的破坏

大中型水库枢纽中的溢洪道多采用底流和挑流两种消能形式，在工程选用中，消能设施破坏的主要原因如下：

(1) 底流消能时，消力池尺寸过小，不满足水跃消能的要求；护坦的厚度过于单薄，底部反滤层不符合要求；平面形状布置不合理，扩散角偏大造成两侧回流，压迫主流而形成水流折冲现象；消力池上游泄水槽采用弯道，进入消力池单宽流量沿进口宽分布不均，水流紊乱、气蚀等；施工质量差、强度不足，结构不合理，维护不及时等均能引起消力池的破坏。

(2) 挑流消能时，挑距达不到设计要求，冲坑危及挑坎和防冲墙；反弧及挑坎磨损、气蚀，使其表面高低不平而不能正常运用；采用差动式挑流鼻坎时，在高坎的侧壁易产生气蚀破坏；挑坎上过流量较小，易产生贴壁流，直接淘刷防冲墙的基础，并且挑出的水流向两侧扩散，冲刷两岸岸坡；设计不合理、地质条件差、施工质量低、强度不足及维护不及时等都会造成挑流设施的破坏。

二、溢洪道的观测与养护

(一) 溢洪道的观测

溢洪道的变形观测包括水平位移和沉陷观测，方法与混凝土坝相同。水力学方面的观测主要有水流形态和高速水流观测。

1. 水流形态观测

水流形态观测包括水流平面形态（漩涡、回流、折冲水流、急流冲击波等）、水跃、水面曲线和挑射水流等观测项目，观测时应同时记录上下游水位、流量、闸门开度、风向等，以便验证在各种组合情况下泄流量和水流情况是否满足设计要求。

平面流态的观测范围，应分别向上、下游延伸至水流正常处为止。观测方法有目测法、摄影法，有时还可设置浮标，用经纬仪或平板仪交会测定浮标位置。

水跃观测方法有方格坐标法、水尺组法和活动测锤法。

2. 高速水流观测

高速水流将引起建筑物和闸阀门产生振动，为了研究减免振动的措施（尤其要避免产生共振），需进行振动观测。高速水流的观测项目有振动、水流脉动压力、负压、进气量、空蚀和过水面压力分布等。

振动观测的内容有振幅和频率，测点常设在闸阀门、工作桥大梁等受动能冲击最大且有代表性的部位，采用的观测仪器有电测振动仪、接触式振动仪和振动表等。

脉动压力的观测内容是脉动的振幅和频率，测点常布设在闸门底缘、门槽、门后、闸墩后、挑流鼻坎后、泄水孔洞出口处、溢流坝面、护坦和水流受扰动最大的区域，采用电阻式脉动压强观测仪器进行观测，同时还应观测平均压力，以对比校验。

负压观测的测点布设常与通气管结合，测点一般布设在高压闸门的门槽、门后顶部、进水喇叭口曲线段、溢流面、反弧段末端和消力齿坎表面等水流边界条件突变易产生空蚀的部位。施工时，在测点埋设直径18mm或25mm的金属负压观测管，管口应与建筑面表面垂直并齐平，另一端引至翼墙、观测廊道或观测井内，安装真空压力表或水银压差计。

进气量观测的目的是了解通气管的工作效能，并为研究振动、负压、空蚀等提供资料。进气量观测可采用孔口板、毕托管、风速仪及热丝风速等方法进行，其中孔口板法和毕托管法适用于小型通气管，热丝风速法适用于进气风速较小的情况。

空蚀观测包括空蚀量与空蚀平面分布观测。空蚀量观测可用沥青、石膏、橡皮泥等塑性材料充填空蚀所形成的空洞，以测出空蚀体积。大型的空蚀，也可测量其面积、深度，计算空蚀量。空蚀平面分布观测用摄影、拓印、网格等方法进行。

过水面压力分布观测，是在过水面上布设一系列测压管，得出压力分布图。测点的布置以能测出过水面上压力分布为度。

（二）溢洪道的检查

溢洪道的巡视检查主要有以下内容：

（1）检查溢洪道的闸墩、底板、边墙、胸墙、消力池、溢流堰等结构有无裂缝和损坏。

（2）检查两岸岩体是否稳定，坡顶排水系统是否完整，以防岩体崩坍而堵塞溢洪道，如发现有坍落的土石方，应立即清除。

（3）有闸门的溢洪道，在挡水期间要检查闸墩、边墙、底板等部位有无渗水现象；大风期间，要注意观察风浪对闸门的影响；冰冻地区，要注意冰盖对闸门的影响。

（4）泄洪期间应注意观察漂浮物的影响，防止漂浮物卡堵门槽；同时还要观察堰下和消力池的水流形态及陡槽水面曲线有无异常变化。

（5）溢洪后要及时检查进水渠段有无塌坑、崩岸，陡槽段有无磨损，底板是否被掀动，消能设施有无冲刷和空蚀以及下游冲刷坑的情况等。

（三）溢洪道的日常养护

溢洪道的安全泄洪是确保水库安全的关键。对大多数水库的溢洪道，泄水机会并不多，宣泄大流量的机会则更少，有的几年或十几年才遇上一次。但由于大洪水出现的随机性，溢洪道得做好每年过大洪水的准备，这就要求我们把工作的重点放在日常养护上，保证溢洪道能正常工作。

（1）检查水库的集水面积、库容、地形地质条件和水、沙量等规划设计基本资料，按设计要求的防洪标准，验算溢洪道的过流尺寸。当过流尺寸不满足要求时，应采取各种措施予以解决。

（2）检查开挖断面尺寸，检查溢洪道的宽度和深度是否已经达到设计标准；观测汛期过水时是否达到设计的过水能力，每年汛后检查观测各组成部分有无淤积或坍塌堵塞现象；还应注意检查拦鱼栅和交通桥等建筑物对溢洪道过水能力的影响等。通过检查，发现问题应及时采取措施。

（3）应经常检查溢洪道建筑物结构完好情况。应经常检查溢洪道建筑物各部结构是否存在影响泄洪的不利因素。如溢洪道陡坡段底板被冲刷或淘空时，要及时用原来的材料或用混凝土进行填补；如发现底板下防渗或排水系统失效，发展下去底板就会浮起破坏时，则应当立即予以翻修；如边墙内填土不良（包括未按设计规定选用填土材料、填土未加夯实、未做墙身排水设备或虽做了但已失效等），会使坝头或岸坡发生管涌，或因墙内填土侧压力过大使边墙开裂甚至倾倒，此时就应采取改善措施；如溢洪道两岸边坡开挖过陡或未做截流导渗设施，可能引起边坡塌方时，则应削坡放缓并补做截流导渗设施等。以上工作都需在汛前完成，确保汛期安全泄洪。

（4）应注意检查溢洪道消能效果。溢洪道消能效果好坏，关系到工程的安全。中小型水库采用鼻坎挑流时，要注意观察水流是否冲刷坝脚，冲坑深度是否在继续发展。有些溢洪道出口过分靠近土坝，又无可靠消能设备时，管理人员应及时提出改建方案。例如安徽省龙河口水库，原溢洪道布置在右岸弯道上，未做消能设施，过堰后水流冲刷右岸，严重威胁右岸副坝安全，且使底板（风化岩）冲成深达6m的两个大坑，直接危及溢洪道闸室安全。1976年提出改造方案，除将两个大坑用浆砌块石填平补齐外，并在溢洪堰轴线下游330m处增建一座高出地底面6m的混凝土二道坝，使泄洪时能在堰后形成水深3m的消力池，改善了消能效果。

（5）检查闸门及启闭机情况。应对有闸门控制的溢洪道经常检查闸门及启闭机的运行情况，保证在使用时正常灵活。特别应注意检查闸门有无扭曲，门槽有无阻碍，铆钉或螺栓是否脱落松动，止水是否完好，启闭是否灵活，闸前闸后有无淤积或残留物等。对金属结构部分要经常进行擦洗、除锈和涂油漆保护；电气设备要有备用电源，做到绝缘和防潮；启闭设备要保证润滑，启闭灵活和制动可靠。

（6）严禁在溢洪道周围爆破、取土、修建无关建筑。注意清除溢洪道周围的漂浮物，禁止在溢洪道上堆放重物。

三、溢洪道的病害处理

（一）溢洪道尺寸不足的处理

溢洪道泄洪能力不足，是导致许多水库垮坝的一个重要原因。[1]造成其泄洪能力不足的主要原因有：

---

[1] 020506Ⓣ

（1）原始资料不可靠。有的水库集雨面积的计算值远小于实际来水面积；有的水库降雨资料不准，与实际不符；有的水库容积关系曲线不对，实际的库容比设计的小等。

（2）水库的设计防洪标准偏低，设计洪水偏小。

（3）溢洪道开挖断面不足，未达到设计要求的宽度和高程等。

（4）溢洪道控制段前淤积及设置拦鱼设施等碍洪设施。

（5）在计算中未考虑溢洪道控制段前较长引水渠的水头损失。

溢洪道的泄洪能力主要取决于控制段。因溢洪道控制段的大多水流是堰流，因此可用堰流公式分析溢洪道的泄洪能力。公式为

$$Q=\varepsilon mB\sqrt{2g}H^{3/2} \tag{2-1}$$

式中：H 为堰顶水头，m；B 为堰顶宽度，m；m 为流量系数；ε 为侧收缩系数；g 为重力加速度，$g=9.8\text{m/s}^2$；Q 为泄洪流量，m^3/s。

由式（2-1）可知，溢洪道过水能力与堰上水深、堰型和过水净宽等有关，因此，要经常检查控制段的断面、高程是否符合设计要求。如陕西省清河水库，坝高 15m，库容 20 万 m^3，1973 年建成后，溢洪道只开了一部分，又急于蓄水，将涵闸关闭，水库水位随即迅速上涨，由于溢洪道少开了 5m，过水能力小，结果造成洪水漫顶。又如四川狮子滩水库，建成后最初几年，来水较少，溢洪道负担较轻，于是未经深入分析便封堵一孔，将闸门拆下移往他地使用，后来出现较大洪水时，显得过水断面不够，水库出现了险情，出口消能设备也受到冲刷，后来不得不又恢复原有的闸孔数目。也有的水库看到溢洪道多年不泄洪，加上农田建设的发展，需要多蓄水多灌田，便任意在溢洪道上筑挡水埝，有的甚至做浆砌石或混凝土的永久性挡水埝，而坝顶高程却未加高；有的则在进口处随意堆放弃渣，形成阻水。当检查到有这些不安全因素后，务必及时认真处理，不能抱姑息侥幸心理。

加大溢洪道泄洪能力，可采取以下措施。

1. 加高大坝

通过加高大坝，抬高上游库水位，增大堰顶水头。这种措施应以满足大坝本身安全和经济合理为前提。

2. 改建和增设溢洪道

通过改建溢洪道可增大溢洪道的泄洪能力，具体措施如下。

（1）降低溢洪道底板高程。这种方法会降低水库效益。但若降低溢洪道底板高程不多就能满足泄洪能力时，在降低的高度上设置闸，在洪水来临前将闸门移走，保证泄洪，洪水后期，关闭闸门，使库水回升，可避免或减小水库效益的降低。

（2）加宽溢洪道。当溢洪道岸坡不高，加宽溢洪道所需开挖量不很大时，可以采用。

（3）增大流量系数。不同堰型的流量系数不同，同种堰型的形状不同，流量系数也不一样。宽顶堰的流量系数一般为 0.32～0.385，实用堰的流量系数一般为 0.42～0.44。因此，当所需增加的泄洪能力的幅度不大，扩宽或增建溢洪道有困难时，可将宽顶堰改为流量系数较大的曲线形实用堰，以增大泄洪能力。

（4）提高侧收缩系数。改善闸墩和边墩的头部平面形状可提高侧收缩系数，从而增加泄洪能力。

在有条件的情况下，也可增设新的溢洪道。

3. 加强溢洪道日常管理

减小闸前泥沙淤积，及时清除拦鱼等妨碍泄洪的设施，可增加溢洪道的泄洪能力。

（二）动水压力引起的底板掀起及修理

溢洪道的泄槽段的高速水流，不仅冲击泄槽段的边墙，造成边墙冲毁，威胁溢洪道本身的安全，而且由于泄槽段内流速大，流态混乱，再加上底板表面不平整，有缝隙，缝中进入动水，使底板下浮托力过大而掀起破坏。

在高速水流下保证底板结构安全的措施归结为四个方面，即“封、排、压（拉）、光”。“封”就是要求截断渗流，上游库水用于堰前的齿墙或防渗帷幕隔离；下游尾水用位于底板末端的齿墙隔离；底板间的分缝也最好用止水材料或其他措施与底板下的动水隔离，目的是尽量减少浮托水和动水压力对底板的破坏。“排”就是做好排水系统，布置要合理，将未被截住而已经渗来的水迅速妥善地予以排出。“压（或拉）”就是利用底板自重压住浮托力和脉动压力，使其不致漂起掀动，在地基条件许可时，可用锚筋或锚桩拉住底板以减少底板的厚度。“光”就是要求底板表面光滑平整，彻底清除施工时残留的钢筋头和脚手用混凝土柱头等，局部的错台必须磨成斜坡，因为底板不平往往是底板在高速水流作用下被掀翻或产生气蚀的重要原因。

（三）弯道水流的影响及处理

有些溢洪道因地形条件的限制，泄槽段陡坡建在弯道上，高速水流进入弯道，水流因受到惯性力和离心力的作用，互相折冲撞击，形成冲击波，使弯道外侧水位明显高于内侧，形成横向高差，弯道半径 R 越小、流速越大，则横向水面坡降也越大。有的工程由此产生水流漫过外侧翼墙顶，使墙背填料冲刷、翼墙向外倾倒，甚至出现更为严重的事故。安徽省屯仓水库，溢洪道净宽 20m，设计流量 302m^3/s，陡坡建于弯道上。1975 年 8 月遇到特大暴雨，溢洪道泄量达 670m^3/s，结果由于弯道水流的影响，在闸后 90～120m 陡坡处冲成一个深约 15m 的大坑，内弯翼墙被冲走约 30m，外弯翼墙被冲走约 140m。

减小弯道水流影响的措施一般有两种，一种是将弯道外侧的渠底抬高，造成一个横向坡度，使水体产生横向的重力分力，与弯道水流的离心力相平衡，从而减小边墙对水流的影响。另一种是在进弯道时设置分流隔墩，使集中的水面横比降由隔墩分散，如图 2-4 所示。

（四）地基土掏空破坏及处理

当泄槽底板下为软基时，由于底板接缝处地基土被高速水流引起的负压吸空，或者板下排水管周围的反滤层失效，土壤颗粒随水流经排水管排出，均容易造成地基被掏空，造成底板开裂等破坏。前者处理是做好接缝处反滤，并增设止水；后者处理是对排水管周围的反滤层重新翻修。

为适应伸缩变形需要设置伸缩缝，通常缝的间距为 10m 左右。土基上薄的钢筋混凝土底板对温度变形敏感，缝间距应略小些；岩基上的底板因受地基约束，不能

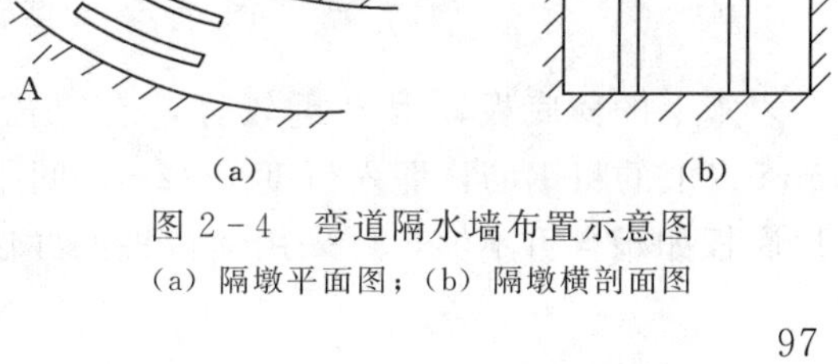

图 2-4　弯道隔水墙布置示意图
（a）隔墩平面图；（b）隔墩横剖面图

自由变形，往往自发地产生发丝缝来调整内部的应力状态，所以只需预留施工缝即可。

缝内可不加任何填料，只要在相邻的先浇混凝土接触面上刷一层肥皂水或废机油即可。也有一些工程采用沥青油纸、沥青麻布作为填料的。底板接缝间还需埋设橡胶、塑料止水或铝片止水。承受高速水流的底板，要注意表面平整度，切忌上块低于下块，因为这样会产生极大的动水压力，使水流潜入底板下边，掀起底板。有些资料建议上块高于下块 0～1cm。

在底板与地基之间，除了直接做在基岩上的以外，一般需设置砂垫层以减少地下水渗透压力。但要注意闸室底板下不可设置垫层，以免缩短对防渗有利的渗径长度。砂垫层厚度一般取 10～20cm。

（五）排水系统失效的处理

泄槽段底板下设置排水系统是消除浮托力、渗透压力的有效措施。排水系统能否正常工作，在很大程度上决定底板是否安全可靠。排水系统失效一般需翻修重做。

排水系统一般有板面排水和板下排水两种形式。板下排水由纵向排水支管、横向排水支管和排水干管组成；板面排水则由横向排水支管直接经竖向排水支管排至板面，适用于岩基上的底板或有较好反滤措施的土基上的底板。

黄河刘家峡水库溢洪道，全长 870m，进口堰宽 42m，最大泄量 3900m^3/s，泄槽段宽 30m，流速 25～35m/s。溢洪道位于基岩上，底板混凝土厚度 0.4～1.5m。溢洪道建成后，当渠内流量只有设计泄量的 50%时，厚 1m 多的混凝土底板即被冲坏，有的整个冲翻，有的底板被掀起后，翻滚到下游数十米处。分析损坏原因认为是施工时混凝土块体间不平整，横向接缝中未设止水，高速水流的巨大动水压力通过接缝蹿入底板以下，加上排水系统不良，引起极大的浮托力，使底板掀起。后采取的处理措施是重新浇筑底板，设止水，底板下设排水，底板与基岩间加设锚筋，并严格控制底板的平整度。

（六）泄槽底板下滑的处理

泄槽底板可能因摩擦系数小、底板下扬压力大、底板自重轻等原因，在高速水流作用下向下滑动。为防止土基上的底板下滑、截断沿底板底面的渗水和被掀起，可在每块底板端部做一段横向齿墙，如图 2-5 所示，齿墙深度 0.4～0.5m。

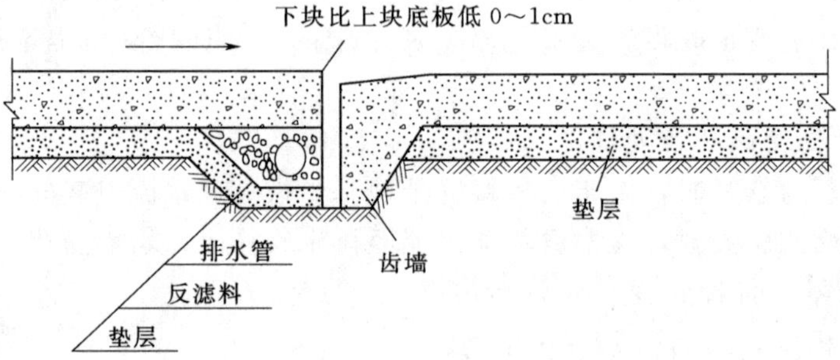

图 2-5　土基底板接缝布置图

岩基上的薄底板，因自重较轻，有时需用锚筋加固以增加抗浮性。锚筋可用直径 20mm 以上的粗钢筋，埋入深度 1～2m，间距 1～3m，上端应很好地嵌固在底板内。土基上地底板如嫌自重不够，可采用锚拉桩的办法，桩头采用爆扩桩效果更好。

（七）溢洪道的裂缝及其处理

溢洪道的闸墩、边墙、堰体、底板、消能工等，一般均由混凝土或浆砌块石建成，裂缝也是这些结构物上经常出现的现象。裂缝产生的原因，主要还是温差过大、地基沉陷不均以及材料强度不够等。位于岩基上的结构物，裂缝多由温度应力引起；位于土基上的结构物，裂缝多因沉陷不均所致。

裂缝从方向上可分为垂直于溢洪道堰轴线的横缝；平行于堰轴线的水平缝或纵缝；与堰轴线斜交的斜缝和无一定方向的纵横交错的龟裂缝等。

裂缝产生后，可能造成两种后果：一种是建筑物的整体性和密实性受到一定程度的破坏，但还不渗水；另一种是整体性破坏，而且渗水。前者修理时主要在于恢复其整体性，而后者则除要求恢复其整体性以外，还应同时解决渗漏问题。因此在修理裂缝的方法基本上可分为恢复整体性、结构补强和防渗、堵漏几个方面。

（1）缝宽在 0.1mm 以下表面无渗水的龟裂缝，不影响混凝土结构强度的，可不加修理。但对处于高流速下比较密集的龟裂缝，宜用环氧砂浆进行表面涂抹，以增强其抗冲耐蚀能力。

（2）缝宽在 0.1mm 以上的无渗水裂缝，当不影响结构强度时，为防止钢筋锈蚀，可采用表面胶泥粘补的方法。

（3）有小量渗水，但不影响结构强度的少数裂缝，可采用凿槽嵌补和喷浆等方法。

（4）数量较多，分布面积较广的细微裂缝，当不影响结构强度时，可采用水泥砂浆抹面，浇筑混凝土隔水层、沥青混凝土防水层或表面喷浆等方法。

（5）渗漏较大，但对结构强度无影响的裂缝，可在渗水出口面凿槽，把漏水集中导流后，再嵌补水泥砂浆或其他材料；如渗漏量较大，最好在渗水进口面粘补胶泥或粘补其他材料。也可凿槽嵌补环氧焦油砂浆或酮亚环氧砂浆等材料，或采用钻孔灌浆堵漏的方法。

（6）开裂的伸缩缝，要区分有无渗漏两种情况。不渗水的可采用凿槽嵌补的方法；有渗水的则要加止水片，然后封补。

（7）沉陷缝应首先加固基础（例如采用灌浆的方法），然后堵塞裂缝，必要时可辅以其他措施以增强结构的整体性。恢复或增强结构整体性的方法有：浇筑新混凝土或新钢筋混凝土、灌水泥浆或水泥砂浆、喷水泥浆或水泥砂浆、钢板衬护、钢筋锚固或预应力锚索加固等。

（八）气蚀的处理

泄槽段气蚀的产生主要是边界条件不良所致，如底板、翼墙表面不平整，弯道不符合流线形状，底板纵坡由缓变陡处处理不合理等均容易产生气蚀。对气蚀的处理，一方面可通过改善边界条件，尽量防止气蚀产生，另一方面需对产生气蚀的部位进行修补。

复习思考题

1. 启闭机主要检查哪几项？
2. 水闸水位观测的测点布置的一般原则是什么？
3. 水闸的水跃观测方法有哪几种？

4. 水闸的日常检查主要有哪些内容？
5. 水闸日常养护的内容包括哪些？
6. 溢洪道的日常检查主要有哪些内容？
7. 溢洪道日常养护的内容包括哪些？
8. 在高速水流下如何保证溢洪道底板结构安全？
9. 溢洪道泄洪能力不足的原因有哪些？可以采取哪些措施加大泄洪能力？
10. 闸门和启闭机日常养护工作的主要内容有哪些？
11. 溢洪道常见的损坏现象有哪些？分别应如何处理？
12. 基于 PLC 的闸门自动启闭系统主要由有哪些设施仪器组成？如何控制运行？
13. 水闸自动化监控系统的功能及应用表现在哪些方面？
14. 闸门控制系统维护的内容包括哪些？

项目三 输水工程管理[1]

【学习目标】

通过本项目的学习，学生可以了解坝下涵管、隧洞、涵洞、渠道检查养护的内容和要求；熟悉渠系建筑物正常工作的条件和维护方法；掌握坝下涵管、隧洞、涵洞、渠道常见病害处理的方法。

任务1 坝下涵管的养护修理[2]

一、坝下涵管的工作条件及日常养护

（一）坝下涵管的工作条件

坝下涵管是一种输水建筑物，其作用是输水灌溉、城乡供水、发电等，如图3-1所示。涵管按水流性状的不同，可分为无压涵管和有压涵管。[3]无压涵管输水时，水流不完全充满，具有自由表面；有压涵管输水时，水流完全充满，无自由表面。输水涵管一般分为进口段、洞身和出口段三部分。进口段通常布置有拦污栅、闸门等，其形式有竖井式、塔式、斜坡式等几种。管身的形式是根据水流条件、地质条件及施工条件而定。管身断面

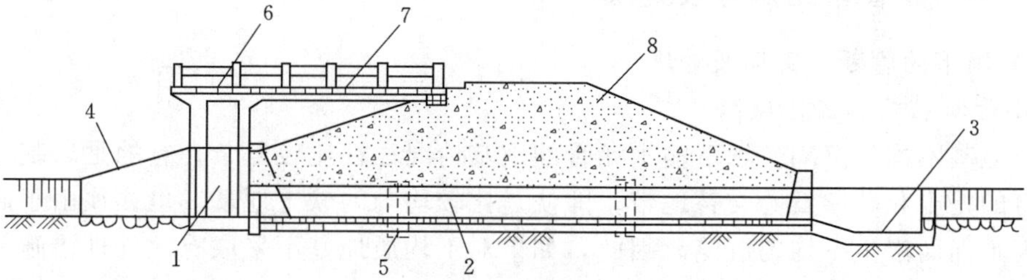

图3-1 坝下涵管示意图

1—进口；2—洞身；3—出口消能段；4—八字墙；5—截渗环；6—启闭台；7—工作桥；8—堤防

❶ 0300 Ⓦ ❷ 030101 Ⓦ 030102 ▶ 030103 Ⓟ 030104 ⊙ ❸ 030105 Ⓣ

形状有圆形、矩形、马蹄形和城门形等。材料有钢管、铸铁管、混凝土、钢筋混凝土、砌石等。有压涵管管壁承受内水压力，要求管材必须具有足够的强度，因此用钢筋混凝土管、钢管、铸铁管较多。无压涵管可采用素混凝土或砌石管材。为防止不均匀沉陷和温度变化而造成管身断裂，一般沿管长每15～20m设一伸缩缝。涵管的出口段因水流速度大、能量集中，一般设消能设备。

涵管输水仅靠管壁隔水，因此，管壁容易发生断裂，或者管壁与堤体土料结合不好，水流穿透管壁或沿管壁外产生渗流通道，引起渗流破坏。

（二）坝下涵管的检查和养护

（1）涵管在输水期间，要经常注意观察和倾听洞内有无异样响声，如听到洞内有咕咕咚咚阵发性的响声或轰隆隆爆炸声，说明洞内有压流、无压流交替出现现象，或者有的部位产生气蚀现象。涵管要尽量避免有压、无压交替水流情况出现，每次充水或放空过程应缓慢进行，切忌流量猛增或突减，以免洞内产生超压、负压、水锤等现象而破坏。

（2）涵管运用期间，要经常检查涵管附近堤防上下游堤坡有无塌坑、裂缝、潮湿或漏水，尤其要注意观察涵管出流有无浑水。发现以上情况，要查明原因，及时处理。

（3）涵管进口如有冲刷或气蚀损坏，应及时处理。

（4）涵管运用期间，要经常观察出口流态是否正常、水跃的位置有无变化，主流流向有无偏移，两侧有无漩涡等，以判断消能设备有无损坏。

（5）放水结束后，要对涵管进行全面检查，一旦发现有裂缝、漏水、气蚀等现象，要及时处理。

（6）涵管顶上或岩层厚度小于3倍洞径的顶部，禁止堆放重物或修建其他建筑物。

（7）涵管上下游漂浮物应经常清理，以防阻水、卡堵门槽及冲坏消能工。

（8）多泥沙输水的涵管，输水结束后，应及时清理淤积在管内的泥沙。

（9）北方地区，冬季要注意库面冰冻对涵管进水部分造成破坏。

二、坝下涵管常见病害及处理❶

（一）坝下涵管断裂破坏及处理

1. 涵管断裂破坏常见原因

（1）地基不均匀沉陷。坝下输水涵管的地基情况往往比较复杂，有的是岩基，有的是土基，有的是土和砂卵石等交替地带。即使是比较均匀的软土地基，也往往由于洞上坝体填土高度不同而产生不均匀沉陷。因此，如果对不均质地基不采取有效处理措施，涵管建成后会产生不均匀沉陷，可能使管身产生断裂破坏，甚至影响堤体安全。

（2）荷载集中。有的水库，坝下涵管局部有集中荷载，如闸门竖井等，如果竖井和管身间不设伸缩缝，就会造成管身断裂。

（3）结构强度不够。由于设计采用的材料尺寸偏小，钢筋不够或荷载超过原设计等原

❶ 030106 Ⓛ

因，使涵管本身材料强度不够，以致断裂。

(4) 管内水流流态发生变化。坝下无压输水涵管在结构设计上不考虑承受内水压力，但由于思想上疏忽、制度不严、操作错误或对结构要求不清楚等原因，使管内水流流态由无压变为明满流交替，或有压流，以致在内水压力作用下，造成管身的破坏。

(5) 管身接头不牢。一些水库坝下埋设混凝土管，但接头不牢固，发生断裂漏水。

(6) 管身施工质量差洞壁漏水。一些水库管身施工质量不好，形成管壁漏水。

2. 涵管断裂漏水的处理方法

由于基础不均匀沉陷而断裂的涵管，除管身结构强度需要加强外，更重要的是加固地基。对于坝身不很高，断裂发生在管口附近的，可直接开挖坝身进行处理。对于软基，应先拆除破坏部分涵管，然后消除基础部分的软土，开挖到坚实土层，并均匀夯实，再用浆砌石或混凝土回填密实。对于岩石基础软弱带的加固，主要是在岩石裂隙中进行回填灌浆或固结灌浆。当断裂发生在涵管中部时，开挖堤体处理有困难。若管径较大时，可在管内钻进进行灌浆处理。

(1) 用水泥砂浆或环氧砂浆封堵或抹面。对于涵管管壁的一般裂缝漏水，可采用水泥砂浆或环氧砂浆进行处理。通常是在裂缝部位凿深 2～3cm，并将周围混凝土面用钢钎凿毛。然后用钢丝刷和毛刷清除混凝土碎渣，用清水冲洗干净，最后用水泥砂浆或环氧砂浆封堵。

环氧砂浆是一种强度较高的材料，它比一般混凝土的强度要高 3～4 倍，因此在水利工程的维修工作中得到广泛的应用。

(2) 灌浆处理。对于因不均匀沉陷而产生的管身断裂，一般要等沉陷趋于稳定，或加固地基，断裂不再发展时再进行处理。但为了保证工程安全，可以提前灌浆处理，灌浆以后，如继续断裂，再次进行灌浆。灌浆处理通常可采用水泥浆。断裂部位可用环氧砂浆封堵。管身断裂还可采用灌环氧浆液处理。

(3) 涵管内衬砌补强处理。对损坏严重的坝下放水涵管，因材料结构强度不够而产生纵向裂缝或横向断裂时，可采用内衬砌的方法进行补强处理。内衬砌的材料可用钢管、钢筋混凝土管、钢丝网水泥管等制成品，然后在成品管与原洞壁间填充水泥砂浆或预埋骨料灌浆。也可在洞内用现场浇筑混凝土、浆砌块石、浆砌混凝土预制块，或者支架钢丝网喷水泥砂浆等方法衬砌。无论是内套管或是内衬砌，处理前都必须将黏附在洞壁上的杂物如铁锈水沉淀物、氢氧化钙等清洗掉，并对洞壁进行凿毛、湿润，以使新老管壁结合良好。

(4) 用“顶管法”重建坝下涵管。坝下涵管管径较小，无法进行加固，只好废弃旧管，重建新管。重建新管以往都是挖开坝体重建，近年来，多地采用顶管法重建坝下涵管，大大减少了开挖和回填土石方量，节约钢材、水泥和投资，节省劳力，缩短工期，并能保证较好的质量，为坝下涵管的加固重建提供了一条新的途径。顶管法重建新管，不需开挖坝体，而是在坝下游用千斤顶将预制混凝土管顶入坝体，直到预定位置，然后在上游坝坡开挖，在管道上游修建进口建筑物。顶管法施工目前有以下两种方法：

1) 导头前人工挖土法。此法系在预制管端前设一断面略大的钢质导头，用人工在导头前端先挖进一小段（每段长度按坝体土质而定，土质好的可达 2m 以上，土质差的可在 0.5m 左右)，然后在管的外端用油压千斤顶将预制管逐步顶进。挖进一段，顶进一次，秩序推顶，直至顶到预定位置。

2）挤压法。在预制管端装设有刃口的钢导头，用油压千斤顶将预制管顶进，使钢导头切入坝体土壤，然后用割土绳或人工将挤入管内的土挖除运出，然后再次把管顶进，直至顶完。

（二）坝下涵管出口消力池的破坏及处理

1. 涵管出口消力池冲刷破坏的原因

由于设计不合理，基础处理不好或运用条件的改变，使消力池在运用时下游水位偏低，池内不能形成完全水跃，造成渠底冲刷及海漫基础淘刷。当此情况逐步向上游扩展时，会导致消力池本身结构的破坏。

2. 涵管出口消力池冲刷破坏的处理方法

1）增建第二级消力池。原消力池深度与长度均不满足消能要求，同时下游水位很低，消力池出口尾坎后水面形成二次跌水，而加深消力池有困难时，可增建第二级消力池。

2）增加海漫长度与抗冲能力。当修建消力池的水能效果差，水流在海漫末端仍形成冲抗，甚至造成海漫的断裂破坏，这时，可加长海漫。另外，可选用柔性材料作海漫，如柔性联结混凝土块。柔性材料海漫可以随河床地形的冲深而变化，待冲刷坑稳定后仍有保护河床的作用；另一方面还可以增加阻滞水流的阻力，降低流速，调整出口水流流速分布。

任务2 隧洞的养护修理[1]

一、隧洞的日常养护[2]

（1）隧洞在输水期间，要经常注意观察和倾听洞内有无异样响声，如听到洞内有咕咕咚咚阵发性的响声或轰隆隆爆炸声，说明洞内有明流（无压流）、满流（有压流）交替现象，或者有的部位产生气蚀现象。隧洞应尽量避免在明满交替情况下运行，每次充水或放空过程应缓慢进行，切忌流量猛增或突减，以免洞内产生超压、负压、水锤等现象而引起破坏。

（2）隧洞进口如有冲刷或气蚀损坏，应及时处理。

（3）隧洞运用期间，要经常观察出口流态是否正常、水跃的位置有无变化、主流流向有无偏移、两侧有无漩涡等，以判断消能设备有无损坏。

（4）放水结束后，要对隧洞进行全面检查，一旦发现有裂缝、漏水、气蚀等现象，要及时处理。

（5）隧洞顶上或岩层厚度小于 3 倍洞径的隧洞顶部，应禁止堆放重物或修建其他建筑物。

---

[1] 030201Ⓦ 030202▶ 030203Ⓟ 030204⊕ [2] 030205Ⓛ

（6）隧洞上下游漂浮物应经常清理，以防阻水、卡堵门槽及冲坏消能工。

（7）多泥沙输水的隧洞，输水结束后，应及时清理淤积在洞内的泥沙。

（8）北方地区，冬季要注意库面冰冻对隧洞和涵管进水部分造成破坏。

二、隧洞常见病害及处理

（一）隧洞断裂及漏水处理

1. 隧洞断裂破坏的原因

引起隧洞洞身衬砌断裂破坏的原因很多，主要有下列几个方面：

（1）洞周岩石变形或不均匀沉陷。如隧洞经过地区岩石质量较差，开挖隧洞后，由于岩石变形，衬砌将遭受过大的应力而破坏。

（2）衬砌质量差。隧洞衬砌质量不好也会引起隧洞破坏。

（3）由于水锤作用产生谐振波而引起衬砌裂缝。一些隧洞的破坏事故证明，即使在设有调压井的压力隧洞内，由于产生高次谐振波可以越过调压井而使隧洞内发生压力波破坏衬砌。

（4）其他原因引起的隧洞衬砌断裂。当隧洞衬砌所受山岩压力大大超过设计计算数值，或由于隧洞原有截渗设备失效，致使隧洞周围地下水位大幅度升高，地下水压力远大于设计预料数值时，均将造成原有衬砌厚度显得不够，从而引起断裂。也有的隧洞由于衬砌层外残留的施工临时木支撑腐朽，使衬砌与洞壁间出现空隙，在内水压力等作用下，造成隧洞衬砌纵向或横向裂缝。也有的隧洞，由于运用管理不当而造成断裂漏水。例如用闸门控制进水的无压隧洞，由于操作疏忽，使工作闸门开度过大，造成洞门充满水流，形成有压，致使隧洞衬砌在内水压力作用下发生断裂。

2. 隧洞断裂的处理

隧洞断裂和漏水的处理方法有贴补、灌浆、喷锚支护、内衬等，这里着重介绍喷锚支护。喷锚支护指喷射混凝土和锚杆支护的方法。它与现场浇筑的混凝土衬砌相比，具有与周围岩体黏结好、能提高围岩整体性和稳定性、承载能力强、抗振性能好、施工速度快、成本低等优点。可用于隧洞无衬砌段加固或衬砌损坏的补强。喷锚支护可分为喷纯混凝土支护、喷混凝土加锚杆联合支护和钢筋网喷混凝土与锚杆联合支护等类型。在坚硬或中等质量的岩层中，当隧洞跨度较小且总体是稳定的，仅有局部裂缝交割的危岩可能塌落，可采用喷纯混凝土支护。有些隧洞即使周围的岩体比较破碎甚至是不稳定的，但只要能保证喷射的混凝土能保证岩体的稳定，也可采用喷纯混凝土支护。对裂隙发育的火成岩、变质岩等围岩，可选用喷混凝土和锚杆联合支护，这时主要靠锚杆抵抗大块危岩的塌落，混凝土仅承受锚杆间岩层的重量。对松软、破碎和断裂的岩层，可采用钢筋网喷混凝土与锚杆联合支护。

（1）喷纯混凝土。喷纯混凝土是一种快速、高效、不用模板，把运输、浇筑、捣固联结在一起的一种新型混凝土施工工艺。喷混凝土的材料中，可用32.5(R)或42.5(R)号普通硅酸盐水泥，其细度模数为2.5～2.7、粒径为0.35～5mm的纯净河砂，骨料用小于20mm的一级配混凝土。常用的配合比水泥：砂：石子为1：2：2，喷顶拱时可用较高的砂率配合比为1：2.5：2，水灰比在0.4～0.45之间。施工时，先将干料经一般拌和机拌和后，送于双罐式混凝土喷射机，由压缩空气将干料压经直径为50mm的高压橡胶管，在喷枪处与水混合后喷射出去。喷射时，喷枪口离喷射面0.8～1.0m的距离，并尽量保持与被喷面垂直的角度。仰喷时，每层厚度为5～7cm，平喷时为8～15cm，若厚度较大，当用速凝剂时，间隔10～30min再喷一层，一直达到规定层厚为止。

（2）喷混凝土加锚杆支护。灌浆锚杆法是在洞顶有可能坍塌的岩块上钻孔，孔深入塌落拱以上一定深度，用水泥砂浆对插入至孔底的锚杆进行固结，从而对塌落拱以内的岩块起到悬吊作用。灌浆锚杆能将不稳定的松碎岩块团结成整体，在成层的岩层中，锚杆能把数层薄的岩层组合起来，因此在岩层中插入灌浆锚杆后再喷混凝土支护隧洞洞壁效果相当好。灌浆锚杆的承载能力与锚杆本身的强度、砂浆与锚杆的黏结强度、砂浆与钻孔岩石的黏结度以及锚固深度有关。锚杆常采用3号或5号螺纹钢筋，直径一般在16～20mm。通常将锚杆尾部劈岔，塞上楔形块，插入钻孔，用锤打击，使楔形块插入劈岔部位嵌紧在钻孔中，如图3-2所示。锚杆长度取决于洞室的开挖尺寸，当岩石抗压强度在9.8～2.45MPa，隧洞跨度平均在5m时，锚杆长度为

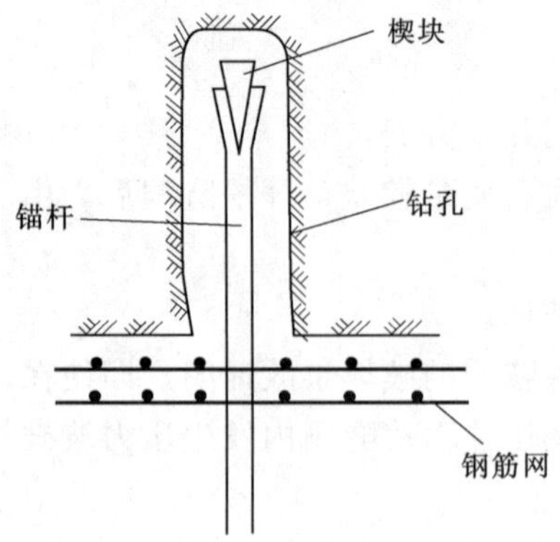

图3-2 锚杆加钢筋网示意图

$$L \geqslant \frac{B}{3} \tag{3-1}$$

式中：L为锚杆长度，m；B为隧洞开挖跨度，m。

锚杆的间距a，按一般的经验公式确定，即

$$\frac{L}{a} \geqslant 2 \tag{3-2}$$

灌浆锚杆施工之前，应将锚杆布置区的松动危岩彻底清除掉，并根据岩石节理裂隙或断层情况选择孔位，砂浆锚杆的施工有以下两种方法。

1）先灌后锚。其施工程序为：选孔位→钻孔→杆体除锈、检查并洗孔→拌和砂浆→注浆→插杆。注意钻孔时，钻孔方向应垂直岩石节理面，钻孔孔径应根据锚杆直径和施工方法而定，一般孔径为32～38mm。拌和砂浆时，砂子的粒径最大不超过3mm。砂浆配比要准确，拌和要均匀，当灰砂比为1∶（1.0～1.2）时，水灰比最好为0.4～0.45。

先灌浆后插杆的操作顺序是：选择合适的灌浆管长度（一般大于孔深30～40cm）；用水泥稀浆试注润滑灌浆罐及管路，把拌和好的水泥砂浆装入罐内；将罐盖密封，把灌浆管插入锚孔底部；打开罐上的进风阀门，利用风压把砂浆压入锚孔内。砂浆注入孔中时，应缓慢地将灌浆管抽出，不要太快，否则将影响灌浆质量；灌完浆随即插上锚杆。灌浆系统如图3-3所示。

2）先锚后灌。一般是先把锚杆和排气管插入钻孔内，将孔口封闭，然后用灌浆罐灌浆。先锚后灌锚杆的孔径应稍大，一般为44～50mm。当砂浆灰砂比为1∶（1.0～1.2）时，水灰比最好为0.3～0.35。太大罐内砂浆难以全部吹出，太小易堵塞管路。先锚后灌有关灌

浆顺序及操作方法与先灌后锚基本一致。

（3）喷混凝土、锚杆和钢筋网联合支护。这种方法是在喷射混凝土层中设置钢筋网（或钢丝网）。施工时，先钻孔埋设锚杆，然后在锚杆的露出部分绑扎钢筋网（或钢丝网），最后喷射混凝土。这种联合支护对防止收缩裂缝、增加喷射混凝土的整体性、提高支护承载能力，具有良好的作用。

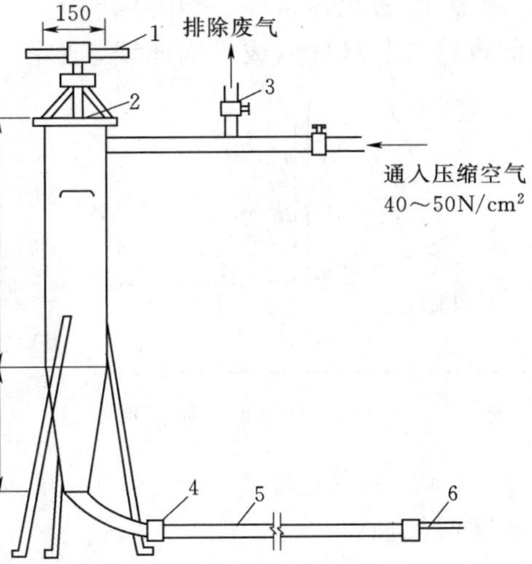

图 3-3　灌浆系统示意图（单位：mm）

1—螺旋杆；2—罐盖；3—转心阀门；4—活接头；5—胶管；6—钢管

（二）隧洞的气蚀及处理

1. 隧洞气蚀的原因

当隧洞内高速水流流经不平整的边界时，水把不平整处的空气带走，产生负压区。当压力降低至相应水温的汽化压力以下时，水分子发生汽化，形成气泡，小气泡随水流流向下游正压区，气泡受压破裂，如果破裂过程发生在靠近洞体表面的地方，则洞体表面将受到气泡破裂的巨大冲击作用，表面就会遭到破坏，这就是气蚀现象。气蚀现象一般都发生在边界形状突变、水流流线与边界分离的部位。❶隧洞产生气蚀的主要原因如下：

（1）洞体局部体形不合流线。由于体形不合流线，造成水流流线与边界分离，产生气蚀。

（2）闸门后洞壁有突出棱角，表面不平整，易产生气蚀。

（3）闸门槽形状不好和闸门底缘不平顺。当工作水头和流速很大时，水流通过闸门后，脉动加剧，易产生气蚀。

（4）管理运用不当。在放水过程中，闸门开启高度与气蚀的产生有非常密切的关系。实验表明，平板闸门，闸门相对开度为 0.1～0.2 时，闸门振动剧烈。对弧形闸门，当相对开度为 0.3～0.6 时，气蚀现象特别强烈。因此，在闸门操作程序中应避免这些开度。另外，闸门开启不当，隧洞内容易出现明满流交替现象，造成门槽及底板的气蚀。经试验表明，在明满流交替时，脉动压力振幅为一般情况下的 4～6 倍。

例如，山东黄前水库输水洞在闸门后 1m 为一降落陡坎，使闸门遭受周期性冲击，引起振动，并导致陡坎处水流脱壁，造成气蚀破坏。

2. 隧洞气蚀的处理

隧洞的气蚀，开始时往往不易被人们重视，认为剥蚀程度轻，不会影响安全。但如果不注意修复或改善水流条件，则会发展到很严重的程度。气蚀的产生，水流的流速和边界条件是两个重要的因素。国内外研究成果显示，气蚀强度与流速的 5～7 次方成正比。目前常用的防治气蚀措施主要有以下几个方面。

❶ 030206Ⓣ

(1) 改善边界条件。当隧洞的进口形状不恰当时，极易产生气蚀现象。试验表明，渐变的进口形状最好做成椭圆曲线，如图 3-4 所示。

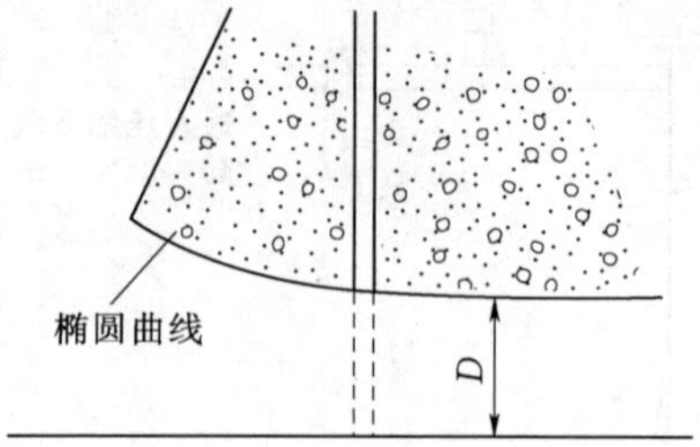

图 3-4 进口段椭圆曲线示意图

(2) 控制闸门开度和设置通气孔。闸门不同的开度，不仅使闸门底缘及底坎产生气蚀，而且对闸门振动的振幅和频率均有影响。据山东省的统计分析，当闸门相对开度为 0.2 或 0.8～0.9 时，大型输水闸门有 50%发生过振动，重者会使拉杆断裂或焊缝开裂。同时还发现，当闸门开度小时，闸门振动为上下方向；开度大时，为水平方向。经分析，小开度时，闸门门底止水后易形成负压区，闸门底部易出现气蚀；当开度大时，闸门后易产生明满流交替出现，同样易造成输水隧洞气蚀。

(3) 采用抗气蚀材料修复破坏部位。隧洞表面粗糙及材料强度差是引起气蚀破坏的原因之一。对于已产生气蚀破坏的部分，可用环氧砂浆进行修补，环氧砂浆的抗磨能力高于普通混凝土 30 倍。研究资料表明，混凝土标号越高，抗气蚀性能越好。近年来，国内外都进行了在普通混凝土中掺入硅粉、钢纤维、玻璃纤维等以提高普通混凝土的抗气蚀强度的研究。研究表明，普通混凝土中掺入硅粉后，其抗气蚀强度可提高 14 倍。硅粉的主要成分为氧化硅，颗粒极小，比水泥颗粒小 100 倍，由于硅粉微粒的充填作用及火山灰活性反应，可大大提高混凝土的各种性能。

对隧洞剥蚀严重的部位还可考虑采用钢板衬砌等方法修理。例如，某水电站第二施工隧洞，泄洪时水头为 110m，隧洞退水段长 1km 多，退水段上的水流流速高达 40m/s。施工前几年，隧洞运行水头不大，故仅在斜槽段和侧墙上出现了气蚀剥损现象。为了使隧洞高水头运行，在此隧洞段上采用了金属板护砌、喷浆等措施进行了修复加固，效果良好。

目前钢纤维混凝土以其所具有的优越的吸收能量特性、抗冲击、抗爆破性能，在建筑物抗气蚀材料也已广泛应用。通常情况下，在混凝土中掺入 2%的钢纤维，其抗拉强度为素混凝土的 1.5～1.7 倍，抗弯强度为素混凝土的 1.6～1.8 倍。钢纤维混凝土的抗拉、抗弯强度与钢纤维的长径比 (L/d) 成正比，一般钢纤维长径比为 60～100，直径为 0.2～0.6mm。

(4) 采用通气减蚀措施。将空气直接输入可能产生气蚀的部位，可有效地防止建筑物气蚀破坏。国外研究成果指出：当水中掺气的气水比为 1.5%～2.5%时，气蚀破坏大为减弱，当水中掺气的气水比达 7%～8%时，可以消除气蚀。我国自 20 世纪 70 年代起，先后在冯家山水库溢洪洞、新安江水电站挑流鼻坎、石头河输水洞中使用，效果比较好。通气减蚀的主要原因是，通气能降低或消除负压区，增加空穴中气体空穴所占的比重，掺气后对孔穴溃灭起缓冲作用，减小了空穴破坏力。

(5) 加强施工质量的控制。施工质量的控制一方面要控制混凝土材料的强度，使其达到设计要求；另一方面要保证混凝土表面具有较高的平整度。

(三) 隧洞的磨损及处理

1. 隧洞磨损的原因

隧洞的磨损也是常见的问题。我国的多泥沙河流，高速含沙水流对隧洞的磨损是亟待解决的问题。水流中推移质泥沙和悬移质泥沙对隧洞均有磨损，但又有所不同。悬移质泥沙磨损破坏过程缓慢，高速含沙水流通过隧洞边壁摩擦，产生边壁剥离。推移质泥沙是以滑动、滚动的方式在建筑物表面运行，除了摩擦作用外，还有冲击作用。故推移质主要是冲击、碰撞作用对隧洞表面的破坏。

隧洞衬砌的磨损主要是由河水中泥沙引起的，而悬移质泥沙和推移质泥沙对建筑物表面磨损的方式不同。实践表明，悬移质泥沙，当 $v>20\sim35$m/s 时，平均含沙量大于 30kg/m^3；或 $v>15\sim20$m/s 时，平均含沙量大于 80～100kg/m^3，泄水建筑物经过几个汛期，混凝土表面会受到严重的冲磨破坏。三门峡工程 2 号底孔就属于这类破坏。推移质泥沙对建筑物表面撞击和摩擦，使建筑物表面磨损也比较严重。

例如，葛洲坝二江泄水闸，1981 年 7 月泄洪 72000m^3/s，由于上游围堰残渣及上游削坡块石进入河道，大量推移质泥沙在过闸时，造成对闸室及护坦的磨损。轻者磨深 1cm，重者磨深 2cm 以上。磨损最严重的第 27 孔闸，闸底板中心最大磨深达 10.2cm。

2. 隧洞磨损的处理

在高速水流的输、泄水建筑物中，对不同的流速及含沙量、含沙类型，应采用不同的抗冲耐磨材料。常用的抗冲耐磨材料主要有以下几种。

（1）铸石板。它比石英具有更高的抗磨损强度和抗悬移质微切削破坏性能。三门峡 3 号排沙底孔使用辉绿岩铸石板镶面，表现出较高的抗冲耐磨性能。

（2）铸石砂浆和铸石混凝土。高强度的铸石砂浆和铸石混凝土，在高速含沙水流中，具有很强的抗冲耐磨特性。葛洲坝二江泄水闸即使用了高标号的铸石砂浆，其抗冲磨强度不亚于环氧砂浆。

（3）耐磨骨料的高强度混凝土。除用铸石外，选用耐冲磨性能好的岩石，如石英石、铁矿石等为骨料，配制高标号的混凝土或砂浆，也具有良好的抗悬移质冲磨的性能。经验表明，当流速 $v<15$m/s，平均含砂量 $s<40$kg/m^3 情况下，用耐磨骨料配制成 C30 以上的混凝土，磨损甚微。

（4）聚合物砂浆及聚合物混凝土。聚合物黏结强度比水泥黏结强度高，在相同骨料情况下，聚合物混凝土抗悬移质和推移质冲磨强度都较高。但应注意，采用聚合物时，也应采用好的骨料，这样才能达到应有的效果。但因聚合物造价比较高，不太适合于大面积使用。

（5）钢材。钢材因其抗冲击韧性好，故抗推移质冲磨性能好。但因钢材价格高，施工工艺要求高，一般用于冲磨严重和难于维修的部位。

任务 3　涵洞的运用管理❶

涵洞工程在运行中经常会出现洞身断裂、漏水而失去整体性，危及工程安全，影响正常运行。寒冷地区往往存在冻害问题，应加强管理。❷关于涵洞破坏的原因及处理方法除

❶ 030301 Ⓦ　030302 ▶　030303 Ⓟ　030304 ⚙

❷ 030305 Ⓣ

参照坝下涵管外，还应注意以下几个方面。

一、涵洞裂缝的处理

1. 涵洞裂缝的原因

(1) 基础不均匀沉陷。涵洞基础处理不当，在上部荷载作用下，产生不均匀沉陷而引起裂缝，甚至洞身折断。如有的涵洞建造在不同性质的地基，或基础是松散的风化岩或土基未经加固处理，洞身又未设沉陷缝，因涵洞上部填土高度不同，荷载相差很大，基础的不均匀沉陷使洞身断裂，这种断裂往往容易产生较大的错距，在洞身出现横向裂缝较纵向裂缝多。

(2) 施工质量差。涵洞选用材料不当或施工质量不良，洞身结构单薄，承受不住上部填土的巨大压力而造成洞身断裂。

(3) 未设伸缩缝。圬工涵洞的长度较大，未设伸缩缝，施工期长，由于温度的变化，也会使涵洞断裂。

(4) 管理运行不当。对于无压涵洞，如管理运行不当，高水位时进水流量控制不严，闸门开启不当使涵洞震动或有压运行，有的涵洞进口处未设通气孔或通气孔堵塞失效，或涵洞出口顶部低于出口处水面，形成淹没出流，都可能使无压明流变为有压或半有压流，在内水压力作用下造成涵洞裂缝。

2. 涵洞裂缝的检查

(1) 涵洞内径较大，可以进入的，应当进入洞内检查，仔细检查洞壁有无裂缝和松动脱落的现象、有无渗水、接缝处有无损坏部位、闸门槽部位有无气蚀、底板有无高低不平的情况。

(2) 一般涵洞发生裂缝，都会出现渗水带出的泥浆，或白色结晶的游离碳酸钙。

(3) 观测涵洞内外有无不正常的渗漏出现。

3. 涵洞裂缝的处理

如检查发现涵洞有裂缝，在查清造成裂缝的原因之后，应根据裂缝的实际情况和严重程度确定加固和处理方案。

(1) 涵洞地基加固。由于涵洞基础处理不当产生不均匀沉陷而造成的裂缝或断裂，除加固自身结构强度外，更重要的应加固地基。加固的方法应按地质条件和断裂位置而定。

1) 对于堤身不高，断裂发生在洞口附近的，可直接开挖岸坡进行处理。对于软基，应先拆除破坏部分的涵洞，然后清除基础部分的表土、松土、淤泥，开挖到坚实土层，并均匀夯实，再用浆砌石或混凝土回填密实。

对于岩石基础软弱地带的加固，主要是在岩石裂缝中进行回填灌浆或固结灌浆，遇到断层带，应开挖回填混凝土。

2) 在进行基础加固的同时，洞身应设置沉陷缝。沉陷缝的止水结构一般用止水片和多层油毡组成。止水片最好是采用紫铜片，也可采用塑料止水片、铝片或硬橡胶等。

(2) 涵洞结构补强。对于产生大范围的纵向裂缝、严重的横向断裂，以及局部冲蚀破坏，且已影响结构强度的，均采用加固补强措施。

1）当已查明洞内裂缝的部位，但无法进入操作时，可挖开填土，在原洞外部包一层混凝土，断裂严重的地带，应拆除重建，并设沉陷缝，洞外按一定距离加做黏土截水环，以免沿洞壁渗漏。

2）对于采用条石或钢筋混凝土做盖板的涵洞，当部分发生断裂时，可在洞内用盖板和支撑加固，使用这种方法应当注意流量减小后对兴利放水流量的影响。

3）预制混凝土涵洞如接头开裂，洞径较大，人可进入洞内操作的，可以参照处理一般裂缝的方法，用环氧树脂贴补，也可以将混凝土管接头处的砂浆剔除并洗刷干净，然后用沥青麻丝或石棉水泥（由重量30%的石棉纤维，70%的水泥，以及为水泥重量10%～20%的水配制而成）塞入嵌紧，然后在内壁用水泥砂浆抹平，如洞径小难以进入操作，就要开挖后进行处理。

二、涵洞漏水的处理

涵洞漏水多数是因为裂缝造成，如施工质量不好，防渗处理不当，或使用的材料差等原因使洞身有空隙孔洞，也会引起漏水。

1. 涵洞漏水的原因

（1）沿洞壁外纵向漏水。

1）涵洞外壁填土和洞壁结合不严密或未经压实，成为漏水通道。

2）设计时没有考虑设置截水环或截水环设置的数目太少，渗径长度不够。

3）有压涵洞，洞壁存在裂隙、孔洞，内水外渗，在薄弱处集中，沿洞壁外流。

（2）穿过洞壁的横向漏水。

1）对于混凝土涵洞，主要是混凝土浇筑质量差，接头处理不彻底，养护不好或沉陷缝及伸缩缝止水不严密、填料老化等原因所造成。圬工涵洞的砌筑材料质量差，施工时砌缝没有填实，勾缝不严，洞身有裂隙空洞，都能造成穿过洞壁的横向漏水。

2）明流涵洞，有压运行，在有压力水头作用下，容易产生洞内向洞外的严重渗漏。

2. 涵洞漏水的处理

涵洞漏水的处理一般与处理裂缝相同，可用水泥砂浆或环氧砂浆处理。对于质量较差的涵洞洞壁，可采用灌浆处理。

任务4 渠道的检查养护❶

一、渠道控制运用的要求和原则

（一）渠道控制运用的要求

（1）渠道输水能力符合设计要求。

---

❶ 030401Ⓦ 030402▶ 030403Ⓟ 030404

(2) 渠道断面流速分布均匀。

(3) 渠道断面坡降与设计一致。

(4) 渠道渗漏损失量不超过设计要求。

(5) 控制和调节设施齐全。

(6) 边坡和渠床应稳定。❶

(二) 渠道控制运用的一般原则

1. 水位控制

为确保安全输水，避免漫堤、决口事故，一般情况下，渠道水位应控制在设计水位以下。特殊情况下，水位也不应超过加大水位。

2. 流量控制

渠道流量应以设计流量为准，当有特殊用水要求时，可加大流量，但过水时间不宜太长，以免造成危险。渠道设计流量与渠道加大流量的关系为

$$Q_{加}=(1+k)Q_{设} \tag{3-3}$$

式中：$Q_{加}$ 为加大流量，m^3/s；$Q_{设}$ 为设计流量，m^3/s；k 为加大系数，见表 3-1。

表 3-1　　流量加大系数 k 值表

设计流量/(m^3/s)	<1	1～5	5～10	10～30	>30
k 值	0.30～0.50	0.25～0.30	0.20～0.25	0.15～0.20	0.10～0.15

3. 流速控制

渠道中的水流流速过大或过小，将会发生冲刷或淤积，影响正常输水。所以运用中，必须控制流速。渠道流速应控制在以下范围：

$$v_{不淤}<v<v_{不冲} \tag{3-4}$$

式中：$v_{不淤}$ 为不淤流速，m/s；$v_{不冲}$ 为不冲流速，m/s。

水在渠道中流动时，具有一定能量，这种能量随着水流速度的增大而加大。当流速增大到一定程度时，渠床上的土粒就会随水流移动。渠床土粒将要移动而尚未移动时的水流速度称为渠道的不冲流速。渠道的不冲流速可根据渠床土质、水力和泥沙等条件通过实验确定。也可根据经验确定，见表 3-2。

流动着的水流都具有一定的挟沙能力，它随着流速的减小而减小。当流速小到一定程度时，一部分泥沙就会在渠道中沉积下来。泥沙将要沉积而尚未沉积时的水流速度称为渠道不淤流速。渠道的不淤流速可按下式计算：

$$v=CR^{1/2} \tag{3-5}$$

式中：C 为不淤流速系数，参考表 3-3；R 为水力半径，m。

❶ 030405Ⓣ

表 3-2　　　　渠道不冲流速表　　　　单位：m/s

渠床土质和衬砌条件		不冲流速
土壤类别	轻壤土	0.60～0.80
	中壤土	0.65～0.85
	重壤土	0.70～0.90
	黏壤土	0.75～0.95
衬砌类型	混凝土衬砌	5.0～8.0
	块石衬砌	2.5～5.0
	卵石衬砌	2.0～4.5

表 3-3　　　　不淤流速系数 *C* 值表

渠道泥沙	粗沙	中沙	细沙	极细沙
C 值	0.65～0.77	0.58～0.64	0.41～0.57	0.37～0.40

二、渠道的检查

1. 经常性检查

经常性检查是指经常对渠道及其渠系建筑物进行细致的查勘，发现问题及时处置，以防后患。

2. 临时性检查

临时性的检查主要包括在大雨中、台风后和地震后的检查。检查有无沉陷、裂缝、崩塌及渗漏等。如暴雨期间，应组织人员外出检查山水入渠情况，排洪建筑物泄水情况，渠堤挡水及各种建筑物过水情况，以便及时处理因暴雨山洪引起渠系发生的问题。暴雨后，及时做好清淤和整修工作。

3. 定期检查

定期检查包括汛前、汛后、封冻前、解冻后进行全面细致的检查，如发现问题，应及时采取措施，消除隐患。对北方地区有冬灌任务的渠道，应注意冰凌冻害对渠道的损坏情况。

4. 放水前检查

渠道放水前即停水时期，主要检查是否有冲刷、淤积、沉陷、滑坡、裂缝、洞穴、缺口、防渗层损坏或影响过水的堆积物和杂草等。

5. 渠道过水期间检查

渠道过水期间应检查观测各渠段流态，有无漏水、冲刷、阻水、塌坡、乱扒放水口，有无漂浮物冲击渠边及风浪影响，堤顶超高是否足够等。

三、渠道的日常养护❶

渠道的日常养护，主要应做到以下几方面：

❶ 030406Ⓛ

（1）经常清理渠道内的垃圾、淤积物和杂草等，保持渠道正常行水。

（2）渠道两旁山坡上的截流沟或引水沟，要经常清理，避免淤塞，损害部分要及时修理，尽量减少山洪或客水入渠，以免造成渠堤漫溢决口或冲刷。

（3）不得任意在渠道内或岸边放牧、挖土或开口。

（4）禁止向渠道内倾倒垃圾、工业废渣及其他腐烂杂物，以保持渠水清洁，防止污染。有条件的，可定期进行水质检查，如发现污染应及时采取措施。

（5）禁止在渠道内毒鱼、炸鱼。

（6）不得在渠堤内外坡随意种植庄稼，填方渠道外坡附近不得任意打井、修塘、建房。

（7）渠道放水、停水，应逐渐增减，尽量避免猛增猛减。

（8）对渠道局部冲刷破坏、防渗设施损害等情况，应及时修复，防止继续扩大恶化。

（9）通航渠道，机动船只行速不应过大，不准使用尖头撑篙，渠道上不准抛锚。

四、渠系建筑物的日常养护

（一）渠系建筑物的类型

渠系建筑物是指为渠道正常工作和发挥其各种功能而在渠道上兴建的建筑物。主要有渡槽、倒虹吸、隧洞、涵洞、跌水（陡坡）、桥梁、各种水闸及量水设备等。按功能可分为：

（1）控制、调节和配水建筑物。用于调节水位，分配流量，如节制闸、分水闸、斗门等。

（2）交叉建筑物。用以穿越河渠、洼谷、道路及障碍物，如渡槽、倒虹吸管、涵洞、隧洞等。

（3）泄水建筑物。如泄水闸、退水闸、溢流堰等。

（4）落差建筑物。即落差集中处的连接建筑物，如跌水、陡坡和跌井等。

（5）冲沙和沉沙建筑物。如冲沙闸、沉沙池等。

（6）量水建筑物。如量水堰、量水槽等，也可利用其他水工建筑物量水。

（7）专门建筑物和安全设备。如利用渠道落差发电的水电站，通航渠道上的码头、船闸和为人、畜免于落水而设的安全护栏。

渠系建筑物数量多、总体工程量大、造价高，故应向定型化、标准化、装配化和机械化施工等方面发展。它与其他水工建筑物一样，由于自然界物理、化学作用的影响和设计、施工方面存在的缺陷，管理不当等原因而需要经常维修。为保证渠道系统的正常输水和工程效益的充分发挥，必须搞好渠道及渠系建筑物的维修工作。

（二）渠系建筑物的日常养护

日常养护的具体工作包括：

（1）渠道与渠系建筑物的连接部位常因夯填不实而容易发生漏水，导致塌坡溃决事故的发生，要经常检查，必要时应停水修理。

（2）要经常清理渡槽的进出口和槽身内的淤积及漂浮物，以保证渡槽的输水能力。当发现槽身有过大变形或伸缩止水破坏时，应停水修理。对原设计未考虑交通的渡槽，应禁止人、畜通行，防止意外事故的发生。

(3) 倒虹吸管的进口应设拦污栅，输水期间应经常打捞栅前污物，出口也应设置保护栅，防止块石滚入，特别要防止倒虹吸管口的淤积和堵塞。严寒地区在冰冻前，应将倒虹吸管内积水抽干，若抽干有困难，也可将进出口封闭，使管内温度保持0℃以上，以免冻裂管道。

(4) 无压涵洞要防止下游壅水过高而造成流态不稳和带压运用的不正常现象。

(5) 跌水要防止跌坎倒塌，陡坡要防止底板冲刷和滑塌。侧墙和底板的漏水要及时修理。消力池内的砂石等淤积物应经常清除。

(6) 对渠系建筑物出现的一些缺陷，如裂缝、沉陷、兽洞蚁穴、灰浆脱落等应采取措施及时修复。对可能产生滑坡的堤段应及时处理，防止滑坡的产生。

任务5　渠道常见隐患与病害的处理❶

一、渠道常见隐患的处理

渠道的主要特点是线路长，往往地处偏僻，受地形、地质、人为、自然因素等方面影响，使其存在隐患，影响渠道正常工作，甚至造成损失或灾害。因此，要查明隐患的存在及其原因，以便及时采取有效措施，防止事故的发生。❷

(一) 渠道隐患的类型和原因

渠道隐患的种类较多，常见的有以下几种。

1. 动物洞穴

对渠道易造成危害的动物，主要有狐、獾、鼠和蛇等，它们往往在渠堤身的内部营巢作穴，造成隐患。这类洞穴的直径一般为0.1～0.5m，洞道纵横分布、互相连通，有的甚至横穿渠堤，形成漏水通道，特别是汛期高水位时，造成的穿堤漏水，危害性极大。

2. 蚁穴

蚁穴往往存在于渠堤身内部，其特点是四通八达，横穿渠堤，特别是白蚁穴的主巢直径可达0.8～1.5m，水位上涨时水将沿蚁路侵入堤内，形成漏洞，引起坍塌，严重时会因此导致渠堤决口，正所谓“千里之堤，溃于蚁穴”，所以应引起高度的重视。

3. 腐木空穴

当渠道的堤内埋有腐烂树干、树根等腐木时，随着时间的增加，必将形成洞穴，尤其是盘根错节的蔓延更广。这种隐患的危害也是相当大的，必须在施工时严格把关，予以彻底清除。

4. 人为洞穴

人为洞穴主要是指渠道内部的排水沟、防空洞、藏物窑洞、废窑、废井、旧宅基、坟

---

❶ 030501Ⓦ　030502▶　030503Ⓟ　030504　❷ 030505Ⓣ

墓等。这些洞穴往往埋藏在渠堤的深处，不易被发现，一旦渠内水位高时，很容易产生漏洞、跌窝等险情，导致渠道堤身的破坏。

5. 暗沟

在渠道的堤防施工时，由于局部夯压不实，或者存在施工缝，或用泥块进行填筑使渠堤内部存在着薄弱环节等，雨水或渠道内部水流渗入后，将会逐渐使其形成暗沟，当水位较高时，易产生塌坑或脱坡等破坏现象。

此外，隐患还有穿堤工程（如涵闸）回填部位接触渗漏、堤基渗漏以及内部裂缝等。

（二）渠道常见隐患的处理

隐患的存在对渠道危害极大，实际工作中，一般处理措施有灌浆法和翻修法两种。有时也可根据具体情况，采用上部翻修而下部灌浆的综合措施。如当渠道出现沉陷或深坑时，应在停水后进行锥探，查清隐患深度及范围，及时灌浆堵塞或重新翻修夯实。

1. 灌浆法

对于渠堤内部的蝼蚁穴、兽洞、裂缝、暗沟等隐患，当翻修难度较大时，均可采用灌浆的方法进行处理，可结合锥探进行。灌浆材料一般选用黏性土，灌浆时稠度和压力均要适当。常用的灌浆方式有两类，即重力式和压力式灌浆。前者可借助于钻头、木架等使浆液与孔间造成一定高差，依靠浆柱自身重力进行灌注；后者则是利用专门的灌浆机械施压进行灌注。

2. 翻修法

这种方法是当隐患查清后，即进行挖开并重新回填夯实。翻修法处理隐患是比较彻底的。但对于埋深较大的隐患，是否可以开挖，应进行分析论证。翻修法的开挖回填要求，除参考土坝裂缝的开挖处理方法外，还要注意以下几点。

（1）根据查明的隐患情况，决定开挖范围。开挖中如发现新的问题，必须继续开挖，直到开挖完为止，但不允许掏挖。

（2）当开挖深度较大时，应根据土质类别预留一定的边坡和台阶，以免造成渠道的崩塌。

（3）当渠道水位较高，特别是有防汛任务时，一般不得开挖，如遇特殊情况开挖时，应进行分析论证，采取一定的安全措施并报请上级主管部门批准。

（4）回填前，如开挖坑槽内有积木、树根等其他杂物时，要进行彻底清除。

（5）新旧土料结合处应刨毛压实，必要时可做结合槽，以保证结合紧密，防止产生集中渗流。

（6）填土要求。回填时，一般不要使用挖出来的土料，但如果挖出的土料经试验符合设计要求时，则可以采用。

二、渠道常见病害的处理

（一）渠道冲刷的处理

1. 冲刷产生的原因

渠道冲刷主要发生在狭窄处、转弯段以及陡坡段，这些渠段水流不平顺且流速较大，往往造成渠道的冲刷。具体原因主要是设计不合理、施工质量差和管理运用不善等。

2. 冲刷的处理

渠道冲刷问题应根据冲刷产生的原因，采取相应措施进行处理。

（1）因渠道设计问题，造成渠道流速超过渠道不冲流速，导致渠道冲刷时，可采取建跌水、陡坡、砌石护坡护底等办法，调整渠道纵坡，减缓流速，达到不冲的目的。

（2）渠道土质不好，施工质量差，引起大范围的冲刷时，可采取夯实渠床或渠道衬砌措施，以防止冲刷。

（3）渠道弯曲过急、水流不顺，造成凹岸冲刷时，根治办法是：如地形条件许可，可裁弯取直，加大弯曲半径，使水流平缓顺直；或在冲刷段用浆砌石或混凝土衬砌。

（4）渠道管理运用不善，流量猛增猛减，水流淘刷或其他漂浮物撞击渠坡时，可从加强管理入手，避免流量猛增猛减，消除漂浮物。

（二）渠道淤积的处理

1. 淤积产生的原因

渠道淤积主要是由于坡水入渠挟带大量泥沙所致，此外，有些灌区水源含沙量大，取水口防沙效果不好也会带来泥沙淤积。

2. 淤积的处理

（1）防淤。

1）在渠道设置防沙、排沙设施，减少进入渠中的泥沙。

2）改变引水时间，即在河水含沙量小时，加大引水量，在河水含沙量大时，把引水量减到最低限度，甚至停止引水。

3）防止客水挟沙入渠。如遇大雨、发生山洪，应严防洪水进入渠道，淤积渠床。

4）用石料或混凝土衬砌渠道。通过衬砌渠道，减小渠床糙率，加大渠道流速，从而增大挟沙能力，减少淤积。

（2）清淤。渠道产生淤积后，渠道过水断面减小，输水能力降低。因此，为了保证渠道能按计划进行输水，必须进行清淤。渠道清淤的方法，有水力清淤、人工清淤、机械清淤等。

1）水力清淤。在水源比较充足的地区，可在每年秋冬非用水季节，利用河流、水库或泉源含沙量很低的清水，按设计流量引入渠道，有计划有步骤地分段用现有排沙闸、泄水闸等工程泄水拉沙，先上游后下游，逐段进行，最后一段泥沙从渠尾排入河道中。在淤积严重的渠段，可辅以人工用铁锨、铁把等工具搅动，加强水流挟沙能力。有的渠道也常利用防洪、岁修断流时机，泄水拉沙，效果也较好。

2）人工清淤。人工清淤是我国目前运用最普遍的清淤方法。在渠道停水后组织人力用铁锨等工具挖除渠道淤沙。一般一年进行1～2次，北方地区在秋收后至土地冻结前进行一次，春季解冻后再进行一次；南方地区多与岁修结合起来进行清淤。人工清淤时应注意不要损坏渠道边坡。

3）机械清淤。使用机械清淤能节省大量的劳力，提高清淤效率。主要应具备以下条件：①沿渠要有通行机械的道路；②渠道植树应考虑机械清淤的要求；③泥沙堆积段比较集中，要具备处理措施。

机械清淤，主要是用吸泥船、挖土机、开挖机、推土机、塔式铲运装置等机械来清除渠道中的淤沙。

（三）渠道滑坡的处理

渠道滑坡多在深挖方地段发生，其主要原因有设计边坡过陡，地质条件较差，雨水渗入等。滑坡一旦发生，清理工作量很大，严重影响渠道的正常输水，因此，需做好滑坡地段的处理工作。

生产实际中处理滑坡措施较多，一般有排水、削载、反压、支挡、换填、改暗涵（或埋管），还可加对撑、倒虹吸、渡槽和改线等。

1. 排水导渗

排去地表水，疏干地下水是整治滑坡的首要措施，应根据不同情况采用不同的排水方法。

（1）拦截地表水。对滑坡体以外的地表水以拦截旁引为主，即在滑边界5m以外修筑环形截水沟，力求做到滑坡体外的水不再渗入滑坡体内。对滑坡范围以内的地表水，应以防止下渗和引出为准。首先要把滑坡体内的多种裂缝回填夯实，防止地表水继续下渗，然后利用滑坡范围内的自然排水沟或新建的排水沟，把地表水迅速汇集排出滑坡体外。

（2）排水导渗、防止入渗。为了防止滑坡范围以外的地下水渗入滑坡体内，常设置排水盲沟，将地下水导出滑坡体外。对滑坡外的排水，可以在坡面砌筑多种形式的导渗沟，或采用干砌石护坡，水泥砂浆勾缝，底层设反滤层或排水管。

2. 削坡减载

减小滑动力，是最基本的也是最有效的办法。对于浅层滑坡，可采取"削坡减载"的方法。一般采用削缓边坡，还可将上部削下土体反压在坡脚，从而达到稳定滑坡的目的。当削坡减压后仍不能达到稳定滑坡的目的时，常采用减载与支挡相结合的处理措施。

3. 支挡

在渠道已经塌方或将要塌方的地段，如受地形限制，单纯采用削坡方量很大时，则可根据具体条件，因地制宜采用多种支挡护坡措施。如加固坡脚砌挡墙，干砌护坡等。如渠道经过小溪岸坡，坡脚受洪水冲刷，可采用加固坡脚、浆砌石挡土墙，防止冲刷淘空；对渠道上侧滑坡可采用削坡减载重力式挡墙支挡的办法处理。另外，当渠床为基岩时，可采用拱式或连拱式挡墙处理滑坡等。

4. 暗涵（或埋管）

当过陡的边坡改为缓坡有困难时，可根据具体情况，分别采用暗涵、钢筋混凝土板加对撑或反拱底板加预制箱格挡土墙等办法处理，如图3-5所示。

5. 渡槽

山区渠道常在陡峻的山坡上开渠，往往容易产生山岩崩塌。因限于地形条件，要维护渠道稳定十分困难，可改建为渡槽输水。

（四）渠道防洪

1. 洪毁产生的原因

山丘区、洼地灌区，由于所规划的渠道通过的地段，打乱了原有的天然水系，截断了许多沟谷，沿渠线路将形成许多的小块积雨面积，遇有汛期，这些小块的集雨范围内会形成暴雨洪水，如果不及时处理，将造成山洪灾害，影响渠道的正常运用，甚至造成渠系工

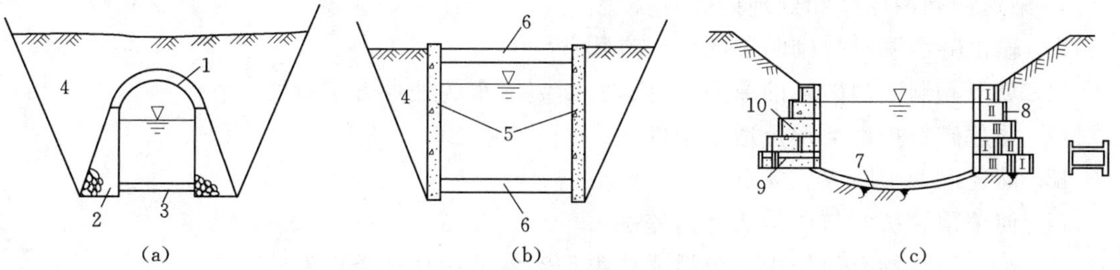

图 3-5　渠道滑坡处理示意图

(a) 暗涵；(b) 钢筋混凝土板加对撑；(c) 反拱底板加预制箱格挡土墙

1—顶拱；2—侧墙；3—底板；4—坡土回填；5—钢筋混凝土板；6—钢筋混凝土对撑杆；7—混凝土反拱底板；8—预制箱格；9—混凝土；10—砂卵石或贫混凝土埋块石

程的破坏。

2. 防洪措施

要做好渠道防洪，应着重解决以下问题：

(1) 复核渠道的防洪标准，对超标准洪水应严格控制入渠。

(2) 在渠道与河沟相交时，应设置排洪建筑物。傍山渠道应设拦洪、排洪沟槽，将坡面的雨水、洪水就近引入天然河沟。

(3) 加强渠道上的排洪、泄洪工程管理，保持排泄畅通。当渠道被洪水冲毁后，应及时进行修复。

(五) 渠道防风沙

在气候干旱、风沙很大的地区，渠道常会遭到风沙埋没，影响渠道正常工作。风沙的移动强度决定于风力、风向和植被对固沙的作用等，一般 3～4m/s 的风速，就可使 0.25mm 的沙粒移动。防止风沙埋渠的根本措施是营造防风固沙林带进行固沙。例如，在渠旁 50m 宽范围内，垂直主风向，营造林带，交叉种植乔木与灌木，可起到较好的防风固沙作用。此外，如当地有充足的水源条件，可引水冲沙拉沙，用水拉平渠道两旁的沙丘，也可减少风沙危害。

复习思考题

1. 隧洞和涵管的日常养护过程中，主要应注意哪些方面的问题？
2. 坝下涵管常见的病害有哪些？其产生的主要原因是什么？
3. 坝下涵管断裂漏水如何进行加固和修复？
4. 隧洞常见的病害有哪些？其主要原因是什么？
5. 喷锚支护有哪几种形式？灌浆锚杆的施工程序是什么？
6. 如何处理气蚀与磨损？
7. 渠道及渠系建筑物日常养护的内容有哪些？
8. 渠道防渗有哪些措施？各有什么特点？分别适用于什么情况？

9. 渠道冲刷的原因和处理措施有哪些？
10. 输水隧洞洞身衬砌断裂的原因有哪些？
11. 坝下涵洞断裂破坏的原因是什么？断裂漏水的处理方法有哪些？
12. 简述砌石护面类型及适用条件。
13. 简述混凝土防渗优缺点。
14. 何谓顶管法？与盾构法有何差别？
15. 落差建筑物有何作用？包括哪些类型？各适用什么条件？
16. 三合土护面防渗的三合土如何配制？
17. 土料防渗应包括哪些注意事项？
18. 混凝土护面防渗有哪些具体要求？
19. 塑料薄膜防渗应注意什么？
20. 如何加强渠系建筑物的日常养护？
21. 渠道防渗有何意义？
22. 渠道防渗的作用是什么？
23. 何谓滑坡？渠道滑坡如何处理？
24. 渠道冲刷的原因是什么？
25. 渠道检查的内容包括哪些？
26. 渠道控制运用的原则包括哪些？
27. 何谓水锤现象？管道水锤现象有何危害？
28. 环氧砂浆有何特点？在混凝土修补中有哪些优势？

项目四　泵站工程管理[1]

【学习目标】

通过本项目的学习，学生可以了解泵站建筑物的组成及布置要求，水泵的分类及工作原理；熟悉水泵的运行及维护的内容和要求；掌握泵站运行管理的内容。

任务1　泵站建筑物的组成及布置[2]

泵站可分为灌溉泵站、供水泵站和排水泵站。泵站即进水、出水、泵房等建筑物的总称，泵站建筑物应根据不同类型泵站的特点、灌排渠系布置、水文、气象、地形、地质及水源与能源等条件，在满足灌、供、排要求的情况下，进行合理布置，达到安全、高效、经济的目的。

一、泵站建筑物的组成与作用[3]

1. 进水建筑物

进水建筑物包括引水渠、前池、进水池等。其主要作用是衔接水源地与泵房，改善流态，减少水力损失，为主泵创造良好的引水条件。

2. 出水建筑物

出水建筑物有出水池和压力水箱两种主要形式。出水池是连接压力管道和灌排干渠的衔接建筑物，起消能稳流作用。压力水箱是连接压力管道和压力涵管的衔接建筑物，起汇流排水的作用，这种结构形式适用于排水泵站。

3. 泵房

泵房是安装主机组和辅助设备的建筑物，是泵站的主体工程，其主要作用是为主机组和运行人员提供良好的工作条件。排灌泵站泵房结构形式较多，常用的有固定式和移动式两种。固定式泵房按基础形式的特点又可分为分基型、干室型、湿室型和块基型四种。泵房基础与水泵机组基础分开建筑时称分基型泵房。泵房及其底部均用钢筋混凝土浇筑成封闭的整体，在泵房下部形成一个无水的地下室，称干室型泵房。若泵房下部有一个与前池相通并充满水的地下室，则称湿室型泵房。当用钢筋混凝土把水泵的进水流道与泵房的底

---

❶ 0400 Ⓦ　❷ 040101 Ⓦ　040102 ▶　040103 Ⓟ　040104　❸ 040105 Ⓛ

板浇成一块整体，并作为泵房的基础时，称块基型泵房。移动式泵房可分为泵船和泵车两种。泵房结构形式的确定，主要根据主机组结构性能、水源水位变幅、地基条件及枢纽布置，通过技术经济比较，择优选定。

二、泵站的建筑布置❶

排灌泵站的建筑布置因泵站的用途而有所不同。灌溉泵站站址通常选择在灌区较高处，使其控制面积最大，渠系及其建筑物布置方便，工程量小，投资省。当水源处岸坡平缓，水源和灌区相距较远且高程相差较大时，进水建筑物通常采用有引水渠道的布置形式；当水源处岸坡较陡，站址与灌区的距离及控制高程接近时，其进水建筑物常采用无引水渠道的方式布置。泵房应按防洪要求设计。

排水泵站站址一般选在地势较低的内湖或洼地出口处，使泵站能够排出较大区域的涝水。设计时应充分考虑自排，做到自排与提排相结合，这类泵站常采用闸（泵）站结合的方式布置。

排灌结合泵站有闸（泵）站分建式和闸（泵）站合建式两种布置形式。分建式布置是指闸（泵）站分开建筑，利用排水闸、灌溉闸、泄水闸等的联合运用，实现排灌结合。合建式布置是将闸（泵）站建筑在同一基础上，在泵房主泵流道的进出口外侧设置闸门，兼作自排泄水和灌溉引水的涵闸，利用闸门改变流向，进行灌排作业。这种方式比分建式工程紧凑，设闸（门）少，投资省，运用方便。

任务2　水泵的分类及工作原理❷

一、水泵的定义

一般将用于提升和输送水体的泵称为水泵。水泵是通过工作体的运动把外加的能量传递给被抽送的水体，使水体的能量增加，以达到提升或输送水体的目的。❸

水泵的用途很广，一般用于农田灌溉和排涝，城市和工业生产过程中的供排水。在水电站中，水泵主要用于供水和排水，使用的水泵类型主要是叶片泵。

二、水泵的分类

水泵的种类很多，最基本的分类方法是按水泵的工作原理，将其分为下列三大类。

1. 叶片式水泵

叶片式水泵是利用叶轮旋转时产生的离心力来工作的，由于其工作体是由若干弯曲状叶片组成的一个叶轮，故称为叶片式水泵。叶片式水泵按工作原理的不同，可分为离心泵、轴流泵和混流泵三种。叶片式水泵覆盖了从低扬程到高扬程、从大流量到小流量的广

---

❶ 040106Ⓛ　❷ 040201Ⓦ　040201▶　040203Ⓟ　040204　❸ 040205Ⓣ

阔区间，使用范围较宽，在排灌用泵中使用最多的是叶片式水泵。

(1) 离心泵按照泵轴的装置方式可分为卧式泵和立式泵；根据水流进入叶轮的方式可分为单吸泵和双吸泵；根据轴上安装叶轮的个数可分为单级泵和多级泵。

(2) 轴流泵按泵轴装置方式，可分为立式、卧式和斜式三种。其中，立式泵因其具有占地面积小（叶轮淹没在水中），启动方便，不易受潮（电动机安装在水泵上部）等优点而得到广泛应用。按叶片固定方式，轴流泵又可分为固定式、半调节式和全调节式。固定式轴流泵是将叶片和轮毂体铸在一起，叶片角度不可调，多用于小型轴流泵。半调节式轴流泵的叶片是用螺母固定在轮毂体上的，在叶片的根部刻有基准线，而在轮毂体上刻有若干相应的角度线，需要调节时，待停机后松开螺母，转动叶片到所需角度即可。全调节式轴流泵一般为大型轴流泵，其粗大的泵轴内可安装操作调节油管，轮毂内可布置叶片调节机构，在水泵运行中，可根据水位和流量的变化通过调节机构来改变叶片安放角度。

(3) 混流泵按结构型式可以分为蜗壳式和导叶式两种。

此外，叶片泵按照使用范围和结构特点分，还有长轴井泵、潜水电泵、水轮泵等。长轴井泵具有长传动轴，泵体潜入井中抽水。根据扬程的不同，又分为浅井泵、深井泵和超深井长轴泵。潜水电泵的泵体与电动机联成一体潜入水中抽水。根据使用场合不同，又分为作业面潜水电泵、深井潜水电泵。水轮泵是用水轮机作为动力带动水泵工作的，它直接利用可再生的水利资源就地提水，按使用水头与结构特点分为低、中、高水头轴流式水轮泵和低、中、高水头混流式水轮泵。

2. 容积式水泵

容积式水泵是利用工作室容积的周期性变化输送液体的。容积式水泵又分为往复式水泵和回转式水泵两种。往复式水泵利用柱塞在泵缸内作往复运动来改变工作室的容积而输送液体，例如拉杆式活塞泵靠拉杆带动活塞作往复运动进行提水。回转式水泵是利用转子作回转运动来输送液体的，例如单螺杆泵是利用单螺杆旋转时与泵体啮合空间（工作室）的周期性变化来输送液体的。

3. 其他类型水泵

其他类型水泵是除叶片式泵和容积式泵以外的特殊泵型，习惯上称为其他类型水泵。在灌排泵站中有射流泵、水锤泵、气升泵（又称空气扬水机）、螺旋泵、内燃泵等。其中，除螺旋泵是利用螺旋推进原理来提高液体的位能外，其他各种泵都是利用工作流体传递能量来输送液体的。

三、离心泵的工作原理

离心泵的种类很多，但工作原理都基本相同，结构大同小异。其主要构件为高速旋转的叶轮和固定不动的泵壳（也称蜗壳或蜗形壳）。叶轮为直接对液体做功的部件，上面有3～12片向后弯曲的叶片，泵壳为一蜗形转能装置。开动前泵壳内须先充满液体。叶轮旋转后，叶轮中的液体在叶片的推动下获得一定的动能和压力能，以较高的速度自叶轮中心流向叶轮四周，并经扩散室流入排液管。叶轮内的液体向外流动时，叶轮的中心部位就形成了一定的真空，大气压力作用于贮液池的液面，使液体经吸入管上升而流入叶轮。这样，就使液体连续地进入水泵，并使泵中获得必要的压头，然后从排液口排出。

离心泵之所以能输送液体，主要是依靠高速旋转的叶轮，液体在惯性离心力的作用下获得能量以提高压强。但应注意以下几点：

（1）离心泵无自吸能力，在启动前必须向泵壳内灌满液体，以防发生“气缚现象”。

（2）吸入管路安装底阀的作用是，防止启动前灌入的液体从泵内流出。

（3）进口滤网可以阻挡液体中的固体颗粒被吸入而堵塞管道和泵壳。

四、轴流泵的工作原理

轴流泵是叶片泵的一种。它输送液体不像离心泵那样沿径向流动，而是沿泵轴方向流动，所以称为轴流泵。又因为它的叶片是螺旋形的，很像飞机和轮船上的螺旋桨，所以有的又称为螺旋桨泵。

轴流泵根据泵轴安装位置可分为立式、斜式和卧式三种。它们之间仅泵体形式不同，内部结构基本相同。我国生产较多的是立式轴流泵。立式轴流泵的内部结构，主要由泵体、叶轮、导叶装置和进出口管等组成。泵体形状呈圆筒形，叶轮固定在泵轴上，泵轴在泵体内由两个轴承支承，泵轴借顶部联轴器与电动机传动轴相连接。

叶轮一般由2～6片弯曲叶片组成，形状和电风扇叶片相似，有扭曲。叶片的结构有固定的和螺旋角可以调节的两种。可调节叶片又有半调节式和全调节式的两种。半调节式的叶片是可拆装的，改变角度需要把叶片松开用手工调节；全调节式的是通过一套专门的随动机构自动改变叶片的角度。大型轴流泵的叶片大多为全调节式的。

导叶装置外形呈圆锥形或圆柱形，一般装有6～10个导叶片。导叶装置的作用是使从叶轮出来的液体流经导叶片所构成的流道后增加压力，提高泵的效率。进口管为喇叭形的。出口管道通常为60°或90°的弯管，其作用是改变液体流出的方向。

轴流泵的工作原理是：轴流泵输送液体不是依靠叶轮对液体的离心力，而是利用旋转叶轮叶片的推力使被输送的液体沿泵轴方向流动。当泵轴由电动机带动旋转后，由于叶片与泵轴轴线有一定的螺旋角，所以对液体产生推力（或叫升力），将液体推出从而沿排出管排出。这和所示的电风扇运行的道理相似，靠近风扇叶片前方的空气被叶片推向前面，使空气流动。当液体被推出后，原来位置便形成局部真空，外面的液体在大气压的作用下，将沿进口管被吸入叶轮中。只要叶轮不断旋转，泵便能不断地吸入和排出液体。

任务3 水泵的运行管理❶

一、水泵的运行管理

（一）水泵的运行要求

（1）长期停用的水泵，投入供排水作业前，一般应进行试运行。

❶ 040301Ⓦ 040302▶ 040303Ⓟ 040304

（2）运行中不能有损坏或堵塞叶片的杂物进入泵内，不允许出现严重的气蚀和振动。

（3）轴承、轴封的温度必须正常，润滑和冷却用的油质、油位、油温和水质、水压、水温都要符合要求。

（4）水泵运行中，管道（流道）上不允许有进气和漏水现象。

（5）泵房内外各种监测仪表和阀件等均应处于正常状态。

（6）根据泵站运行工况的变化和供排水要求，应对水泵进行合理地调节，以实行经济运行。❶

（二）水泵运行前的准备与检查

安装完毕或经过检修以及长期停运后的水泵，在运行前应作好下列各项准备与检查工作，确保水泵各部件都处在正常的良好状态下，方可开机运行。

（1）按照安装或检修的质量标准，检查验收各项技术数据应符合规定要求。

（2）值班运行常用的工具（扳手、螺丝刀等）应准备齐全，并放在固定、明显的地方，以便随时取用。

（3）清理抽水机组现场，擦去水泵外部的油泥、灰尘，传动装置附近不应放置其他物品。有皮带轮的，轮上的油泥必须擦尽，以防传动带打滑甩转或脱落。

（4）检查进水池吸水管的支撑是否稳定，拦污栅应完整无缺。并清除进水池内的杂物，以防开机后，杂物吸入泵体减少出水量或打坏水泵的部件。

（5）检查水泵、动力机的底脚螺栓是否拧紧，靠背轮与各个管道的连接法兰螺栓是否松动掉落。离心式水泵的吸水管道的各连接处应无漏气现象。

（6）盘车检查。用手转动靠背轮或皮带轮时，转动松紧均匀。水泵不应卡死，否则应检查填料压盖螺栓的松紧，有无其他摩擦卡住的地方以及泵体内是否进入异物。

（7）检查填料函内的盘根是否硬化变质，引入填料内的润滑水封管路有无堵塞。

（8）检查水泵轴承的润滑油脂是否充足干净，用机油润滑的轴承，油位应正常。用黄油润滑的轴承油量不能太多或太少，其用量以占轴承室体积的1/2～2/3为宜，但机组盘车转动时，应倾听轴承有无杂音。查看滑动轴承油环是否转动带油。

（9）出水拍门与出水闸阀关闭应严密，并灵活可靠。开机前出水闸阀的位置是：离心式水泵的出水涵阀应关闭，装有出水闸阀的轴流泵应开启。

（10）检查水泵各部分的冷却管道是否水流通畅，冷却管道上的阀门是否灵活，装有真空表、压力表时，其表针指示应在“0”位。

（11）对于新安装的机组，在第一次启动时，务必检查动力机旋转的方向是否与水泵旋转方向一致，特别是轴流泵机组必须判明动力机的旋转方向与轴流泵的旋转方向相符后，方可连接传动装置。

---

❶ 040305Ⓣ

（三）水泵的运行

1. 开机步骤

当以上准备与检查工作结束并符合运行条件时，即可开机运行。离心式水泵，当泵壳充水后，应立即启动动力机，与此同时可慢慢将出水闸阀开启，机组即投入运行。轴流泵只要加水润滑橡胶轴承后即可启动机组。

2. 水泵运行中的监视与维护

水泵运行中的监视维护工作十分重要，通过经常性的监视可以发现水泵可能发生的故障，并及时加以维修处理。对于水泵运行中的监视，应按照运行的规定项目，监视流量、扬程、压力、真空区、温度、振动等参数。

（1）水泵投入运行后，首先必须监视其运行是否平稳，音响是否正常。如果发现有过大振动或不正常的碰击音响时，应停机检查。

（2）检查水泵的出水情况。非淹没式的出水管口，可察看其水流是否满管，出水是否平稳。淹没式的出水管口，应以没有气泡冲动与轰轰响声为好。在运行工况发生变化的情况下，应及时进行水泵的出水量测定工作，以便积累资料，分析比较水泵的运行效率，使水泵尽可能在高效率范围内运行。

（3）检查离心泵填料函水封情况。正常运行的水泵，要求水封良好，其填料压盖的松紧程度，以每分钟渗漏水量30～40滴为宜。滴水过多时，说明盘根磨损，填料压盖过松，起不了水封作用，空气易于进入水泵体，破坏真空，致使水泵效率降低，减少抽水量。滴水过少或不滴水，说明填料压盖过紧，此时虽暂时水封良好，但填料函内的盘根受压，挤紧泵轴，使润滑冷却条件变坏，盘根极易磨损发热，变质损坏。同时泵轴被咬紧增加了机械磨损，使机组的功率损失增大。填料函的水封作用，是将有压力的清水经过引水管通入函内的“水封环”中，在泵轴与盘根接触面之间形成水环，以阻止外界空气进入水泵内，当引水管道堵塞时，也会失去水封作用。因此，对填料函水封作用的监视，应经常触摸填料压盖温度以不烫手为宜，并调节压盖的松紧，使滴水适量。

（4）监视轴承的温度和润滑油的油质、油位。经常触摸轴承外壳是否烫手，如果太烫，手背不能久触，就证明轴承温度过高。水泵轴承温度过高时，润滑油质分解，摩擦面油膜被破坏，润滑失效，至使轴承温度更趋升高。严重情况下，合金瓦面熔化，引起烧瓦或滚动体破裂，造成轴承咬死，甚至发生断轴事故。因此，必须对运行水泵的轴承温度进行测量监视，其允许温度为：滑动轴承不得超过70℃，滚动轴承不得超过95℃。对轴承的润滑油质、油量以及润滑装置情况，例如油环是否转动灵活，油管、油眼是否堵塞等，也应经常注意观察。轴流泵的橡胶轴承采用水泵自身的压力水进行冷却润滑，一般在水流不中断，水质基本清洁的条件下，不会产生温升过高的现象。运行中对上橡胶轴承的监视只要察看并调节上填料压盖的螺栓，有滴水甩出即可。

（5）注意真空表，压力表读数是否正常。离心泵的吸水口处，装有真空表，用来测定水泵吸水口处的真空度，以水银柱高的毫米表示，未开机时真空表的指针是零点，表示水泵里外均处在大气压力作用下，吸水口处的真空度等于零。开机后真空表的指针逐步偏摆到一定位置后，就不再移动，表示吸水口处的真空区已稳定。

压力表装在水泵的出水口处，用来测定出水口处的压力，以MPa示。开机前压力表的指针在零位，表示里外压力相等。开机后压力指针即上升。

运行中如果压力表、真空表的数值发生突然变动，应检查原因设法消除。

在一般情况下，真空表的读数忽然下降，一定是漏气；指针读数摆动，很可能是进水池水位降落过低或进水管口被堵塞。尤其是带底阀装置的水泵，往往遇到滤水孔被柴草塞，而造成水泵出水量减少或抽空停机。

压力表指针摆动范围过大，也说明水泵运行不稳定。通常在压力表的读数突然下降时，很可能是动力机转速降低或泵体吸入气。此时，应注意检查进水管道，填料函等处有无漏气现象，加以处理。否则，出水量会减少，严重时甚至不出水。

（6）注意进出水池的水位。特别是进水池的水位应保持在设计水位以下当进水池水位降得过低时，进水口产生涡流，可能把空气吸入泵内，对水泵运行非常不利。对于拦污栅前的柴草杂物也应经常打捞，以防止吸入泵内。

（7）冬季运行应采取防冻措施，注意泵壳，管道不被冻塞破裂，保证水流畅通无阻。

（8）在监视与维护工作中，要注意安全。禁止对正在运行的水泵进行任何校正或修理；禁止在转着的部件上或在有压力的管道上拧紧螺栓。运行值班人员应经常保持抽水机站内外的清洁卫生。

3. 停机步骤

（1）离心式水泵在停机时，应先将真空表，压力表关闭，再关闭出水闸阀。待闸阀关闭到接近死点位置，使动力机处于轻载状态下，再停止动力机的运转。如装有冷却润滑水封管路的，停机后也应将该管路的控制闸阀一并关闭。

（2）轴流式水泵在停机时，只要停止动力机的运转，水泵也就停机了。然后关闭轴承润滑及冷却水阀门。

4. 停机后注意事项

（1）整理现场，水泵表面的水渍，保养工具设备，对于流动性的抽水机组将它们拆下用钢丝刷把铁锈擦刷干净，抬回室内保存。

（2）固定式的抽水机组，没有装设出水拍门的管口，应临时加盖封口，防止杂物掉入管道泵体内。注意的是大口径的出水管道出口要防止小孩子玩耍出现危险性。

（3）停机后，如短时期内不再继续开机，应打开放水螺栓或放水阀门，将泵体与管道中的积水放净，以防尘锈。特别是冬季停机后，应及时放去泵体与管道中的积水，防止结冰，冻裂设备。

（4）对于皮带传动的抽水机组，应把皮带拆下擦干净后，挂在干燥的地方，不要与油脂接触，以防腐蚀，缩短使用寿命。

（5）将拆下来的螺丝洗净，涂上废机油或浸泡在废柴油内保存。

（6）针对水泵在运行中的使用情况与存在的问题，应利用停机间隙，适当安排维修，长期停机时，可进行水泵的大修检查。

二、水泵的运行故障与处理

运行中的水泵可能会发生这样那样的故障，如不及时排除，则故障蔓延扩大，将会导致损坏部件，影响正常排水。水泵发生故障的原因很多，如空气的漏入，轴心不正，叶轮中吸有杂物等。这些情形，可由水泵的振动，动力机的过负荷，出水量的减少以及真空表，压力表指针的失常表现出来。[1]

（一）水泵的运行故障原因与处理方法

处理水泵故障首先要正确判断产生故障的原因，然后针对性地采取必要的处理方法。

1. 离心泵常见故障现象、原因及排除方法

离心泵常见故障现象、原因及排除方法见表4-1。

表4-1　　离心泵常见故障现象、原因及排除方法

故障现象	产生原因	排除方法
不排液，出口压力表指针剧烈跳动	启泵前注液不够，未将泵腔内液体排净；进口过滤器堵塞，供液不足；进口段或仪表接头处漏气	重新注液排气；清洗过滤器；将进口阀门完全打开；拧紧或堵塞泄漏处
出口有压力，但不排液	系统压力过高，出口阻力太大；叶轮流道淤塞；转速不够；旋转方向不对	检查疏通出口；适当打回流；清洗或更换叶轮；提高转速
流量达不到额定值	泵内液体流道堵塞；密封口环磨损严重；转速过低	疏通流道；更换口环；提高转速
能耗超标	调料压盖太紧，填料函发热；叶轮磨损严重；排量超标	调节填料压盖螺丝或更换填料；更换叶轮；控制排量
内部声音异常；振动剧烈；轴承过热	机泵和电机不对中；轴承磨损超标；润滑油变质	重新找正，维修轴承；清洗油室、油路，更换润滑油
平衡压力落零；平衡室发热；能耗异常上升	排量严重超标，平衡失效，平衡盘与平衡板产生研磨	调节排量至额定值；检修平衡机构
中段等处密封不严	穿杠螺丝松或松紧不均；泵段结合面损坏	停泵紧固杠螺丝；研磨泵段结合面

2. 轴流泵常见故障现象、原因及排除方法

轴流泵常见故障现象、原因及排除方法见表4-2。

（二）处理水泵故障时注意事项

（1）当发生水泵的一般运行故障时，应尽可能不停机，以便在运转过程中检查观察故障情况，正确分析产生故障的原因。

（2）检查故障时，应有计划、有步骤地进行，因水泵运行时的故障影响因素多，所以应先检查容易发生容易判断的故障原因，然后再检查比较复杂的故障原因。

（3）在进行不停机的故障检查时，应注意安全，只允许进行外部的检查，听音手摸均不能触及旋转部分，以免造成人身事故。

---

[1] 040306Ⓣ

表 4-2　　轴流泵常见故障现象、原因及排除方法

故障现象	产生原因	排除方法
启动水泵后不出水	原因：叶轮的转向不对或转速过低；卧式进水管路漏水；固定叶轮的螺帽松脱，叶轮脱落在水中；叶轮浸入水中深度不够；叶轮中有污泥杂草堵塞	排除方法：调整水泵的转向，并检查降低转速的原因，加以清除；清除管路漏水，确保密封；停车检查并装好叶轮再启动；应设法调整，加大叶轮淹没深度；停车消除杂物后再启动
水泵出水量不足	原因：叶轮装得偏高，淹没深度不够，进水条件不好，水泵出水扬程偏高等；活页式轴流泵的叶片安装角度不对；叶轮的外缘与叶轮处泵体之间的间隙过大；水泵没有达到额定转速；叶片局部被水草等杂物堵塞	排除方法：按照厂家的规定进行改装，改善工作条件；检查并调整叶片角度；更换叶轮或叶轮外泵体段，或采取补焊措施；更换电机，若是带传动则要改变水泵或电机胶带轮，使水泵转速提高到额定值；停车清除杂物
动力机超负荷	原因：动力机选配不合理；轴承磨损后，叶轮在旋转时与泵壳可能有摩擦，泵轴弯曲；活叶式轴流泵的叶片安装角度不对；所选动力机转速偏高轴功率增大；出水扬程过高或管路上闸阀没有全打开	排除方法：选配合适的动力机；修理或更换轴承或泵轴；调整叶片角度，到不超载为止；更换动力机或更换叶轮，使水泵转速降低到额定值；更换水泵或打开管路上的闸阀
水泵在运行中有振动和响声	原因：水位过低造成叶轮淹没深度不够，部分空气进入泵内；部分叶片已损坏，运转时产生不平衡；基础不稳或地脚螺栓松动；联轴器与泵轴的配合太松或联轴器销钉松动；橡胶轴承用久磨损后，运转时产生摇摆振动；进水池太小，几台水泵的吸入管装得太密；水泵安装质量较低，泵轴不垂直	排除方法：增加淹没深度，在进水池水面上加盖木板；更换叶轮；加固基础或拧紧地脚螺栓；更换联轴器或停车拧紧螺丝；更换橡胶轴承或在轴承接触处喷镀硬铬；加大进水池，重新排列水泵的位置；重新校正泵轴

（4）水泵的内部故障，只有在不拆卸机件不能完全判明时，才拆卸机件进行解体检查。在拆卸检查的过程中，应测定有关配合间隙等技术数据，并提出改进措施。

（5）对于突如其来的严重的水泵运行故障，例如由于水锤压力作用，打坏出水管道或逆止阀摇臂等事故。此时，值班人员应沉着冷静，迅速无误地停止动力机的运转，尽可能地防止事故扩大，确保人身、设备安全。

三、水泵的检修

做好水泵的定期检修工作，可以及时排除水泵的缺陷，保持水泵良好的技术状态，延长使用寿命。泵站除对水泵进行日常维护管理外，在排灌季节结束后应进行一次小修，经过一段时间的运行进行大修。

小修是指不拆卸水泵转轮，对水泵进行小的保养，对易磨、易损零件进行清洗检查，维护修理和更换调试等。

（1）小修周期。经过一个排灌季节的运行，一般累计运行1000小时后，如果水泵运转正常，效率没有显著降低，则可不必将水泵全部拆卸，仅进行水泵小修。

（2）小修内容。一般包括以下内容：①检修并清洗轴承、油槽、油环，更换润滑油或对轴承进行修补。检查轴流泵橡胶轴承磨损及轴和轴承的间隙，必要时更换橡胶轴承。②处理或更换变质硬化的填料。③检查轴流泵叶片及叶轮外壳气蚀与磨损情况，并测定其间隙，必要时进行修补。④检查并调整离心泵和混流泵叶轮、口环间隙，检查叶轮松动情况

或修补损坏的叶轮。⑤检查并紧固水泵及传动装置各部分的连接螺丝。

任务4 泵 站 运 行 管 理[1]

一、泵站运行管理的目的

泵站运行管理的目的是既要确保人员、设备安全，又要保证机组安全可靠、高效率、低成本地运行，充分发挥设备的综合效益。因此，要做好泵站的管理工作，必须不断积累和学习先进的管理经验，建立健全科学合理的规章制度。[2]

二、泵站运行管理的任务和内容

泵站运行管理的任务和内容包括组织管理、设备管理、用水管理、财务管理、工程管理等。

1. 组织管理

因水泵站的性质、规模不同，所以管理人员的组成也不相同。一般的水泵站通常应设站长、技术员、运行班长与值班员四个职位，建立严格的岗位责任制，管理人员应各负其责，相互配合，并相互协调工作。

泵站开、停机必须严格按照安全操作规程执行，严禁违章操作或误操作，确保机组经常处于良好的工作状态，进而安全运行。

2. 设备管理

水泵机组安装投入运行后，都要建立管理档案，经常根据管理档案进行定期检查。档案中应记录泵及配套动力机的购入时间、制造厂家及各主要工作参数及检查、修理情况。

另外，泵站应有运行日志，记录开机、停机时间，电力或油料消耗，机组维修保养情况，水位和扬程的变化情况。应定期对运行日志记录情况进行分析，以做到预防性管理。

3. 用水管理

泵站应提高用水的管理水平，做到合理调度、节约能源，充分发挥设备效益。应制定科学合理的用水管理制度，实现计划用水。

4. 财务管理

泵站应用经济手段管理，搞好经济核算，加强经营管理，努力降低成本，开展多种经营，合理组织收入，做到自给有余。

5. 工程管理

工程管理的任务是保证泵站建筑物、输水渠（管）道处于良好的状态，并注意改善和

---

[1] 040401 Ⓦ　040402 ▶　040403 Ⓟ　040404 ◎

[2] 040405 Ⓣ

维护工程设备，绿化环境，达到控制灵便、工程设备配套齐全的要求，充分发挥工程效益，延长使用寿命。

三、泵站运行管理制度

建立健全科学合理的泵站运行管理制度是充分发挥泵站作用和提高泵站效率的重要一环。制度的合理与否取决于制度是否切实可行，是否有利于管理、有利于生产。管理制度的制定，必须从实际出发，认真做好调查研究。各地区可结合泵站设备的具体情况和运行规律，制定必要的安全操作规程和交接班制度等。

1. 运行维修制度

运行维修制度包括开停机制度、值班巡视制度、检查维修制度等。开停机制度主要包括机组的开机程序、停机程序与临时停机程序，以及有关的要求和规定等；值班巡视制度主要包括机组运行后，值班人员应尽的职责和必须遵守的各项规章制度等；检查维修制度主要包括对机组进行维修及全面检查时应遵循的原则和规定等。

2. 定期检查制度

定期检查制度以确保机组经常处于良好的工作状态。①每天检查的项目：轴承温度；水泵进、出口的压力，填料函的渗漏，动力机的输入功率及运行状态；声音是否正常，是否有振动和噪声。②每月一次的检查项目：泵与动力机之间传动设备的状态，润滑油是否变质，填料和轴套的情况；对于潜水泵应测定水中电动机的绝缘电阻。③春季运行后或每年一次的检查项目：机组转动部分的磨损状态；泵壳内部和叶轮的气蚀状况，底阀和逆止阀是否完好，密封环等转动部位的间隙情况；潜水电泵应提出水面进行全面检查，电力排灌站电气部分应全面检查试验。

3. 交接班制度

交接班制度的建立主要是为了加强工作人员的组织性、纪律性，增强其工作责任心。其主要内容包括交接班时间、交接班时的工作转接要求、对接班人员的要求、对交班人员的要求及责任划分等。

4. 安全生产制度

安全生产制度是保证安全生产的前提条件，泵站所有工作人员都应严格遵守。其内容主要包括：带电和转动部分的保护，限制非管理人员进入泵房，高压电气设备的安全操作与劳动保护，开关控制设备的正确操作顺序，值班人员的精神状态与健康状况等。

复习思考题

1. 泵站建筑物的组成与作用是怎样的？
2. 离心泵的工作原理是什么？
3. 轴流泵的工作原理是什么？
4. 水泵运行前准备与检查的内容有哪些？
5. 水泵运行中的监视与维护的内容有哪些？

6. 离心泵常见故障现象、产生原因及排除方法有哪些？
7. 轴流泵常见故障现象、产生原因及排除方法有哪些？
8. 泵站运行管理的任务内容和包括哪些？
9. 泵站运行管理的制度有哪些？

项目五　堤防工程管理[1]

【学习目标】

通过本项目的学习，学生可以了解堤防工程管理的任务和内容，堤防工程检查养护的内容和要求；熟悉堤防工程常见病害的处理方法；掌握堤防工程规范化管理、信息化管理的内容。

任务1　堤防工程的特点及其管理的任务和内容[2]

一、堤防工程的特点[3]

堤防在我国有着悠久的历史，是江河防洪工程体系中的主力军。我国现有各类堤防28万余km，其中主要堤防约8.2万km，保护着近4.8亿亩耕地和近5亿人口，是我国防洪安全的主要屏障，对防御洪水灾害，保障人民生命财产的安全，发挥了巨大作用。

我国对长江、淮河、海河等主要江河进行了河道治理，每年仅长江的护岸治理就达200km。对淮河和海河还扩大了入江、入海通道。

但总体上我国江河堤防的防洪工程标准普遍偏低。目前长江流域只有荆江河段可以防御百年一遇的洪水。

堤防和土坝都是由散粒体土料经过碾压堆筑而成的。但堤防与土坝又有许多不同点，不仅因为堤防分布范围广，同时具有以下特点：

(1) 地质条件不如土坝好。

(2) 堤身较长，施工质量差。

(3) 水流条件不同。堤防主要是防御流动的洪水，由于江河水位的涨落，一般不易控制，常会引起迎水坡和滩地的冲刷甚至崩塌。

(4) 经历一次洪峰，堤防和土坝的入渗条件及浸润线不同。经历一次洪峰，由于水位滞留时间短，入渗距离在堤防中不如在土坝中长，但渗透坡降大。如果堤身过于单薄、施工质量又差时，这种渗流会给堤防带来严重后果。

---

[1] 0500 Ⓦ

[2] 050101 Ⓦ　050102 ▶　050103 Ⓟ　050104

[3] 050105 Ⓛ

（5）大部分堤防绵延于旷野，易遭虫兽等损害。

需要注意的是，修筑堤防也可能带来一些负面影响。如河宽束窄后，水流归槽，河道槽蓄能力下降，河段同频率的洪水位抬高；筑堤后还可能引起河床逐年淤积而水位抬高，致使堤防需要经常加高，而堤防的持续加高又意味着风险的增大。例如，当前荆江大堤临背河高差达到16m；黄河曹岗河段大堤临背河高差也达12～13m。这些情况，在堤防工程规划设计和除险加固时必须认真对待。

总之，堤防施工接头多、地质条件差，延伸距离长，薄弱环节多，其防汛抢险任务比水库更重要。[1]

二、堤防工程管理的基本任务和内容[2]

堤防工程管理的基本任务是：确保所管堤防工程的完整性和安全运行，合理利用水资源，充分发挥工程效益，不断提高管理水平。

堤防工程管理工作内容主要包括：①贯彻执行上级主管部门的要求和有关技术规范和规程；②制定和完善所管工程各项规章制度，并贯彻执行；③及时掌握水情、雨情、工情；④开展对工程检查监测，并及时分析研究，掌握工程状态；⑤实施养护管理，消除工程缺陷和隐患，确保工程完好与安全；⑥做好防汛、防冻的各项工作和落实各项责任制；⑦做好依法管理和安全管理工作；⑧做好档案归档与管理工作；⑨开展科学研究和技术革新，积极推广应用新技术，不断提高管理水平，推进堤防管理现代化建设；⑩加强职工教育和业务培训，不断提高职工队伍素质。

任务2　堤防工程的检查养护[3]

一、堤防工程的检查

堤防工程检查范围应包括堤防工程管理范围和保护范围。堤防工程管理范围一般包括堤防及临背水护堤地、堤岸防护工程及其管理用地、交叉连接建筑物、管理设施的建筑场地和管理用地及管理单位生产、生活区用地等。堤防工程保护范围又称堤防工程安全保护区，系根据堤防的重要程度、堤基土质条件等，在堤防工程管理范围的相连地域依法划定的堤防工程安全保护区域。在堤防工程保护范围内，禁止从事影响堤防工程运行和危害堤防工程安全的爆破、打井、采石、取土等活动。[4]

（一）堤防工程检查分类

堤防工程的检查应包括外观检查和内部探测检查，按类别可分为经常检查、定期检查、特别检查和不定期检查。

[1] 050106 Ⓣ
[2] 050107 Ⓛ
[3] 050201 Ⓦ　050202 ▶　050203 Ⓟ　050204 ⊙
[4] 050205 Ⓣ

1. 经常检查

河道管理单位的日常工作检查。经常检查主要指外观检查，河道管理单位应对所管堤段每1～3d检查一次；堤防工程的基层组织（班、组、站、段）应每10d左右检查一次；堤防工程的管理单位应每1～2个月组织检查一次。具体频次根据堤防的重要性、所处位置及其运行状态等因素确定，汛期应根据汛期增加检查次数。经常检查主要包括堤身、堤基、排水沟、护堤地、埽坝、矶头、护坡、导渗沟、压浸台、涵闸及沿堤设施等，发现问题及时处理。

2. 定期检查

河道管理单位定期组织的检查。每年汛前、汛后、大潮前后、有凌汛任务的河道在凌汛期，都要按有关规定进行普查，必要时可请上级主管部门派人员参加。汛前检查应重点围绕安全度汛做好防汛准备。汛后检查重点是汛期出现的问题，据以拟定岁修工程计划。凌汛期应着重检查沿河边封、流凌和冰块封堵等情况，特别是河道卡口和弯道处更应注意有无形成冰坝的危险。

3. 特别检查

遭遇非常情况组织的检查。如当发生特大洪水、暴雨、台风、地震、工程非常运用和发生重大事故等情况时，管理单位应及时组织力量进行检查，必要时报上级主管部门及有关单位参加。检查项目及处理情况要报上级主管部门。暴雨、台风、洪峰前，着重检查防雨、防台风、防洪的准备情况。暴雨、台风、地震、洪峰过后着重检查工程有无损坏，并检查防汛器材动用、补充以及防汛队伍休整等情况。

4. 不定期检查

堤防工程管理单位还应不定期对险工、险段及重要堤段进行堤身、堤基探测检查或护脚探测。

（二）堤防工程检查方法

堤防工程检查，一般以外形察看为主要方法，通过看、听、摸了解工程、设施的完好情况，必要时使用相应的仪器、工具。

内部探测技术和设备种类较多，有的比较成熟，有的尚在试验阶段。锥探法和地球物理方法是堤防内部探测的常用方法。锥探法是以人工或机械的方式，沿布设断面或测点，通过探杆探测根石深度的方法；地球物理方法包括直流电阻率法、自然电场法、瞬变电磁法、探地雷达法、拟流场法、弹性波法、温度场法、同位素示踪法等。用于堤防工程内容内部探测的应是适合本地区实际情况且比较成熟的技术和设备，并符合《堤防隐患探测规程》（SL 436—2023）的相关规定。

堤防是挡水的土工建筑物，它的安全条件和土坝一样，一般的检查内容、养护内容和修理方法也与土坝大致相同。

二、堤防工程的养护

堤防的养护，除参照土坝的养护外，还应注意以下各点。

1. 预留护堤地

堤防两侧多是沿河群众从事生产建设活动的地方，有些活动如取土、挖沟等常使堤防遭受破坏。为此应根据当地政府的规定在堤防两侧划出一定宽度的保护地，作为保护堤防的范围。

2. 植草护坡

在堤坡植草、保护地植树既是保护堤防、防风、防雨、防浪的重要措施之一，又是综合经营的主要项目，应禁止破坏。

3. 禁作他用

禁止在堤防及规定的范围内取土、挖窖、放牧、耕耘、堆放杂物等危害堤防完整和安全的活动。例如在临水坡外挖沟、建窑，将破坏地表的铺盖层，在汛期高水位时，易发生流土、管涌、渗水等险情。

4. 交通限制

堤顶行车应予控制，履带拖拉机、铁木轮车等损坏堤顶平整的交通工具一律禁止通行；下雨及堤顶泥泞期间，除防汛抢险和紧急军事专用车辆外，其他车辆一律不准在堤上通行。堤顶一般不作公路使用，如需要时应经上级批准后方可使用。

5. 消除隐患

当堤身有蚁穴、兽洞、坟墓及窑洞等隐患时，应及时开挖回填或用灌浆等方法处理。

6. 确保行洪能力

必须严格遵守河道管理的各项规定，以维持河道泄洪能力，防止对堤防造成威胁。一般要求如下。

（1）严禁在河道内任意拦河打坝、筑坝挑流、修筑道路、鱼塘等。如确实需要，应事先报请上级领导部门批准。

（2）禁止向河内倾倒垃圾、废渣等物，防止堵塞河道和引起河道污染。河道内的杂草、芦苇及妨碍行洪树木以及损伤闸坝工程的漂浮物等，均应彻底清除。

（3）在河道上修筑桥梁或码头时，必须保证不影响泄洪能力，并报请上级主管部门同意后方可兴建。

（4）禁止在河道内或行洪区、蓄洪区内任意围筑圩垸。

任务3 堤防工程的病害及处理❶

一、堤防隐患的类型

堤防常见的隐患较多，必须高度重视，❷通常有下述几种。

1. 动物洞穴

害堤动物有狐、獾、鼠等，其洞穴直径一般为10～50cm，洞身纵横分布，有的互相连通或横穿堤身，形成漏水通道，危害堤防。

---

❶ 050301Ⓦ 050302▶ 050303Ⓟ 050304 ❷ 050305Ⓣ

2. 白蚁巢穴

白蚁巢穴不但有直径0.8～1.5m的主巢，而且周围还有许多副巢。副巢有四通八达的蚁路，有的甚至横穿堤身。水涨时水沿蚁路浸入堤身，即形成漏洞，引起塌坑，常常由此导致堤防决口。

3. 人为洞穴

主要有排水沟、防空洞、藏物窖、宅基、废窑、废井、坟墓等，这些洞穴往往埋藏在大堤深处，汛期一旦临水，很易发生漏洞、跌窝而引起堤身破坏。

4. 暗沟

修堤局部夯压不实，或留有分界缝，或用泥块填筑，造成堤身内部隐患，雨水或河水渗入后，逐渐形成暗沟，洪水时期极易产生塌坑和滑坡。

5. 裂缝

修堤时由于土料选择不当，夯压不均匀，或培厚加固堤防时对原堤坡面没有处理好，以致新旧土体结合不紧或有架空现象，或由于干缩、湿陷而引起不均匀沉陷，一到汛期，也易产生渗漏及滑坡等险情。

6. 腐木空穴

堤内埋有腐烂树干、树根，年久形成洞穴，盘根错节的蔓延更广，危害也大。

7. 接触渗漏

堤上涵闸周围回填质量不好，造成接触面产生裂缝漏水。

8. 堤基渗漏

由于口门堵复时埋藏的秸料、石料，或堤身与地基结合不好，或地基土层为管涌性土等因素，易产生堤基严重渗漏，引起管涌、流土，甚至滑坡等险情。

9. 堤内渊塘

在基础为透水地基时，渊塘长期积水，易形成渗透破坏。

二、堤防隐患处理的措施

堤身内部隐患处理措施一般有充填灌浆、劈裂灌浆和开挖回填等方法。有时也可采用上部开挖回填下部灌浆的综合措施。堤身外部处理方面可采用临河修黏土斜墙截渗、背河修砂石反滤导渗和加大堤身断面的方法进行。加大堤身断面能够显著地提高防洪能力，有效地防止各种隐患所造成的危害。加大堤身断面可采用吹填和修筑前后戗工程。

1. 灌浆

对于堤身蚁穴、兽洞、裂缝、暗沟等隐患，如开挖回填比较困难时，均可采用灌浆方法进行处理。

2. 开挖回填

将隐患处挖开，重新进行回填，这是比较彻底处理隐患的方法。但对埋藏较深的隐患，由于开挖回填工作量大，且限于在枯水季节进行，这时宜采用灌浆方法处理隐患。

开挖回填的要求，应特别注意下列各点：

(1) 根据查明的隐患情况，决定开挖范围。开挖中如发现新情况，必须跟踪开挖，直至全部挖净为止，但不得掏挖。

（2）在汛期一般不得开挖，如遇特殊情况必须开挖时，应有安全措施并报请上级主管部门批准。

（3）开挖时应根据土质类别，预留边坡和台阶，以免崩塌。回填时应保证达到规定的容重。新旧土结合处，应刨毛压实，必要时应做结合槽，以保证紧密结合，防止渗水。回填后的高度，应略高于原堤面，以备沉陷。

3. 吹填固堤（机淤固堤）

吹填固堤也称机淤固堤，是利用机械的力量，将河流中或河床质的水沙，通过管道，送到堤防背水侧的淤区，以达到加大堤身断面、加固堤防的目的。

机淤取土有下面几种方式：

（1）简易吸泥船。简易吸泥船结构简单、操作方便、造价低、见效快、适应性强，大部分堤防存在的问题，如渗透问题、稳定问题、断面尺寸不足问题，均可采用这种方法进行加固。简易吸泥船不能自航，其船体分为钢、木、水泥三种，以钢壳船最多。船长15m，宽5m，吃水深0.6m。简易吸泥船的主要设备由抽排泥浆系统、造浆系统、附属设备三个部分组成。

简易吸泥船的主要工作原理是：用高压水枪搅动河床泥沙，形成高浓度泥浆，用泥浆泵抽吸泥浆，通过管道将泥浆送到淤区；泥沙沉淀，清水排走，经过土体排水固结，形成淤背体。近年来，大力发展吸泥船远距离输沙试验，输沙距离已从原来的100多米，发展到3000m以上。

（2）小泥浆泵。在一些宽河段，为了解决河宽、滩大、输沙距离过远的问题，采用了小泥浆泵临河挖滩抽吸沙进行吹填固堤，取得了较好效果。

（3）挖泥船。国内常用的挖泥船一般有以下几种：

1）绞刀式挖泥船。它是利用绞刀绞松河底土质，用泥浆泵通过管道把泥浆送到淤区，也是目前吹填固堤较常用设备。国产绞吸式挖泥船的生产效率为50～80m^3/h。

2）链斗式挖泥船。它是利用一连串的泥斗取河床泥沙，通过卸泥槽装入驳船运走。

3）抓扬式挖泥船。它是利用抓斗，抓取河床泥沙，吊起卸入泥驳。

4）铲斗式挖泥船。它是利用铲斗抓泥，吊起卸入泥驳。

砂场一般选择在靠水的嫩滩上。嫩滩砂料丰富，土质疏松，易于抽吸开挖。无嫩滩时，应尽量选择在水浅溜缓的部位。

固定船位，一般要靠岸近一些，以减少管道长度和浮筒数量，并便于与岸上联系和固定船位。但也应与岸坡保持适当的距离，以防河床挖深后，造成岸坡坍塌。

淤区就是放淤的区域，淤区工程包括围堤和泄水建筑物等部分。泥浆在围堤以内沉淀落淤，沉淀后的清水，由泄水建筑物排走。落淤沉淀的土方，经排水固结就成了堤防断面的一部分，加大了堤防断面，起到了固堤的作用。

4. 前后戗工程

前后戗工程也是中外工程界经常用于加固堤防的工程措施，它和吹填固堤都属于盖重加固类型。其主要区别是吹填固堤的淤筑体断面大，体积大，土料含水量很大，经固结排水后不进行土料压实，所以它的密实度较小。而前后戗工程是人工或机械填筑的，土料进行压实，戗体体积小于筑体体积。

在堤身单薄背水坡渗流出逸点位置较高时，可用修筑前戗或后戗的方法来加固堤防。

后戗顶部高程一般在渗流出逸点0.5m以上，戗顶宽度不小于3～6m，边坡1∶3～1∶5。后戗填筑施工与筑堤的要求基本相同，其区别是土料尽量采用透水性较强的砂性土。如果当地粗砂料源丰富，最好在后戗的底部铺一层0.5m厚的粗砂层，则排水效果更好，可降低堤身和戗体的浸润线位置。

前戗顶应高出设计洪水位0.5～1.5m，其边坡与大堤临水坡相同，戗顶宽以使浸润线出逸点降至背水坡脚以下，一般为5～10m。前戗土料应选用透水性小的黏土，以便截渗。其他施工要求与筑堤相同。对前后戗填土压实时的干密度要求，应与本堤段大堤的填土要求相同。

三、堤防蚁穴防治

(一) 土栖白蚁对堤坝的危害与分布规律

1. 土栖白蚁对堤坝的危害

白蚁是一种危害性很大的昆虫，它的种类繁多，分布很广。白蚁按栖居习性不同，大致可分为木栖白蚁、土栖白蚁和土木两栖白蚁3种类型。危害堤坝安全的是土栖白蚁。

土栖白蚁在堤坝土壤里营巢筑路，到处寻水觅食。随着巢龄的增长和群体的发展，主巢搬迁由浅入深，巢体由小到大，主巢附近的副巢增多，蚁道蔓延伸长纵横交错，四通八达。据考察估计，一个黑翅土白蚁的成年群体，其个体总数可达100万～200万个；主巢离地表的深度可达2～3m（图5-1），甚至更深；大的主巢直径在1m以上；副巢达100余个，其直径也有20～40cm；蚁道粗一般为15～50cm，较大的可达60～70cm，有的蚁道贯穿堤坝内外坡，成为涨水时的漏水通道。一旦洪水来临，上游水位抬高，将导致堤坝漏水、散浸、跌窝和管涌等险情的产生，甚至发生决堤垮坝的严重事故。所谓“千里之堤，溃于蚁穴”就是这个道理。❶

图5-1 长江大堤上白蚁蚁穴

2. 土栖白蚁的分布规律

土栖白蚁的分布大致有如下规律：

堤坝的背水坡较多，迎水坡较少；坝身上部较多，下半部较少；高水位滞续时间短；蓄水浅的堤坝多，常年高水位蓄水的少；黏性土壤的堤坝多，砂质土壤的少；早期修建的堤坝多，新建的少；周围是松木山林的堤坝多，是水田旱地的少；靠近丘陵山地的堤坝多，靠近平原湖泊的少；荒野堤段多，居民集中的堤段少。堤坝中土栖白蚁的巢和菌圃大多筑在浸润线上方附近。

❶ 050306Ⓣ

（二）堤坝白蚁的预防措施

土栖白蚁对堤坝的危害既隐蔽又严重，在白蚁对堤坝造成严重危害之前，通常不易被人们发现。另外，堤坝中产生白蚁的原因很多，防治白蚁的工作是经常而长期的，所以必须贯彻“防重于治，防治结合”的方针，以保障堤坝的安全，预防堤坝白蚁一般有如下措施：

1. 做好清基工作

对新建的堤坝和扩建的加高培厚工工程，施工前，必须做好清基工作，清除杂草和树根，并仔细检查白蚁隐患，认真地做好附近山坡白蚁的灭治工作；对料场的清基亦应予以重视，严禁杂草树根上堤坝，以避免蚁患填埋于堤坝中，造成严重隐患。

2. 毒土防蚁

利用化学药剂处理堤坝土壤，可以防止外来白蚁的侵入和灭治堤坝浅层的初建巢群。目前各地常用的药剂有五氯酚钠水溶液、氯丹乳化剂、可湿性六六六粉、煤、油或柴油等，在毒土处理时，要防止库水的污染并注意人畜的安全。

对新建堤坝，当施工接近常水位浸润线位置时，开始在堤坝内外坡的表层土以下及两端与山坡结合处，设置一道毒土防蚁层，使堤坝在浸润线以上形成封闭式防蚁结构。

对已建堤坝，毒土处理方法有表面喷洒毒土法、浅层打洞毒土法和深层钻探毒土法三种。表面喷洒毒土法是在背水坡全面喷洒1%～2%五氯酚钠水溶液，或1%氯丹乳化剂；浅层打洞毒土法是用小铁钎打洞，洞深30cm，洞间距30cm，呈梅花形布置，向洞内灌注表层喷洒毒土法的有关药液；深层钻探毒土法是用直径16～20mm，长3～4m的钢钎，在堤坝背水坡竖直钻孔，孔深0.6～2m，孔距1m，排距1m，呈梅花形排列，然后往孔内灌注含毒泥浆，此法可把埋藏较深的白蚁杀死，起到防治兼备的效果。

3. 灯光诱杀有翅成虫

在每年4—6月的纷飞季节，利用有翅成虫的趋光习性，在坝区外装置黑光灯（或气灯、煤油灯）诱杀有翅成虫，以防止附近山地有翅成虫落列堤坝上建巢。黑光灯功率一般用20～25W，灯高1.5～2.5m，灯下0.2m处放水一盆，水中加少量煤油或柴油，盆下地表10m直径范围内喷洒敌敌畏或六六六等药剂，使飞向灯光的有翅成虫掉入盆内或盆外均中毒死亡。

广东某水库安装15盏25W黑光灯，灯距坝50m，灯距50m，一个纷飞季节诱杀黑翅土白蚁和黄翅大白蚁的有翅成虫15.5kg，计20余万个体，效果显著。

4. 改变堤坝表土结构

改变堤坝表层土壤结构，可造成不利于白蚁生存的条件，以阻止新的群体的产生。用掺入10%石灰或3%食盐的土壤以及两种掺入料比例降低一半的混合土壤填筑土坝表层，可使有翅成虫配对脱翅后均死于土表。铲去背水坡草皮，铺上厚10cm的煤灰渣，同样能防止繁殖蚁入土建巢。

5. 生物防治

土栖白蚁大量活动期间和有翅成虫的纷飞季节，在堤坝上放养鸡群，能将刚落在坝面上的有翅成虫啄食。同时鸡还经常翻动坝面上的枯草和白蚁的泥被、泥线，啄食出来活动的白蚁。白蚁的天敌很多，主要有青蛙、黑蚂蚁、蜻蜓、蝙蝠、燕子、麻雀等。它们对抑制土栖白蚁新群体的产生和原群体的扩展有重要作用，因此，对白蚁的天敌要进行保护并加以利用。

6. 加强工程管理

禁止在堤坝上长期堆放柴草、木材等白蚁喜食的杂物，并经常清除堤坝上的枯草和树蔸，逐步更换堤坝附近白蚁喜食的绿化树种（如大叶桉等），可减少外来白蚁蔓延到堤坝上来。

（三）堤坝白蚁的灭治方法

灭治土栖白蚁的方法较多，一般可归纳为熏、灌、挖、喷、诱等五种。现将常用的灭蚁方法分述如下。

1. 磷化铝（或磷化钙）熏杀

利用磷化铝在空气中易吸收水分而产生极毒的磷化氢气体来熏杀白蚁。操作方法为将磷化铝片剂5～15片（每片含2g），放入装有湿棉球的玻璃试管内，立即把试管口插入已挖开的主蚁道，用湿布密封试管周围。为加速反应速度，可在试管底部加温。反应完毕，拔出试管，迅速用湿土封堵蚁道口，3～5d白蚁的死亡率可达100％。此法简单易行，效果较好，但磷化铝是剧毒药剂，操作时必须严守规程，以防中毒。用药后一周之内严禁人、畜进入施药地区。

此外，还有敌敌畏熏杀与六六六粉烟雾剂熏杀等方法，效果都较好。但是用烟雾剂熏杀白蚁，当蚁道畅通，离主巢又近时，白蚁死亡率可达100％，若蚁路曲折，中途又穿过菌圃腔以及工、兵蚁又来得及封堵蚁道时，灭蚁效果就不够理想了。

2. 灌毒泥浆毒杀

灌毒泥浆不仅能毒杀白蚁，还有填补蚁巢、空腔、蚁道和加固堤坝的作用。泥浆由过筛的黄泥（或黏土）和药剂水液按重量比约为1∶2拌和而成，泥浆比重以1.25～1.40为宜。常用药剂水液有0.1％～0.2％的五氯酚钠，0.3％～0.5％的六六六粉、氯丹，0.4％的乐果和0.1％～0.2％的敌百虫等。

灌浆灭蚁可利用主蚁道口或锥探孔进行，也可用小型钻机造孔灌浆。开始时，灌浆压力应控制在4万Pa以内，压力过大会造成土层破裂而冒浆，随后再逐渐加大，直至蚁道或堤面出现冒浆现象。此时，停止灌浆片刻，用泥封堵冒浆的地方，再重新慢灌至饱和为止。以后，待浆液脱水收缩形成空隙时，可再进行灌浆。

利用主蚁道灌浆关键是选择主蚁道口的位置，为使灌浆效果良好，应尽量在堤坝上半坡或靠近坝顶处寻找合适的蚁道，自上而下进行灌浆。另外，利用分飞孔，挖出主蚁道灌浆或在鸡纵菌位置锥孔灌浆，则效果更好。

3. 挖巢灭蚁

挖巢灭蚁方法简单，可发动群众进行，取巢后要及时熏灌残留在蚁道内的白蚁，杜绝后患。挖巢后，及时回填并结合工程处理，但在汛期翻挖蚁巢，应特别注意堤坝的安全。此法的缺点是工程量较大。

4. 喷灭蚁灵粉剂毒杀

灭蚁灵纯品是一种白色或淡黄色晶体，无气味，通常配成75％粉剂，属慢性胃毒性杀虫剂。

毒杀原理是利用白蚁在相遇时互相舔吮和通过工蚁给其他白蚁喂食的生活习性，使中毒的白蚁在巢群内互相传染，最后全巢死亡。

具体方法是在每年4—6月或9—11月土牺白蚁在地表活动的两个高峰期，在堤坝坡面上按前述方法设置诱蚁坑或诱蚁堆，在短期内可引来大量白蚁，即可进行喷药。喷药前先将泥皮扒开，然后轻轻提起饵物，将灭蚁灵粉喷在白蚁身上，再把饵料轻轻放回原处，盖上泥皮。过几天再检查，发现有白蚁再喷药，直至没有白蚁为止。

5. 灭蚁灵毒饵诱杀

此法由诱喷灭蚁灵粉方法改进而成，是目前灭治堤坝白蚁行之有效的新技术，已被广泛采用。

毒饵诱杀法具有灭蚁效果好、操作简单安全、对周围环境污染小，省工省时、药物费用少、适用于各种坝型等优点。但毒饵易霉变失效，所以，保存和使用都应注意防潮防霉。

6. 灭蚁灵毒饵诱杀结合毒土灌浆

经多年的实践观察，发现用灭蚁灵毒饵诱杀土栖白蚁，在死蚁巢体内会腐生真菌并长出地面，其形状有棒形、鹿角形和鸡冠形等，颜色一般为墨色、灰黑色和灰白色，俗称炭棒菌。因此，炭棒菌的下面即是蚁巢，它成为寻找蚁巢的指示物。投放灭蚁灵毒饵到地面长出指示物所需的时间，与温度、湿度、巢位深浅和白蚁群体大小等因素有关，最少为20d，时间长的在半年以上，只要每隔10～20d找菌一次，一年内可找到全部死蚁巢体，再造孔灌浆，堤坝蚁害隐患可基本消除。

以上方法均有一定效果，但各有优缺点，可根据当地情况，因地制宜地采用，或进行综合治理，以便有效地消灭蚁患，保障堤坝安全。

四、其他害堤动物的防治

堤防工程中存在的害堤动物以獾、狐、鼢鼠最多。一处獾洞，洞穴能多达30个，洞径30cm，最大能达120cm，洞长一般10～20m，有时能达30m，乃至几百米，并且在堤内分层纵横交错。与鼢鼠类似的害堤动物还有地猴、小地鼠等，也是在堤内打洞。兽洞的存在，严重危及堤坝的安全，所以应分析害堤动物的习性和活动规律，采取措施积极捕杀，并对兽洞进行处理。

獾、狐、鼠等动物危害的防治方法有以下几种：

1. 人工捕杀法

根据害堤动物的活动足迹，在其经常出没的地方，可采用设置笼子、铁夹、竹弓和陷阱等方法进行捕捉。这类方法特别是在农田作物尚未成熟以及冬季冰雪覆盖地面后，作用更大。这类方法，由于机关灵敏，操作时应十分小心，并应经常进行查看，以免误伤人畜。

2. 开挖追捕法

有些较大的害堤动物，如狐和獾等，营巢作穴也较大。应抓住时机，采用人工开挖追捕。这样既可以捕杀害堤动物，又能够通过开挖和回填夯实，对洞穴隐患进行处理。

开挖前，应先用捕网或铅丝笼将已探明的洞口围封好，然后，结合开挖翻填洞穴进行捕捉。该法一般有两种：①顺洞开挖，逐渐逼近，直至捕住，其特点是进度快，费时多，多用于洞道较短、埋深不大的洞穴；②竖井拦截，先探明洞道的走向，然后在洞顶开挖竖井，井的直径一般为0.8m，若洞道长度大，转弯较多时，可以多段同时进行，逐渐逼近，当挖至兽类藏身之处时，可采用网捕或叉扎捕杀。此法的进度快、工效高，适用于洞道长、埋藏深的洞穴。

3. 药物诱杀法

在害堤动物经常出没的地方，放掺拌药物的合适食物作诱饵，引诱动物吞食而中毒死亡。目前这类药物众多，且毒性不一，故一定要严格控制剂量，同时，要注意防止家畜误食。

4. 锥探灌浆法

采用这种方法，除了可堵塞各种害堤动物的巢穴，加固堤坝外，还能将动物驱走或淹堵死。

5. 烟熏网捕法

只留其中一个洞口，并在洞口处设铺网，其余洞口封堵。在洞内点燃蘸油的布棉、辣椒、硫黄和秸秆等易燃物，产生刺激性气体驱赶。

任务4 堤防工程标准化管理评价标准

2022年3月24日水利部颁发的《堤防工程标准化管理评价标准》从工程状况、安全管理、运行管护、管理保障和信息化建设等5个方面，对堤防工程标准化管理进行量化评价，见表5-1。

表5-1 堤防工程标准化管理评价标准

类别	项目	标准化基本要求	水利部评价标准		
			评价内容及要求	标准分	评价指标及赋分
一、工程状况（240分）	1. 堤身	①堤顶、堤肩完整平顺，无杂草、垃圾。 ②堤坡无明显凹陷、起伏等	堤身断面、护堤地宽度保持设计或竣工验收的尺度；堤肩线直、弧圆，堤坡平顺；堤身无裂缝、冲沟、无洞穴、无杂物垃圾堆放；护堤地边界明确	40	①堤身断面（高程、顶宽、堤坡）、护堤地（面积）未保持设计或竣工验收尺度，每项（处）扣5分，最高扣20分。 ②堤顶、堤肩线不顺畅，扣5分。 ③堤坡不平顺，有明显凹陷、起伏等，扣5分。 ④发现堤身裂缝、冲沟、洞穴、堆放杂物垃圾等情况，每处扣5分，最高扣10分
	2. 堤防道路	①堤防道路完整、平坦。 ②满足防汛抢险通车要求	堤防道路畅通，满足防汛抢险通车要求；堤顶（后戗、防汛路）路面完整、平坦，无坑、无明显凹陷和波状起伏，雨后无积水；上堤辅道与堤坡交线顺直、规整，未侵蚀堤身	30	①堤防道路路面不平，明显凹陷，雨后有积水，扣10分。 ②堤顶路面或上堤辅道路面有裂缝、坑洼等情况，扣10分。 ③上堤辅道与堤坡交线不规整，每处扣5分，最高扣10分

续表

类别	项目	标准化基本要求	水利部评价标准		
			评价内容及要求	标准分	评价指标及赋分
一、工程状况（240分）	3. 堤岸防护工程	①堤岸防护工程封顶严密。 ②表面无明显缺陷、洼坑及局部砌石松动变形或脱落等现象	堤岸防护工程（护坡、护岸、丁坝、护脚等）无缺损、无坍塌、无松动；堤面平整；护坡平顺；工程整洁美观	40	①工程有缺损、坍塌、松动，每处扣5分，最高扣15分。 ②堤面不平整，扣10分；护坡不平顺，扣10分。 ③工程上杂草丛生，脏、乱、差，扣5分
	4. 穿堤建筑物	穿堤建筑物堤段无明显沉降、裂缝、空隙等重大缺陷和隐患	穿堤建筑物堤段无重大隐患；穿堤建筑物（桥梁、涵闸、各类管线等）符合安全运行要求；金属结构及启闭设备养护良好、运转灵活；混凝土无老化、破损现象；堤身与建筑物联结可靠，接合部无隐患、无不均匀沉降裂缝、空隙、渗漏现象；非直管穿堤建筑物情况清楚、责任明确、安全监管到位	40	①穿堤建筑物不符合安全运行要求，扣10分。 ②启闭机运转不灵活、金属构件严重锈蚀，扣5分。 ③混凝土老化、破损、裂缝，每处扣5分，最高扣10分。 ④发现明显沉降、渗漏等现象，扣10分。 ⑤非直管穿堤建筑物情况不清楚、责任不明确、安全监管不到位，扣5分
	5. 生物防护工程	①堤（坝）坡草皮整齐无缺失，无高杆杂草。 ②工程管理范围内，林木种类、布局符合《堤防工程管理设计规范》（SL/T 171—2020）要求，宜绿化区域绿化率达80%以上	工程管理范围内树、草种植合理，宜植防护林的地段形成生物防护体系；堤（坝）坡草皮整齐，无高杆杂草；堤肩草皮（有堤肩边埂的除外）每侧宽0.5m以上；林木缺损率小于5%，无病虫害；有计划对林木进行间伐更新	30	①堤（坝）坡草皮不整齐、有高杆杂草等，扣5分。 ②宜植地段未形成生物防护体系，扣2分。 ③宜绿化区域绿化率达不到80%，扣3分。 ④堤肩草皮不满足要求，扣2分。 ⑤林木缺损率高于5%，每缺损5%扣5分，最高扣10分。 ⑥发现病虫害未及时处理或处理效果不好，扣5分。 ⑦林木间伐更新无计划，扣3分
	6. 工程排水系统	①排水设施齐全，系统完善。 ②堤防工程排水畅通	工程排水畅通；按规定各类工程排水沟、减压井、排渗沟齐全、畅通，沟内杂草、杂物清理及时，无堵塞、破损现象	20	①工程排水系统不完善，扣15分。 ②排水沟、减压井、排渗沟堵塞、破损，扣5分
	7. 办公设施和环境	有必要的办公场所	管理用房及配套设施完善，管理有序；管理单位庭院整洁，环境优美，绿化程度高；按《堤防工程管理设计规范》（SL/T 171—2020）配备相应的管理设施设备	20	①管理用房及文体等配套设施不完善或管理混乱，扣5分。 ②管理单位（包括基层站、所、段等）办公、生产、生活等环境较差，扣5分。 ③环境绿化不足或存在乱放垃圾杂物现象，扣5分。 ④未按规范配置相应的管理设施设备，扣5分

续表

类别	项目	标准化基本要求	水利部评价标准		
			评价内容及要求	标准分	评价指标及赋分
一、工程状况（240分）	8. 标志标牌	①设置有工程简介牌。 ②设置有安全警示标牌	标志标牌设置合理；按照《堤防工程管理设计规范》（SL/T 171—2020）要求设置各类工程管理标志标牌，标志标牌规范统一、布局合理、埋设牢固、齐全醒目	20	①标志标牌（里程桩、禁行杆、限速（重）牌、分界牌、险工险段及工程标牌、工程简介牌等）不规范、不统一，扣10分。 ②标志标牌布局不醒目、不美观，扣5分。③标志标牌布局不合理、埋设不牢固，扣5分
二、安全管理（340分）	9. 信息登记	按规定完成堤防信息登记	开展堤防信息登记；登记信息完整准确，更新及时	30	①未开展信息登记，此项不得分。 ②登记信息不完整、不准确，扣10分。 ③登记信息更新不及时，扣10分。④险工险段信息未及时上报更新，扣10分
	10. 工程标准	堤防工程达到设计防洪标准	堤防工程已完工或已达标加固，堤身断面、堤顶（后戗、防汛道路）满足设计要求	20	达不到设计防洪（或竣工验收）标准，按长度计，每10%扣5分，最高扣20分
	11. 隐患排查治理及险工险段管理	①险点隐患记录清楚，险工险段判别准确。 ②险点隐患及时处理。 ③险工险段落实度汛措施和应急处置方案	按规定开展隐患排查和险工险段判别，工程险点隐患和险工险段情况清楚；险点隐患及时处理，险工险段落实度汛措施和应急处置方案；根据需要及时开展安全评价	50	①工程险点隐患和险工险段情况不清楚，扣15分。 ②险点隐患未及时处理，险工险段未落实度汛措施和应急处置预案，扣20分。 ③重点堤段或险工险段未按《堤防工程安全评价导则》要求开展堤防安全评价，扣15分
	12. 工程划界	①工程管理范围完成划定，完成公告并设有界桩。 ②工程保护范围和保护要求明确	按照规定划定工程管理范围和保护范围，管理范围设有界桩（实地桩或电子桩）和公告牌，保护范围和保护要求明确；管理范围内土地使用权属明确	35	①未完成工程管理范围划定，此项不得分。 ②工程管理范围界桩和公告牌设置不合理、不齐全，扣10分。 ③工程保护范围划定率不足50%扣10分，未划定扣15分。 ④土地使用证领取率低于60%，每低10%扣2分，最高扣10分
	13. 涉河建设项目和活动管理	掌握河道管理范围内建设项目和活动情况，开展巡查	依法对涉河项目和活动开展巡查；河道滩地、岸线开发利用符合流域综合规划和有关规定；掌握河道管理范围内建设项目和活动情况；建设项目审查、审批及竣工验收资料齐全；发现违法违规建设项目和活动，及时制止、上报、配合查处工作	25	①违法违规利用岸线和滩地，扣10分。 ②对河道内建设项目和活动情况不掌握，扣5分。 ③日常巡查工作不力，扣5分。 ④建设项目资料不全，扣5分
	14. 河道清障	对河道内阻水林木和高秆作物、阻水建筑物构筑物的基本情况清楚，并已采取相关措施	对河道内阻水林木和高秆作物、阻水建筑物构筑物的种类、规模、位置、设障单位等情况清楚；及时提出清障方案并督促完成清障任务；无违规设障现象	20	①对河道内阻水林木和高秆作物、阻水建筑物构筑物情况不清楚，扣10分。 ②无清障计划或方案，扣5分。 ③对违规设障制止不力，扣5分

续表

类别	项目	标准化基本要求	水利部评价标准		
			评价内容及要求	标准分	评价指标及赋分
二、安全管理（340分）	15. 保护管理	①开展水事巡查，处置发现问题，做好巡查记录。 ②工程管理范围内无违规建设行为。 ③工程管理与保护范围内无危害工程运行安全的活动	依法开展工程管理范围和保护范围巡查，发现水事违法行为予以制止并做好调查取证、及时上报、配合查处工作，工程管理范围内无违规建设行为；工程管理与保护范围内无危害工程运行安全的活动	30	①未有效开展水事巡查工作，巡查不到位、记录不规范，扣5分。 ②发现问题未及时有效制止，扣5分；调查取证、报告投诉、配合查处不力，扣5分。 ③未开展必要的水法规宣传培训，扣5分。 ④工程管理范围内有违规建设行为，扣5分。 ⑤工程管理与保护范围内有危害工程运行安全的活动，扣5分
	16. 防汛组织	①建立防汛责任制。 ②防汛抢险队伍落实，职责明确	防汛责任制落实，组织体系健全；防汛抢险队伍落实，职责清晰，任务明确，定期培训	20	①防汛责任制不落实，组织体系不健全，扣10分。 ②防汛抢险队伍不落实，职责不清晰，任务不明确，扣5分。 ③防汛抢险队伍未开展培训，扣5分
	17. 防汛准备	①按要求编制所辖范围的防洪预案。 ②适时开展防汛演练	按规定做好汛前防汛检查；根据防洪预案，落实各项度汛措施，开展防汛演练；基础资料齐全，图表（包括防汛指挥图、调度运用计划图表及险工险段等图表）准确规范；及时检修维护通信线路、设备，保障通信畅通	20	①未开展汛前检查，扣5分。 ②防洪预案、度汛措施不落实，未开展防汛演练，扣5分。 ③基础资料不全、图表不规范，扣5分。 ④通信线路、设备检修不及时，通信系统运行不可靠，扣5分
	18. 防汛物料	①有明确的防汛物料储备制度，落实管理人员。 ②防汛物料储备满足要求，管理有序	防汛物料储备制度健全，落实专人管理；物料储备满足要求，仓储规范，齐备完好，存放有序，建档立卡；抢险设备、器具完好；有防汛物资储备分布图或防汛物资抢险调运图，调运及时、方便	20	①防汛物料储备制度不健全，调用规则不明确，未落实专人管理，扣5分。 ②防汛物料储备不满足要求，存放不当，台账混乱，扣5分。 ③抢险设备、器具保障率低，扣5分。 ④无防汛物资储备分布图或防汛物资抢险调运图，扣5分
	19. 工程抢险	①及时发现险情，并且报告准确。 ②制定防汛抢险应急预案	制定防汛抢险应急预案；险情发现及时，报告准确；抢险方（预）案落实；险情抢护及时，措施得当	20	①无防汛抢险应急预案，或预案操作性不强，抢险方（预）案不落实，扣10分。 ②险情抢护不及时，措施不得当，扣10分

续表

类别	项目	标准化基本要求	水利部评价标准		
			评价内容及要求	标准分	评价指标及赋分
二、安全管理（340分）	20. 安全生产	①落实安全生产责任制。 ②开展安全生产隐患排查治理，建立台账记录。 ③编制安全生产应急预案并开展演练。 ④1年内无较大及以上生产安全事故	安全生产责任制落实；定期开展安全隐患排查治理，排查治理记录规范；开展安全生产宣传和培训，安全设施及器具配备齐全并定期检验，安全警示标识、危险源辨识牌等设置规范；编制安全生产应急预案并完成报备，开展演练；1年内无较大及以上生产安全事故	50	①1年内发生较大及以上生产安全事故，此项不得分。 ②安全生产责任落实不到位，制度不健全，扣10分。 ③安全生产隐患排查不及时，隐患整改治理不彻底，台账记录不规范，扣10分。 ④安全设施及器具不齐全，未定期检验或不能正常使用，安全警示标识、危险源辨识牌设置不规范，扣5分。 ⑤安全生产应急预案未编制、未报备，扣5分。 ⑥未按要求开展安全生产宣传、培训和演练，扣5分。 ⑦3年内发生一般及以上生产安全事故，扣15分
三、运行管护（190分）	21. 工程巡查	①开展工程巡查工作。 ②做好检查记录，发现问题及时处理	按照相关规程规定开展经常检查、定期检查和特别检查工作，检查内容全面，记录详细规范；发现处理及时到位	50	①未开展工程巡查，此项不得分。 ②巡查不规范，巡查路线、频次和内容不符合规定，扣15分。 ③巡查记录不规范、不准确，扣15分。 ④巡查发现问题处理不及时到位，扣20分
	22. 工程观测与监测	①对重点河段开展水位等观测。 ②观测设施完好	按要求对工程及河势水位进行观测；观测资料及时分析，整编成册；观测设施完好率达90%以上；按规定有计划地进行堤防隐患探查和河道防护工程根石探测；对重要堤段、重点部位按规定开展安全监测，沉降位移等监测项目、频次符合要求，数据可靠，记录完整，资料整编分析及时，定期开展设备校验和比测	40	①未开展观测或监测，此项不得分。 ②观测频次不满足要求，扣5分。 ③观测资料未分析，或整编不规范，扣5分。 ④观测设施完好率低于90%，每低5%扣1分，最高扣5分。 ⑤未对堤防进行隐患探测和根石探测，扣5分。 ⑥监测设施资料缺失或不可靠，扣5分。 ⑦监测项目、记录等不符合要求，缺测严重或可靠性差，扣5分；整编分析质量差，扣5分。 ⑧未定期开展设备校准和比测，扣5分
	23. 维修养护	①开展工程维修养护。 ②有维修养护记录	按照有关规定开展维修养护，制定养护计划，实施过程规范，维修养护到位，工作记录完整；大修项目有设计和审批，按计划完成；加强项目实施过程管理和验收，项目资料齐全	50	①未开展维修养护，此项不得分。 ②维修养护不及时、不到位，扣15分。 ③未制定维修养护计划，实施过程不规范，未按计划完成，扣10分。 ④维修养护工作验收标准不明确，过程管理不规范，扣10分。 ⑤大修项目无设计、无审批，验收不及时，扣10分。 ⑥维修养护记录缺失或混乱，扣5分

续表

类别	项目	标准化基本要求	水利部评价标准		
			评价内容及要求	标准分	评价指标及赋分
三、运行管护（190分）	24. 害堤动物防治	①对害堤动物基本情况清楚。 ②对害堤动物有防治措施	在害堤动物活动区有防治措施，防治效果好；无獾狐、白蚁等洞穴	30	①害堤动物防治措施不落实，或防治效果不好，扣15分。 ②发现獾狐、白蚁等洞穴未及时处理，每处扣5分，最高扣15分
	25. 河道供排水	河道供排水功能发挥正常	制订河道（网、闸、站）供水计划，调度合理；供、排水能力达到设计要求；防洪、排涝实现联网调度	20	①河道供水计划不落实、调度不合理，扣10分。 ②供、排水能力未达到设计要求，扣5分。 ③防洪、排涝调度不合理，未实现联网调度，扣5分
四、管理保障（180分）	26. 管理体制	①管理主体明确，责任落实到人。 ②岗位设置和人员满足运行管理需要	管理体制顺畅，权责明晰，责任落实；管养机制健全，岗位设置合理，人员满足工程管理需要；单位有职工培训计划并按计划落实	35	①管理体制不顺，扣10分。 ②机构不健全，岗位设置与职责不清晰，扣10分。 ③管养机制不健全，未实现管养分离，扣10分。 ④未开展业务培训，人员专业技能不足，扣5分
	27. 标准化工作手册	编制标准化管理工作手册，满足运行管理需要	按照有关标准及文件要求，编制标准化管理工作手册，细化到管理事项、管理程序和管理岗位，针对性和执行性强	20	①未编制标准化管理工作手册，此项不得分。 ②标准化管理手册编制质量差，不能满足相关标准及文件要求，扣10分。 ③标准化管理手册未细化，针对性和可操作性不强，扣5分。 ④未按标准化管理手册执行，扣5分
	28. 规章制度	管理制度满足需要	建立健全并不断完善各项管理制度，内容完整，要求明确	30	①管理制度不健全，扣20分。 ②管理制度针对性和操作性不强，落实或执行效果差，扣10分
	29. 经费保障	①工程运行管理经费和维修养护经费满足工程管护需要。 ②人员工资足额兑现	管理单位运行管理经费和工程维修养护经费及时足额保障，满足工程管护需要，来源渠道畅通稳定，财务管理规范；人员工资按时足额兑现，福利待遇不低于当地平均水平，按规定落实职工养老、医疗等社会保险	45	①运行管理、维修养护等费用不能及时足额到位，扣20分。 ②运行管理、维修养护等经费使用不规范，扣10分。 ③人员工资不能按时发放，福利待遇低于当地平均水平，扣10分。 ④未按规定落实职工养老、医疗等社会保险，扣5分

续表

类别	项目	标准化基本要求	水利部评价标准		
			评价内容及要求	标准分	评价指标及赋分
四、管理保障（180分）	30. 精神文明	①基层党建工作扎实。 ②领导班子团结，职工爱岗敬业。 ③单位秩序良好	重视党建工作，注重精神文明和水文化建设，管理单位内部秩序良好，领导班子团结，职工爱岗敬业，文体活动丰富	20	①领导班子成员受到党纪政纪处分，且在影响期内，此项不得分。 ②上级主管部门对单位领导班子的年度考核结果不合格，扣10分。 ③单位秩序一般，精神文明和水文化建设不健全，扣10分
	31. 档案管理	①档案有集中存放场所，档案管理人员落实，档案设施完好。 ②档案资料规范齐全，存放管理有序	档案管理制度健全，配备档案管理人员；档案设施完好，各类档案分类清楚，存放有序，管理规范；档案管理信息化程度高	30	①档案管理制度不健全，管理不规范，设施不足，扣10分。 ②档案管理人员不明确，扣5分。 ③档案内容不完整、资料缺失，扣10分。 ④工程档案信息化程度低，扣5分
五、信息化建设（50分）	32. 信息化平台建设	①应用工程信息化平台。 ②实现工程信息动态管理	建立工程管理信息化平台，实现工程在线监管；工程信息及时动态更新，与水利部相关平台实现信息融合共享、上下贯通	20	①未应用工程信息化平台，此项不得分。 ②未建立工程管理信息化平台，扣5分。 ③未实现在线监管，扣5分。 ④工程信息不全面、不准确，或未及时更新，扣5分。 ⑤工程信息未与水利部相关平台信息融合共享，扣5分
	33. 自动化监测预警	①监测监控基本信息录入平台。 ②监测监控出现异常时及时采取措施	雨水情、安全监测、视频监控等关键信息接入信息化平台，实现动态管理；监测监控数据异常时，能够自动识别险情，及时预报预警	15	①雨水情、安全监测、视频监控等关键信息未接入信息化平台，扣5分。 ②数据异常时，无法自动识别险情，扣5分。 ③出现险情时，无法及时预警预报，扣5分
	34. 网络安全管理	制定并落实网络平台管理制度	网络平台安全管理制度体系健全；网络安全防护措施完善	15	①网络平台安全管理制度体系不健全，扣5分。 ②网络安全防护措施存在漏洞，扣10分

注 1. 本标准中“标准化基本要求”为省级制定标准化评价标准的基本要求，“水利部评价标准”为申报水利部标准化评价的标准。

2. 部级标准化评价，根据标准化评价内容及要求采用千分制考核，总分达到920分（含）以上，且工程状况、安全管理、运行管护、管理保障四个类别评价得分均不低于该类别总分85%的为合格。评价中若出现合理缺项，合理缺项评价得分计算方法为“合理缺项得分=［项目所在类别评价得分/（项目所在类别标准分－合理缺项标准分）］×合理缺项标准分”。

3. 表中扣分值为评分要点的最高扣分值，评分时可依据具体情况在该分值范围内酌情扣分。

4. 原则上县域内同一法人单位管理的同一河流（湖泊）上的堤防工程视为同一个评价单元。

任务5 堤防工程信息化管理[1]

我国从20世纪70年代开始至今，信息技术在水利工程管理中的应用迅猛发展。使用信息技术进行工程管理，不仅可以快速、有效、自动而又系统地存储、修改、查找及处理大量信息，而且能够对管理过程中因受各种自然及人为因素影响而发生的各种突发情况进行跟踪管理，提高了工程管理的水平及效率。堤防工程管理的信息化是水利信息化的重要组成部分，下面首先介绍水利信息化。

一、水利信息化

水利信息化就是在水利行业普遍应用现代通信、计算机网络等先进的信息技术，充分开发应用与水有关的信息资源，实现水利信息采集、传输、存储、处理和服务的网络化与智能化，全面提升水利事业各项活动的效率和效能的过程，为防洪抗旱减灾，水资源开发、利用、配置、节约、保护等综合管理，以及水环境保护、治理等决策服务，提高水及水工程的科学管理水平。

党的二十大明确提出，加快建设数字中国，优化基础设施布局、结构、功能和系统集成。水利作为一个信息密集化行业，水利信息化已成为世界各国水利现代化的基本标志和重要内容，更是我国水利高质量发展的新引擎。水利信息化要充分融合新一代信息技术、人工智能、新材料等先进技术，建立覆盖全流域、全要素、全融合的空天地一体化水利工程理监测感知和运行管一张网，推动水利工程安全管理数字化、网络化、智能化。

水利信息化的重要性有如下几个方面：

（1）水利信息化是实现水利工作历史性转变的需要。

（2）水利信息化是实现水利现代化的需要。

（3）水利信息化是政府部门转变职能的必然选择。

（4）水利信息化是实现行业之间资源共享，促进国民经济协调发展的需要。

二、现代信息技术在堤防信息化管理中的应用

1. 地理信息系统

地理信息系统是计算机技术、三维技术和遥感技术等综合形成的一种信息化技术，这种技术在水利行业中应用最为广泛，在水利工程管理中发挥了重要作用。地理信息系统中最重要的功能就是地理坐标，通过地理坐标可以准确地确定水利工程的具体位置，通过这一技术可以获得与水利工程管理相关的各类基础地理信息，比如地形地貌、水系河流、交通、行政区域等。系统当中的集成功能，使其能够成为水利信息的基础性管理平台，通过

---

[1] 050501 Ⓦ　050502 ▶　050503 Ⓟ　050504 ⓞ

相关功能模块和相关专业模块实现水利信息化管理的基本目标。此外，利用地理信息技术配合使用空间三维技术，能够使水利信息管理的二维转变到立体化的三维展示，使信息浏览更加直观，更加准确和方便。

2. 卫星定位系统

卫星定位系统实际上是在空间技术、计算机技术等基础上发展而来的一种技术，它的作用就是准确定位。目前国内使用的卫星定位技术主要有两种，也就是GPS和北斗卫星定位系统，后者是属于我国自主开发的一种卫星定位系统，目前能够应用的领域还非常少，因此从目前来看主要是GPS技术。而水利行业也要用到卫星定位技术，主要是在抗洪抢险、防洪决策等工作，需要对险情的位置进行准确的定位，在这些工作中卫星定位系统发挥了重要作用。我国从1998年抗洪抢险开始，水利行业在地理信息系统的基础上配合使用卫星定位系统，取得了较好的效果，一些险情得到及时的发现与排除，避免了灾害的继续扩大。而现在很多地方在防洪工作中将GPS定位系统与RS影像、GIS平台等有效连接，实现了灾区与灾情的准确定位。通过将GPS与网络技术结合起来，能够提高对各类灾害的应急反应速度，使险情能够在最短的时间内排除。

3. 遥感技术

遥感技术是指从地面到高空对地球、天体观测的遥感综合性技术的总称。遥感技术作为一项比较先进的信息处理技术现在也开始广泛地应用于水利行业，遥感技术的出现有效地提高了影像识别精度与数据处理能力，且这种技术的成本相对较低，是水利行业信息化的重要组成部分。遥感影像的来源一般有很多，美国、法国、日本、印度等遥感技术比较发达的国家都提供不错的遥感影像产品，而我国最近几年遥感技术发展十分迅速，也开始为国内外提供遥感影像产品、航片等等。水利行业中一些地区也开始购买遥感技术或者影像接收设备，收集影像数据，通过数据分析，确定灾情、险情位置，分析具体的受灾情况、面积和影响等，还可以分析流域的水土保持情况、河流污染情况等。

4. 数据库技术

数据库技术作为水利信息化技术发展与应用的核心，是建设水利信息化的根本。可以说，水利信息系统的建设与应用，离不开数据库技术的支持。数据库技术的应用主要包括数据存储与数据管理两大部分。当前，我国国家级水情数据库基本建设完毕，国家加大对水情监测、降雨信息、历史水情信息等查询与管理力度，而各省级水情数据库、流域水情数据库建设正在如火如荼地进行。对于一些有条件、有技术水平的省市，已经开始尝试建设水情数据库，规范国家级防汛工作数据发展，逐步实行数据入库管理工作。

当前，许多省市也开始涉足国家规范性数据库建设，个别地区应以实际情况为出发点，构建水利灾情的信息管理数据库、防汛指挥系统、防汛决策系统等，实现专业性数据库。数据库技术的应用与推广，进一步促进信息管理的规范化、标准化，提高信息存储、查询、更新的方便性，为挖掘数据、利用数据奠定基础。

5. 网络应用技术

在信息化时代，计算机网络技术已成为支持我国水利工作发展的基础，在信息采集、处理、传输及共享方面发挥作用。以当前网络应用的范围来看，应着重建设局域网及广域网。以网络通信安全保障来看，又可划分为水利专网及公共网络；以信息传输的要求来看，又可划分为有线网及无线网。

随着计算机网络技术的发展，为水利信息的交换与共享提供优质条件，发挥重要作用，具有良好的效果。但是由于逐渐增加了信息量，再加上网络容量的限制，信息传输及交换的速度，往往难以符合实际应用需要。另外，由于互联网的系统性、稳定性有所不足，再加上可靠性问题，应引起足够重视，任一环节发生故障，都会对整个网络系统的运行产生影响。因此，今后应进一步完善网络故障的应急解决方案，确保水利信息化技术的顺利实现。

将新兴的信息技术应用到河道堤防管理中来，不仅可以大幅提升河道工程管理水平，对传统的河道堤防管理模式也有积极的影响。现代河道堤防管理已向自动化、系统化的方向大幅迈进，通过建立GPS数据系统来快速、自动监测收集数据，将采集的数据通过网络导入数据库系统，实现存储、查询、共享，再根据管理需要选择CAD进行数据处理、绘制或者使用GIS进行空间分析，为最后的管理决策提供快速可靠支持。这种全新的管理模式实现了管理和服务的科学化、现代化，并且还可以利用这些技术实现三维全景虚拟显示工程布置，直观反映组成部分在空间上和时间上的相互关系，并实现各种信息可视化查询、分析、统计计算，实现水利工程动态仿真演示，使得河道堤防管理更加灵活全面。

三、国家防汛指挥系统

国家防汛指挥系统，是在全国防洪调度系统研究的基础上，根据我国防汛工作的迫切需要，正在建设的一项多学科、高技术、跨地区、跨部门、投资大、建设周期长的决策指挥系统工程。该系统覆盖7个流域机构、24个重点防洪省（市），224个地级水情分中心、228个地级工情分中心、与水情分中心相连的3002个中央报汛站、与工情分中心相连的927个重点防洪县的工情采集点以及中央直管的7个工程单位、9个大型水库、12个蓄滞洪区。此外，还包括黄河、淮河流域设立的6部新一代天气雷达、120个自动气象站和208个雨量站。该系统建成后，能高效、可靠地为我国各级防汛指挥机构及时、准确地监测和收集所管辖区域内的雨情、水情、工情、灾情，并能根据防洪工程现状和调度规则快速提供调度方案，从而为决策者提供全面支持，使之做出正确决策，达到最有效运用防洪工程体系，将洪涝灾害损失减到最低的目的。

根据国家防汛指挥系统的总体设计，该系统可划分为5个分系统，即信息采集系统、通信系统、计算机网络系统、决策支持系统和天气雷达系统。其总体结构由两个网络组成：一个是分中心以下的星型报汛网，另一个是分中心以上的互联互通的计算机网络。两个网在分中心汇集。

在信息处理速度上，力争在半小时内收集完3002个中央报汛站信息及信息共享，对工程险情及突发事件能测得到、报得及时、处理快速（包括图形、图像、声音和分析结果）。

四、堤防监测预警系统

堤防工程是我国重要的工程性防洪措施，其安危关乎我国的社会和经济的发展，因此，加强堤防经常性的监测，确保其安全具有重要意义。由于堤线漫长，地层条件沿程变化大，采用一般的人工监测方式不仅工作条件非常恶劣，工作量巨大，而且在汛期江水位猛涨的情况下，适时的监测与分析计算很难做到。所以，实现堤防监测的自动化是必然的要求和趋势。自动监测系统按数据采集方式可分为集中式、分布式和混合式三种。早期的自动监测系统多为集中式，其特点是测量装置只有一台（如自动巡回检测仪）安装在远离测点现场的监测室（机房）内，通过现场安装的切换装置，与被检测的监测仪器相连通，按顺序逐一检测或点测监测仪器的数据，设备之间传输的是电模拟量。20世纪80年代后期发展的分布式系统，其特点是将测量多台装置小型化，并和切换装置一起放在测点现场，称之为测量控制装置，测量的监测数据多变为数字量，由“数据总线”直接传送到监控室的微机上，它比集中式系统可靠性更高，抗干扰能力更强，测量速度更快，且便于扩展。随后就有将两者结合的混合式系统。

在自动化监测的基础上，通过科学的分析，对堤防的安全状态进行评价和预报，可以及早发现险情并进行处理，以维护堤防安全。这种将堤防的自动化监测、安全评价和预报组成一个整体的系统，就是堤防监测预警系统。[❶]下面以某堤防的监测预警系统为例，说明系统的组成和功能。

（一）堤防监测预警系统的组成

该系统是一个利用现代科技手段建立的堤防安全监测预警系统。系统采用分布式结构，分为采集站、监控主站和远程信息管理中心3级，如图5-2所示。以堤防监测断面（或堤段）为测控单元设立采集站，多个采集站分别用微波将信号传输到监控主站，监控主站同时控制多个采集站，向各采集站发送传感器设置、采集参数、报警参数等指令，主站的数据通过电话公用网传输到武汉市内或其他任何地方。

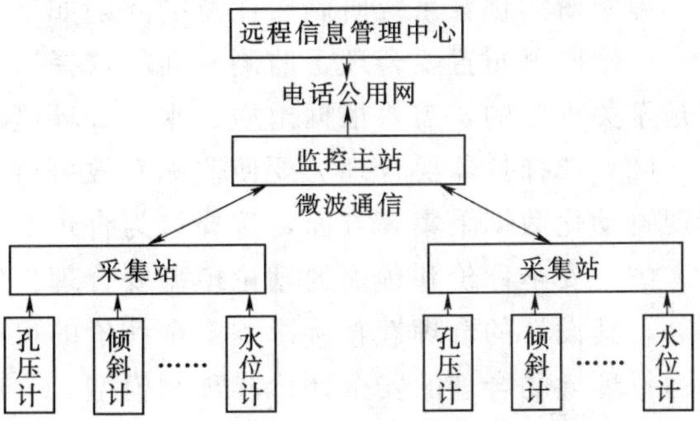

图5-2 某堤防监测预警系统结构框图

该系统的测量传感器，主要选用了孔隙水压力传感器和自动倾斜计两种传感器，分别监测堤身堤基的孔隙水压力和堤坡的滑动位移。采集站执行数据自动采集、存储、通信等功能，主要由自动采集控制器、电源、微波天线（也可采用总线）及通信模块、防雷装置组成，该系统暂设2个采集站，一个采集站以监测堤防渗透为主，另一个采集站以监测崩岸（滑坡）为主，各个采集站之间以及采集站和主站之间具有独立性，可以在主站停机的情况下自行采集和处理数据。监控主站的作用是对各个采集站进行管理和控制、发送和接收采集的信号、评价安全状况、报警、向远程信息管理中心（远程办公室或防汛指挥中心）发送数据。其设备主要由监测预警系统软件、工控微机（包括扫描、打印机等输入输出设备）、微波（或总线电缆）及通信模块、Modem（调制解调器）、电话线路、报警指示灯、防雷装置等组成。信息传输方式有

❶ 050505Ⓣ

三种：传感器与采集器之间用电缆线连接（电缆线以埋在地下较为恰当，要注意防水和防破坏）；采集站与监控主站之间用微波（无线）方式；主站信息可以通过电话网络传至任何一个地方。

该系统的安全评价模型包括以监测数据为基础的渗流安全评价模型和滑坡预测模型。前者系以土层实际承受的渗透水力坡降与土的临界水力坡降进行比较，分为安全、轻度危险、严重危险和即将破坏4级标准；后者采用灰色和突变理论对堤坡位移和滑坡与否进行预测。此外，为考虑各种土层厚度不均匀和土的抗渗强度的不均匀性，建立了渗流安全评价的概率模型。为了对下一时刻的渗流安全进行预测，建立了渗流安全灰色预测模型。

该系统的系统软件选用目前普遍使用Windows 8的32位操作系统的PC电脑平台作为开发平台，采用MS公司VC++的VB 6.0作为开发环境，能实现采集、检测、控制、存储、计算处理、安全评价及预测、通信等功能。

（二）堤防监测预警系统的功能

该系统能自动巡检和手动定点显示测量数据，可通过设立采集控制器报警限值，在测值超过报警限值时，自动报警提示，并能进行安全评价和远程信息管理。

（三）研制堤防监测预警系统的注意问题

堤防监测预警系统研制要注意的问题如下：

（1）监测布置要合理。监测断面的选择以及断面上测点的布设对于堤防安全状态的监控是至关重要的，需要根据土质、水文、环境条件和往年险情情况综合确定。

（2）选择仪器要合理。要使监测有效可靠，应从先进性、环境适应性、长期运行、能实现自动化数据采集等方面，选择最为合理的仪器。

（3）安全评价和预测的理论模型要合理。安全评价模型是监测预警系统中至关重要的部分，其设计的合理性直接影响安全评价的可靠性，因此，一定要建立针对堤防具体条件和运行环境的合理的安全评价和预测模型。

（4）信息传输方式选择要合理。

此外，还应注意安装前的率定、系统设备的检查、仪器埋设、安装调试工作，并加强运行维护规程制定、人员培训及系统验收工作等。

复习思考题

1. 堤防工程管理的基本任务是什么？管理内容主要包括哪些？
2. 堤防工程检查分类和方法有哪些？
3. 堤防工程养护的要求有哪些？
4. 堤防中的隐患通常有哪些？堤防隐患处理的措施有哪些？
5. 堤防监测预警系统的组成及功能是怎样的？

项目六 提坝防汛抢险[1]

【学习目标】

通过本项目的学习，学生可以了解当前最新的防汛抢险技术、设备和材料；熟悉防御洪水的工程措施和非工程措施，险情探测方法以及抢护新技术的实际应用；掌握堤坝各种险情的表现、形成原因、抢护方法和运用知识处理实际险情的能力。

任务1 防汛抢险组织[2]

一、防汛抢险的任务与措施

(一) 防汛抢险的任务

防汛抢险工作的基本任务是：积极采取有力的防御措施，力求减轻洪水灾害的影响和损失，保障人民生命财产安全和经济建设的顺利发展。[3]

为完成防汛抢险任务，主要的防汛抢险工作包括：

(1) 做好组织宣传工作，提高广大群众防汛减灾的意识。

(2) 有计划、有组织地协调有关部门推进防汛工作。

(3) 完善防洪工程措施和非工程措施。

(4) 制定防御不同类型洪水的预案，研究洪水调度和防汛抢险最优决策方案。

(5) 掌握洪水规律和汛情信息。

(6) 探讨和研究应用现代防汛抢险技术。

(二) 防汛抢险措施

1. 防汛工程措施

(1) 堤坝。堤坝是河道防汛的基础性措施。通常情况下，堤坝需要与河道整治工作相互配合，在增高加厚堤坝的同时，对河道进行疏浚、改建、裁弯取直等，提升水流的通行能力。例如，在黄河河道开封段，由于泥沙的长期淤积，河床底部要远远高出开封城区，一旦出现大洪峰导致堤坝崩溃，将会带来灾难性的后果。对此，应该在修建堤坝的同时，

---

❶ 0600Ⓦ ❷ 060101Ⓦ 060102Ⓥ 060103Ⓟ 060104 ❸ 060105Ⓣ

对河道进行疏浚治理，提升防汛能力。

（2）水库。在洪峰到来时，水库通过削峰、错峰、分流等方式，可以有效对洪涝灾害可能造成的损失进行控制。在条件允许的情况下，可以将多个水库互通使用，彼此之间补偿调节，不仅能够对缺水地区进行补偿，同时也可以有效缓解超量蓄水的压力，实现良好的防洪兴利效果。在水库防汛中，考虑到削峰和错峰需要上下游水利设施的相互配合，因此，必须保证良好的汛期通信，确保信息的及时传递。

（3）蓄滞洪区。当洪涝灾害发生时，如果上游来水量过大过急，超出水库和堤坝的承受范围，则可能会导致堤坝的崩溃，此时，通过蓄滞洪区，可以对河道的行洪压力进行分担，降低河道水位，从而减轻洪水对于下游的威胁。

2. 防汛抢险对策

（1）完善气象预警。水利部门应该加强与当地气象部门的沟通和交流，建立起完善畅通的信息传递渠道，在汛期来临时，随时关注区域气象的变化情况，在水利工程的上游和下游设置足够多的水位和水量监测仪器，提前做好洪涝灾害的预防工作。一旦发现降水量突增或者河流上游来水量增大，应该安排专业抢险队伍做好准备，避免突发性险情带来的损失。

（2）分析水文资料。水利主管部门应该安排专人对河流历年的水文资料进行收集和整理，了解河流的年平均降水量、历史最大洪峰值，结合气象部门提供的气象信息，对洪峰水位进行预测和评估，提前做好迎接洪峰的准备，做到胸有成竹。

（3）设施检测维护。在长期运行过程中，受各种因素的影响，水利工程中的各种基础设施不可避免地会出现各种各样的问题，如老化、裂缝、破损等，这些问题可能微不足道，但是却也可能成为崩溃千里堤坝的“蚁穴”。对此，在汛期来临前，水利部门应该组织专业技术人员，对各种基础设施进行检查和维护，发现问题及时进行处理，确保水利工程的安全稳定运行。

（4）做好应急计划。在汛期防洪中，如果洪涝特别大，应该设置相应的应急撤离计划，预先组织受灾群众的撤离和疏散，尽最大努力，降低洪涝灾害带来的人员伤亡和财产损失。对于应急抢险中的人员疏散和撤离，应该在政府相关部门的指导下进行，综合协调各方面的力量，共同应急响应。

（5）做好险情处理。当堤坝出现险情时，除执行洪水紧急调度方案外，还应采取积极可行的抢护措施，由防汛、应急指挥主要领导负责，组织抢险工作。

二、防汛抢险组织机构与职责

根据新《国务院机构改革方案》规定，国家应急管理部、水利部、自然资源部等部门协同组织全国防汛抢险工作。

应急管理部应加强、优化、统筹国家应急能力建设，构建统一领导、权责一致、权威高效的国家应急能力体系，推动形成统一指挥、专常兼备、反应灵敏、上下联动、平战结合的中国特色应急管理体制。一是坚持以防为主、防抗救结合，坚持常态减灾和非常态救灾相统一，努力实现从注重灾后救助向注重灾前预防转变，从应对单一灾种向综合灭灾转变，从减少灾害损失向减轻灾害风险转变，提高国家应急管理水平和防灾减灾救灾能力，防范化解重特大安全风险。二是坚持以人为本，把确保人民群众生命安全放在首位，确保受灾群众基本生活，加强应急预案演练，增强全民防灾减灾意识，提升公众知识普及和自救互救技能，切实减少人员伤亡和财产损失。三是树立安全发展理念，坚持生命至上、安全第一，完善安全生产责任，坚决遏制重特大安全事故。

应急管理部与水利部、自然资源部等部门在自然灾害防救方面的职责分工如下。

(1) 应急管理部负责组织编制国家总体应急预案和安全生产类、自然灾害类专项预案，综合协调应急预案衔接工作，组织开展预案演练。按照分级负责的原则，指导自然灾害类应急救援；组织协调重大灾害应急救援工作，并按权限作出决定；承担国家应对特别重大灾害指挥部工作，协助党中央、国务院指定的负责同志组织特别重大灾害应急处置工作。组织编制综合防灾减灾规划，指导协调相关部门水旱灾害、地震和地质灾害等防治工作；会同自然资源部、水利部等有关部门建立统一的应急管理信息平台，建立监测预警和灾情报告制度，健全自然灾害信息资源获取和共享机制，依法统计发布灾情。开展多灾种和灾害综合监测预警，指导开展自然灾害综合风险评估。

(2) 自然资源部负责落实综合防灾减灾规划相关要求，组织编制地质灾害防治规划和防护标准并指导实施；组织指导协调和监督地质灾害调查评价及隐患的普查、详查、排查；指导开展群测群防、专业监测和预报预警等工作，指导开展地质灾害工程治理工作；承担地质灾害应急救援的技术支撑工作。

(3) 水利部负责落实综合防灾减灾规划相关要求，组织编制洪水干旱灾害防治规划和防护标准并指导实施；承担水情旱情监测预警工作；组织编制重要江河湖泊和重要水工程的防御洪水、抗御旱灾调度和应急水量调度方案，按程序报批并组织实施；承担防御洪水应急抢险的技术支撑工作；承担台风防御期间重要水工程调度工作。

(4) 各流域防汛抗旱指挥机构负责落实国家应急指挥机构以及水利部防汛抗旱的有关要求，执行国家应急指挥机构指令。

应急管理部下设防汛抗旱司，其主要职责是组织协调水旱灾害应急救援工作，协调指导重要江河湖泊和重要水工程实施防御洪水抗御旱灾调度和应急水量调度工作，组织协调台风防御工作。

水利部下设水旱灾害防御司，其主要职责是组织编制洪水干旱防治规划和防护标准、重要江河湖泊和重要水工程的防御洪水、抗御旱灾调度以及应急水量调度方案并组织实施。承担水情旱情预警工作。组织协调指导蓄滞洪区安全建设、管理和运用补偿工作，承担洪泛区、蓄滞洪区和防洪保护区的洪水影响评价工作。

三、防汛抢险组织

在汛前，有关部门必须参考气象、水文预报和工程现状等，确定具体的工作内容。同时对以往的防汛抢险工作做出总结，防汛抢险工作需要组织的内容如下。

(一) 组建防汛抢险队伍

在进行防汛抢险工作之前，需要组织好当地的一些民兵以及强壮劳动力作为骨干，组成一支高效、有力的抢险队伍。当然，在这个队伍中，必须组织补修队、抢险队和巡逻队，这是为了提高防汛抢险工作的效率。在整个抢险队伍中，需要组织一群有责任心以及工作经验丰富的干部领导整个队伍，并且建立对应的规章制度。在这个过程中，必须配备一定的防汛抢险设备，它能够大大地加快工程进度。为避免堤防段江河水位超过保证水位，抢险队伍最好提前对可能发生漫堤堤段进行施工。

（二）准备好防汛抢险物资

在汛前，必须鼓励群众支持防汛抢险工作，确保抢险物资齐全。像麻袋、塑料袋、草袋、砂石料都是抢险工程中必须使用到的材料。为不耽误防汛抢险工作，各贮存仓库必须及时对物资进行清查，争取做到万无一失。一般而言，保证防汛物资的数量相对简单，但是在此过程中需要注意所存放的粗砂、细石的处理。特别值得注意的一点是，由于粗砂中的杂质比较多，在防汛抢险工作中，又没有时间对其进行清洗，所以容易造成导滤系统堵塞。所以，防汛砂石料仓储管理单位必须提前将砂石料清洗好，然后再存放在各险工险段。在防汛期间，险情情况相对紧急，所以可以把清洗好的材料用麻袋装好。一旦出现险情可以立即装车运送。

（三）险情程度判定

因为在整个汛期，防洪建筑物的基础、筑堤土质、夯实程度、接头处理、断面大小、水位都存在着不同的情况，险情的灾害程度也不一样，所以会出现以下情况：

（1）渗水。若长期渗清水，而且它的渗水面积以及流量都不大时，主要是由于堤坝断面不足、土质差导致。

（2）散浸、漏洞。这是渗水发展到一定程度的结果，究其原因，表现为沙基沙坝、或堤内有杂物、空隙大或断面小。一旦河水上涨，压力不断增加，最终将会形成集中漏水通道，在堤脚下翻沙鼓水，最后形成漏洞，处理不及时就可能发生溃堤。

（3）管涌。管涌的形成主要是堤防基础下面有强渗水层，堤防建设时没有做好清基处理。

（4）漩涡。因为堤内不断渗水，并且在迎水坡设有进水洞口，最终导致了漩涡的形成。

（5）脱坡。这种情况可以分为两类，即内、外脱坡两种。外脱坡的形成是风浪冲击影响，尽管其破坏性强，但是危险程度是比较低的。内脱坡的形成原因则有所不同，它主要是受渗水影响，并且不断加剧。

（6）塌陷。一旦防汛抢险工作出现塌陷，说明堤身内部有明显的空隙或架空。

（四）制定防汛抢险方案和技术措施

防汛抢险是一项技术要求很高的工作，一旦遇到险情，防汛指挥部门必须立即组织专家和抢险人员投入工程抢险工作，到现场的专家和工程技术人员首先必须认真分析险情的类型，然后根据不同的险情采取相应的抢险方案，同时对于抢险方案必须认真审查。在做好防汛抢险工作的同时，需要考虑到抢险工作失败的后果，并且及时制定出相应的应对方案，例如：转移地点、路线和运输工具等，此过程中可能需要采取报警设备等其他相应措施。

四、防汛责任制

防汛是一项责任重大而复杂的工作，关系到国民经济的发展和城乡人民生命财产的安全。洪水到来时，工程一旦出现险情，需要动员和调动各部门各方面的力量投入；必要时还要当机立断，做出牺牲局部、保存全局的重要决策，必须建立和健全各种防汛责任制，实现防汛工作正规化和规范化，做到所有工作各负其责，这是做好防汛工作的关键。❶

（一）行政首长负责制

行政首长负责制是各种防汛责任制的核心，是取得防汛抢险胜利的重要保证，也是历来防汛斗争中最行之有效的措施。防汛抢险需要动员和调动各部门各方面的力量，党、政、军、民全力以赴，发挥各自的职能优势，同心协力共同完成。因此，防汛指挥机构需要政府主要负责人亲自主持，全面领导和指挥防汛抢险工作，实行防汛行政首长负责制。行政首长负责制的主要工作内容是：

（1）贯彻制定有关防汛的方针政策，督促建立健全防汛常设机构，配备专职人员。宣传教育广大职工服从统一指挥、统一调度，树立全局观点，以大局为重，防止本位主义。克服麻痹思想，树立有备无患，常备不懈的观念，宣传动员群众积极参加防汛抢险工作。

（2）根据统一指挥、分级分部门负责的原则，密切配合，协调各有关部门的防汛责任，建立防汛指挥系统，部署有关防洪措施和督促检查各项防汛准备。

（3）督促检查重大防御洪水措施方案、调度计划，度汛工程措施和各种非工程措施的落实。

（4）批准管辖权限内的水库调度方案，采取紧急抢险措施等重大决策。对重大的抢险应亲临第一线，坐镇指挥，调动所辖地区的人力，物力有效地投入抢险斗争。

（二）分级责任制

根据防洪工程所处地区工程等级和重要程序等，确定县、乡、镇分级管理运用、指挥调度的权限责任。在统一领导下，对防洪工程实行分级管理、分级调度、分级负责。

（三）分包责任制

为确保防洪工程和下游保护对象的汛期安全，县、乡负责人和县防汛指挥部领导成员实行包工程责任制，责任到人，有利于防汛抢险工作的开展。

（四）岗位责任制

工程管理单位的业务处室和管理人员，以及护堤员、防汛人员、抢险人员等要制定岗位责任制，明确任务和要求，定岗定责，落实到人。

（五）技术责任制

在防汛抢险工作中，为充分发挥技术人员的专长，实现科学抢险、优化调度以及提高防汛指挥的准确性和可能性，凡是评价工程抗洪能力、确定预报数字、制定调度方案、采取的抢险措施等有关技术问题，均应由专业技术人员负责，建立技术责任制。关系重大的技术决策，要组织相当技术级别的人员进行咨询，以防失误。县、乡的技术人员也要实行技术负责制，责任到人，对水库安全技术负责。

---

❶ 060106Ⓣ

(六) 值班工作制

为了随时掌握汛情，防汛指挥机构应建立防汛值班制度，以便及时加强上下联系，多方协调，充分发挥水利工程的作用。汛期值班主要责任是：

(1) 及时掌握汛情。汛情一般包括水情、工情和灾情。水情：按时了解雨情、水情实况和水文、气象预报；工情：当雨情、水情达到某一数值时，要了解水库和河道等防洪工程的运用和防守情况；灾情：主动了解受灾地区的范围和人员伤亡情况以及抢救的措施。

(2) 按时请示报告。对于重大汛情及灾情要及时向上级汇报，对于需要采取的防洪措施要及时请示批准执行，对于授权传达的指挥调度命令及意见，要及时准确传达。

(3) 及时掌握各地堤坝、水库发生的险情及处理情况。

(4) 对发生的重大汛情要整理好值班记录，以备查阅，并归档保存。

(5) 熟悉所辖地区的防汛基本资料，对于所发生的各种类型洪水要根据有关资料进行分析研究。

(6) 严格执行交接班制度，认真履行交接班手续。

(7) 做好保密工作，严守国家机密。

(七) 班组责任制

防汛指挥机构应建立专业防守险工坝岸的工程班组及个人分工管理与防守险工和控导工程的责任制度。根据工程长度与坝垛多少及防守力量等情况，把管理和防守任务落实到班组或个人，并提出明确的任务要求，由班组制订实施计划，确保工程完整安全。

五、现代防洪减灾体系

现代防洪减灾体系即建立防洪工程措施、非工程措施、生态环境措施、社会保障措施相协调的防洪体系，以此来达到减少洪灾损失，降低洪水风险的目的。十年来，我国现代防洪减灾体系建设深入贯彻落实习近平总书记关于治水重要指示批示精神和“两个坚持、三个转变”防灾减灾救灾理念，增强风险意识忧患意识，树牢底线思维极限思维，锚定“人员不伤亡、水库不垮坝、重要堤防不决口、重要基础设施不受冲击”目标，不断完善流域防洪工程体系，强化预报预警预演预案措施，科学精细调度水利工程，成功战胜黄河、长江、淮河、海河、珠江、松花江辽河、太湖等大江大河大湖严重洪涝灾害，使我国水旱灾害防御能力实现了整体性跃升。现代防洪减灾体系建设应针对各流域特点，做好以下几方面的工作：

(1) 做好全流域的防洪规划，加强防洪工程建设。流域的防洪应从整体出发，做好全流域的防洪规划，正确处理流域干流、支流，上、下游，中心城市以及防洪的局部利益与整体利益的关系；正确处理需要与可能、近期与远景、防洪与兴利等各方面的关系。在整体规划的基础上，加强防洪工程建设，根据实际情况分期实施，逐步提高防洪标准。

(2) 做好防洪预报调度，应用现代信息技术，加强各地、各级防洪调度指挥系统的建设。

(3) 重视洪涝灾害治理的水土保持等生态措施，加强生态环境治理。随着社会经济的发展，世界各国在防洪方略上已有了很大进步，都在试图通过调整人类和自然的关系，以控制洪水造成的灾害。

（4）重视洪灾保险及社会保障体系的建设。

（5）加强防洪法规建设。

（6）加强宣传教育，提高全民的环境意识及防洪减灾意识。为保障经济社会可持续发展，需要以洪水风险管理与人水和谐理念为指导，以防洪减灾、水资源综合利用、生态环境保护综合协调为目标，适时改变与调整防洪减灾体系建设思路，进一步完善各流域防洪工程体系布局，以适应社会发展新阶段提出的更高要求。

其中，工程防洪措施和非工程防洪措施是现代防洪减灾体系的两个最为重要的部分，两者功能各不相同，相互不能替代。在未来的防洪减灾工作中，在重视工程防洪建设的同时，要大力增加非工程防洪建设的投入与实施力度，逐步将过去的工程防洪措施为主、非工程防洪措施为辅的防洪建设思想，转变到工程防洪建设与非工程防洪建设同举并重、科学配置和联合运作方向上来。只有把它们有机地结合起来，取长补短，相得益彰，才能形成完整的现代防洪减灾体系。

任务2 巡 堤 查 险❶

防汛抢险是堤坝工程管理的一项非常重要的工作。防汛即人们采取各种有效措施，同灾害性洪水作斗争，力求减轻洪水灾害的影响和损失的一系列社会活动的统称。充分的防汛准备和扎实的保障体系是取得防汛胜利的关键。抢险是指当堤防、涵闸等防洪工程建筑物在防汛中发生险情，危及工作安全时的紧急抢险工作。防汛工作的方针，是指国家在一定时期内为防汛工作确定的指导原则。我国现行的防汛方针是“安全第一，常备不懈，以防为主，全力抢险”。❷

一、防汛准备工作

（一）思想准备

堤坝防汛抢险工作是长期的任务，防汛抢险的思想准备是各项准备工作的首位。利用多种形式向广大群众普遍、反复地进行防汛安全教育，提高对堤防安全重要意义的认识。通过认真总结历年防汛抢险的经验教训，从而使广大干部和群众切实克服麻痹思想和侥幸心理，坚定抗灾保安全的信心，树立起团结协作顾大局的思想。加强组织纪律性，做到严守纪律、听从指挥。同时也要加强法制宣传，增强人们的法制观念，以水法律法规为准绳，抵制一切有碍防汛工作的不良行为。

（二）组织准备

防汛是组织动员社会上人力和物力向洪水作斗争的大事，必须有健全而严密的组织系统。每年汛前要做好各项组织准备工作，主要是：

（1）健全防汛常设机构，各级政府有关部门和单位组建防汛指挥机构。

---

❶ 060201Ⓦ 060202▶ 060203Ⓟ 060204◎ ❷ 060205Ⓣ

(2) 各级负有防汛岗位职责的人员要做好汛期上岗到位的组织准备。同时水库管理单位要做好进入汛期运行的组织准备。

(3) 各级防汛部门要做好防汛队伍的组织准备。

(4) 做好水情测报和汛情通信准备。

(5) 根据部门的行业分工，做好协作配合的组织准备，做到汛期互通信息，行动一致，共同做好防汛工作。

(6) 进行防汛抢险技术训练和实战演习，熟悉工程环境、工程情况、防汛材料、设备操作和通信联络，避免防汛抢险时慌乱失措，造成不应有的损失。

(三) 工程准备

汛前应全面对水库工程进行一次检查，摸清工程现状。如发现问题，要及时处理；暂时不能处理的，也应研究安全度汛措施。对溢洪道和输水洞的闸门和启闭设备，要进行试车。闸门、启闭设备、照明、通信、交通道路等，如有问题，要及早检查维修。如水库存在病险，应制订计划进行除险加固，提高防洪标准，消除隐患，以利安全度汛，如因各种原因不能在汛前进行除险加固的，应严格限制蓄水。根据工程情况，还应制订水库防洪调度计划或控制指标，并报上级批准后，在汛期据以执行。

(四) 物料准备

防汛使用的主要物料如下：

(1) 防汛抢险土方用量很大，可采用机械备土，堤防两侧地势低洼取土困难堤段，汛前需做好备土工作。

(2) 砂、石料物用量较大，可于险工、险段就近存储，以利使用。建材部门也需储备一定数量的防汛抢险砂石料物，以备急需。

(3) 水泥、钢材、木料、无纺布、土工织物、备用电源、照明设备、报警设备、强排设备等由地方各级防汛指挥部门适当仓储。

(4) 草袋、塑料编织袋、麻袋、铁线等是常备的物资，也是防汛抢险所需的主要物资。

物料储备的形式如下：

(1) 国家储备。由国家拨款购置储存于国家建的仓库，或由地方管理单位为国家代储。这部分储存物资主要用于国家大江大河、重点水库的险工险段的防汛抢险，或特需调用。

(2) 地方储备。地方各级防汛指挥部在各级中心仓库储存，或委托供销、物资部门代储。自储自用，也可调集使用。自己有防汛任务的电力、铁路、公路、邮电、石油、城建、林业、农牧等系统的单位自己储存的防汛物资，自己使用。

(3) 群众自筹。受洪水威胁地区的群众，可根据当地防汛任务。按户或按劳力、职工下达数量进行自备，并登记造册，集中存储于临近堤防险工之处，也可暂存于各家待用，或集中于村待用。

草帘、席片、木杆、麻绳、秸料、柴捆等物资可就近征用，用后给予适当补偿。车辆、机械等可由有关部门组织调集。爆破器材由专门部门供应。要加强对防汛物资储备的管理，每年要进行清仓查库，并根据消耗、报废情况进行更新。各种防汛器材、余料，用后应及时入库，妥善保存，不得擅自动用。各类防汛器材于每年、月、旬全部清点备齐。由供销、物资、商业等部门代储的物资和社会备料，每年、月、旬应全部落实。物资要设专垛保管，货位应便于装车，存放要整齐。并要搞好防腐、防锈、防虫、防火，以便确保质量及安全。物资储备由各级防汛指挥部物资部负责做储备计划，对储备网点进行全面检查。对不合格的单位要改换储备点，并将检查结果报告上级。防汛物资部，每年汛前要将料物、器材、设备储存的品名、数量、质量、地点等逐项列表，连同物资储备网点布置图一并交报各级防汛指挥部指挥人员。

（五）雨情、水情测报准备

水库控制集雨面积内，应至少设一个雨量筒和水库水位及出库流量观测点，规定暴雨、水位和测报要求，以及测报的通信设施，做好暴雨和来水的测验工作。

（六）通信联络准备

汛前要检查维修好各种防汛通信设施，如有线电话的线路、手机、话机和报话机、通信电台等。对值班人员要组织培训，建立话务值班制度，规定相关防汛责任人、工程技术人员等24h开手机制度，保证汛期通信畅通。

二、防汛工程检查

（一）汛前工程检查

汛前检查是搞好防汛工作的重要环节，为贯彻以防为主的原则，每年都要开展汛前检查工作。汛前检查工作有多项，工程各类建筑物（构筑物）及设施检查是其中重要的一项。其主要检查各类建筑物及设施是否能够安全运用，以便及时发现薄弱环节，采取除险措施。

根据河道堤防工程管理相关要求，堤防工程检查分为经常检查、定期检查、特别检查和不定期检查。

（二）汛期工程检查

汛前要对防汛工程进行全面检查，汛期更要加强对防汛工程险情的巡查。两者虽然在时间上不同，但目标一致，都是围绕“以防为主”的防汛方针开展工作的。

以堤防汛期巡查为例，当江河水位超过警戒水位时，堤防可能出现险情，若不及时发觉和处理，各种险情就会由小变大，由轻变重，不但增加抢险困难，耗费物料，还会导致堤防溃决的危险。因此，巡查是防汛抢险中一项极为重要的工作，切不可掉以轻心，疏忽大意。

1. 河道堤防防汛水位

进入汛期后，江河水位上涨，防汛工作全面展开，根据水位高低及其对堤防安全的威胁程度，一般将防汛水位划分为三个等级，如图6-1所示。

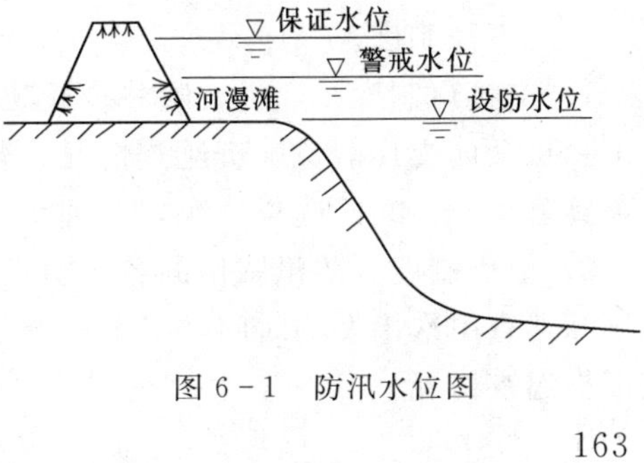

图6-1 防汛水位图

（1）设防水位。设防水位相当于平滩水位，相应流量为造床流量。当江河洪水漫滩以后，堤脚偎水，堤防可能出险，标志着堤防防守进入临战状态，防汛人员开始巡堤查险，并需做好抢险的人力和物料准备。但需说明的是，我国有些河流如北方地区的河流，河道宽浅，滩槽难分，对于这类河流，则不宜以设防水位作为防汛工作开始时的控制水位。

(2) 警戒水位。警戒水位指堤防防守需要开始警惕戒备的水位。此时堤身已挡水，险象环生，可能出现险情甚至重大险情，要密切注意水情、工情、险情的发展变化，增加巡堤查险次数，开始昼夜巡查，进一步做好抢险人力、物力的准备。

(3) 保证水位。保证水位指堤防工程设计防御标准洪水位，相应流量为河道安全泄量。当洪水位达到保证水位时，说明堤防工程已处于安全防御的极限时期，防汛进入紧急状态，堤防随时可能出现重大险情。防汛部门要采取一切措施确保堤防安全，必要时可宣布进入紧急防汛期。

2. 汛期巡堤查险

江河水位上涨到设防水位后，河道堤防进入防守阶段，防汛人员上堤开始巡视检查，力争将险情消灭于萌发阶段。

(1) 巡查任务。防汛队伍上堤后，主要工作任务有：建设防汛屋、防汛点；通电通信；划分责任段，标立界桩，熟悉环境，明确任务；平整堤顶，填垫水沟浪窝，消灭害堤动物，处理堤防隐患，清除堤面杂草，整修查水小道；发现险象，做好观测，出现险情，迅速处理，遇有较大险情，及时报告。

(2) 巡查方法。

1) 用眼看、耳听、手摸、鼻嗅、口尝、脚踩等常规、直觉的方法，对工程表面和异常现象进行检查。

2) 巡查路线。巡查要做到“徒步拉网式”的普查，堤上、堤下、堤身内外均要进行巡查，对堤内情况要加强侦查。每组5～7人成排前进。一人走堤外水边，乘浪花起落的时机，用脚察探破绽和防浪情况；一人走堤内脚；一人走渍水边，注意浸漏、滑脱现象及草下暗漏。如果堤脚附近没有渍水，也要在距离堤脚较远处巡查有无管涌险情。巡堤人员要时分时合，迂回巡查，不可有空白点，要不断交换情况，在风雨夜或风浪大时，堤外水边巡查人员要注意安全。

3) 巡查时所带工具。一般常用到几种巡查工具如下：记录本—备记载险情用，小红旗—供作险情标志，木尺—丈量险情对某一显著目标的部位的尺寸，锯木屑—当堤身浸漏时用来抛于堤外江面以发现有小漩涡，手电筒或马灯、火把—便于黑夜巡查照明，铁锹和通信工具等。各地区应根据具体条件和堤段最大可能发生的险情，对所带的工具有所增减。

(3) 工作制度。

1) 交接班制度。巡堤查险昼夜轮班，上、下班要紧密衔接。交接班时，上一班必须向下一班全面交代清楚本班巡查情况，包括水情、工情、险情、工具物料及注意事项等，对可疑险象，要共同巡查一次，详细交代其发展变化情况。

2) 值班制度。防汛队伍的各级负责人和带队干部，必须轮流值班，坚守岗位，掌握换班和巡查组次出发的时间，了解巡查情况，处理发现的问题，做好巡查记录，及时向上级汇报巡查情况。

3）汇报制度。交班时，班（组）长要向带领防守的值班干部汇报巡查情况，值班干部要按规定及时向上级汇报。平时一日一报巡查情况，在有险情时随时上报处理情况。

4）报警制度。发现险情时，应立即报警。一般险情，吹口哨报警；遇见漏洞、管涌、脱坡等较大险情时，敲鼓（锣）报警。在窄河段规定左岸备鼓，右岸备锣，以免混淆。有条件的地方，应配备无线报警器或移动电话。出险、抢险地点，白天挂红旗，夜间挂红灯（应能防风雨）或点火，作为抢险人员抵达的标志。

5）请假制度。巡查人员要遵守纪律，休息时就地或在指定地点休息，不经批准不得随意离堤。

6）奖惩制度。防汛结束要评比总结。对工作认真，完成任务好的表扬，成绩显著的给以记功和奖励。对不负责任的要批评，玩忽职守造成损失的要追究责任，情节、后果严重的，要依据法律规定严肃处理。

（4）注意事项。

1）巡查、休息、交接班时间，由带领巡查的队长统一掌握，巡查中途不得休息，不到规定时间不得离开岗位。

2）巡查时不得轻易放过某个视觉疑点，必要时借助随身携带的工具查明真相。夜间巡查要持照明设备。

3）责任堤段交界处，要越界巡查10～20m。

4）巡查中发现险象，应跟踪观察；遇到险情，迅速处理并报告。

5）警报不得乱发。一般规定：吹口哨报警，由查水人员掌握；敲锣（鼓）报警，由带队干部掌握，或指定专人负责。

6）巡查人员必须注意“五时”，做到“四勤”“三清”“三快”。“五时”是指吃饭时（思想最松动时）、换班时（检查时间间断）、黄昏时（看不清容易忽视）、黎明时（人最疲乏）、刮风下雨时（出险不易判断）。在这些时候最疏忽忙乱，注意力不集中，容易遗漏险情。同时对险情和隐患处理后，还要注意观测，必须提高警惕。“四勤”是指眼勤、耳勤、手勤、脚勤；“三清”是指险情查清、信号记清、报告说清；“三快”是指发现险情快、抢护快、报告快。这样才能做到及时发现险情；小险迅速处理，以免发展扩大；重大险情，上级能及时准确了解，必要时能调集力量支援抢护。

三、堤坝险情的分类与安全评估

正确判别堤坝险情，才能进行科学、有效的抢护，取得抢险成功。在防汛抢险中，对于险情处理所采取的措施，应科学准确，恰如其分。险情重大，如果没有给予充分的重视，就可能贻误战机，造成险情恶化。反之，如果对轻微险情投入了大量的人力、物力，待到发生较大或严重险情时，就可能人困马乏，料物短缺，也会酿成严重后果。因此有必要对险情进行恰当的分类，对堤坝进行安全评估，区别险情的轻重缓急，以便采取适当有效的措施进行抢护。

（一）堤坝险情的分类

堤坝险情一般可分为：漏洞、管涌（泡泉，翻沙鼓水）、渗水（散浸）、穿堤建筑物接触冲刷、漫溢、风浪、滑坡、崩岸、裂缝、跌窝等。

1. 漏洞[1]

漏洞即集中渗流通道。在汛期高水位下，堤防背水坡或堤脚附近出现横贯堤身或堤基的渗流孔洞，俗称漏洞。根据出水可分为清水漏洞和浑水漏洞。如漏洞出浑水，或由清变浑，或时清时浑，则表明漏洞正在迅速扩大，堤防有发生蛰陷、坍塌甚至溃口的危险。因此，若发生漏洞险情，特别是浑水漏洞，必须慎重对待，全力以赴，迅速进行抢护。

2. 管涌（泡泉，翻砂鼓水）[2]

汛期高水位时，砂性土在渗流力作用下被水流不断带走，形成管状渗流通道的现象，即为管涌，也称翻砂鼓水、泡泉等。出水口冒砂并常形成“砂环”，故又称砂沸。在黏土和草皮固结的地表土层，有时管涌表现为土块隆起，称为牛皮包，又称鼓泡。管涌一般发生在背水坡脚附近地面或较远的潭坑、池塘或洼地，多呈孔状冒水冒砂。出水口孔径小的如蚁穴，大的可达几十厘米。个数少则一两个，多则数十个，称作管涌群。

管涌险情必须及时抢护，如不抢护，任其发展下去，就将把地基下的砂层掏空，导致堤防骤然塌陷，造成堤防溃口。

3. 渗水（散浸）

高水位下浸润线抬高，背水坡出逸点高出地面，引起土体湿润或发软，有水逸出的现象，称为渗水，也叫散浸或洇水，是堤防较常见的险情之一。当浸润线抬高过多，出逸点偏高时，若无反滤保护，就可能发展为冲刷、滑坡、流土，甚至陷坑等险情。

4. 穿堤建筑物接触冲刷[3]

穿堤建筑物与土体结合部位，由于施工质量问题，或不均匀沉陷等因素发生开裂、裂缝，形成渗水通道，造成结合部位土体的渗透破坏。这种险情造成的危害往往比较严重，应给予足够的重视。

5. 漫溢[4]

土堤不允许洪水漫顶过水，但当遭遇超标准洪水等原因时，就会造成堤防漫溢过水，形成溃决大险。

6. 风浪[5]

汛期江河涨水后，水面加宽，堤前水深增加，风浪也随之增大，堤防临水坡在风浪的连续冲击淘刷下，易遭受破坏。轻者使临水坡淘刷成浪坎，重者造成堤防坍塌、滑坡、漫溢等险情，使堤身遭受严重破坏，以致溃决成灾。

7. 滑坡[6]

堤防滑坡俗称脱坡，是由于边坡失稳下滑造成的险情。开始在堤顶或堤坡上产生裂缝或蛰裂，随着裂缝的逐步发展，主裂缝两端有向堤坡下部弯曲的趋势，且主裂缝两侧往往有错动。根据滑坡范围，一般可分为深层滑动和浅层滑动。堤身与基础一起滑动为深层滑动；堤身局部滑动为浅层滑动。前者滑动面较深，滑动面多呈圆弧形，滑动体较大，堤脚附近地面往往被推挤外移、隆起；后者滑动范围较小，滑裂面较浅。以上两种滑坡都应及

[1] 060206 Ⓕ　[2] 060207 Ⓕ　[3] 060208 Ⓕ　[4] 060209 Ⓕ　[5] 060210 Ⓕ　[6] 060211 Ⓕ

时抢护，防止继续发展。堤防滑坡通常先由裂缝开始，如能及时发现并采取适当措施处理，则其危害往往可以减轻。否则，一旦出现大的滑动，就将造成重大损失。

8. 崩岸❶

崩岸是在水流冲刷下临水面土体崩落的险情。当堤外无滩或滩地极窄的情况下，崩岸将会危及堤防的安全。堤岸被强环流或高速水流冲刷淘深，岸坡变陡，使上层土体失稳而崩塌。每次崩塌土体多呈条形，其岸壁陡立，称为条崩；当崩塌体在平面和断面上为弧形阶梯，崩塌的长、宽和体积远大于条崩的，称为窝崩。如1996年1月江西九江长江干堤马湖段和1998年湖北省长江干堤石首段均出现了窝崩。发生崩岸险情后应及时抢护，以免影响、堤防安全，造成溃堤决口。

9. 裂缝

堤防裂缝按其出现的部位可分为表面裂缝、内部裂缝；按其走向可分为横向裂缝、纵向裂缝、龟纹裂缝；按其成因可分为沉陷裂缝、滑坡裂缝、干缩裂缝、冰冻裂缝、震动裂缝。其中以横向裂缝和滑坡裂缝危害性最大，应加强监视监测，及早抢护。堤防裂缝是常见的一种险情，也可能是其他险情的先兆。因此，对裂缝应引起足够的重视。

10. 跌窝❷

跌窝俗称陷坑。一般在大雨过后或在持续高水位情况下，堤防突然发生局部塌陷。陷坑在堤顶、堤坡、戗台（平台）及堤脚附近均有可能发生。这种险情既破坏堤防的完整性，又有可能缩短渗径。有时是由管涌或漏洞等险情所造成的。

（二）堤坝险情程度的评估

堤坝在汛前要进行安全评估，其目的是把汛前的险情调查、汛期的巡查与安全评估相结合，以便判断出险情的严重程度，使领导和参加抗洪抢险的人员做到心中有数，同时便于按险情的严重程度，区别轻重缓急，安排除险加固。

安全评估的内容和方法一般包括：

（1）对堤防（包括距河岸100m范围）的地形测量应隔几年进行一次，每年汛前完成，对先后两次测量成果进行对比分析。

（2）对堤身、堤基的土质进行室内外试验，确定其物理力学指标。

（3）对重点险工险段进行稳定计算和沉降计算。

（4）检查护坡、护岸的完整性。

（5）对上述四个方面的资料进行综合分析。

将安全评估的资料与险情调查、汛期巡查的资料归纳分析后，确定险情的严重程度。长江流域有的省把险情分为三类：一类是险象尚不明显；二类是险情较重，且有继续发展趋势；三类是险情十分严重，在很短时间内，有可能造成严重后果。但是各种险情都是随着时间的推移而变化的，很难进行定量的判断。为便于险情程度划分并促进险情程度划分的规范化，表6-1给出了堤防工程险情程度划分的参考意见，把各类险情划分为重大险

❶ 060212

❷ 060213

表 6-1 堤防工程险情程度划分参考表

险情分类	险情分析		
	重大险情	较大险情	一般险情
漏洞	贯穿堤防的漏水洞	尚未发现漏水的各类孔洞	
管涌（泡泉、翻砂鼓水）	距堤脚的距离小于15倍水位差（或100m以内），出浑水；计算的水力坡降大于允许坡降	距堤脚100～200m，出浑水，出水口直径、出水量较大	
渗水	渗浑水或渗清水，但出逸点较高	渗较多清水，出逸点不太高，有少量沙粒流动	渗清水，出逸点不高，无沙粒流动
穿堤建设物接触冲刷	刚体建筑物与土体结合部位出现渗流，出口无反滤保护		
漫溢	各种情况		
风浪	风浪淘刷或浪坎10～20cm		
滑坡	深层滑坡或较大面积的深层滑坡；计算的安全系数小于允许值	小范围浅层滑坡	浅层裂缝，或缝宽较细，或长度较短
崩岸	主流顶冲严重，堤脚附近无滩地，或滩地较窄且崩岸发展较快	堤脚附近有一定宽度的滩地，且崩岸发展速度不快	
裂缝	贯穿性横缝	纵向裂缝	
跌窝	经鉴定与渗水、管涌有直接关系，或坍塌持续发展，或坍塌体积较大；或沉降值远大于计算的允许值	背水侧有渗水、管涌	背水侧无渗水、管涌，或坍塌不发展，或坍塌体积小、坍塌位置较高

情、较大险情和一般险情三种情况，建议适用于Ⅰ～Ⅲ级堤防。

重大险情如不及时采取措施，往往会在很短时间内造成严重后果。因此，如有重大险情发生，应迅速成立抢险专门组织（如成立抢险指挥部），分析判断险情和出险原因，研究抢险方案，筹集人力、物料，立即全力以赴投入抢护。有的险情，虽然不会马上造成严重后果，也应根据出险情况进行具体分析，预估险情发展趋势。如果人力、物料有限且险情没有发展恶化的征兆，可暂不处理，但应加强观察，密切注视其动向。有的险情只需要进行简单处理，即可消除险象的，应视情况进行适当处理。总之，一旦发现险情，就应将险情消除在萌芽状态。

任务3 防 汛 抢 险❶

一、汛期险情的类型

（一）河道堤防险情

河道水位上涨，流速加快，一是危及滩地安全，流势顶冲处滩岸坍塌，上滩后大水偎

❶ 060301Ⓦ 060302▶ 060303Ⓟ 060304

堤危及大堤安全。大堤险情首先是堤身堤基有隐患处，产生非稳定性或破坏性渗透水流，包括管涌、流土、接触冲刷等，在渗流通道的下游坡面或坡角出溢点有浑水出现，并迅速扩大，造成大堤溃决。二是水流顶冲大堤，流势凶猛，堤根塌陷，造成大堤冲决。三是河流水位迅速上涨，水面线高于薄弱堤段的堤顶时，水流从堤顶漫溢，造成大堤漫决。四是大堤上的建筑物与大堤接触不良、基础处理不当或有不均匀沉陷等引起渗透破坏失事的。

（二）水库大坝险情

汛期水库水位迅猛上涨或突降暴雨时，水库持续高水位运行时，水库高水位运行遭遇大风时，水库水位突然降低时都容易出现险情。土坝险情主要有：一是坝身或坝基处理不当时，水库水位上涨产生非稳定性或破坏性渗透水流，包括管涌、流土、接触冲刷等，在渗流通道的下游坝面或坝角出逸点有浑水出现，并迅速扩大，严重时造成大坝溃决；二是坝体不均匀沉陷引起的纵向和横向裂缝；三是长期连阴雨或暴雨引起下游坝坡塌滑；四是水库水位突然降低引起上游坝坡塌滑；五是上游护坡被风浪冲刷破坏；六是水库溢洪闸和放水洞等建筑物失事等。

（三）河道建筑物险情

河道拦河建筑物海漫、消力池被冲毁，闸室基础被淘刷破坏，基础处理不当发生不均匀沉降闸体裂缝等。

二、汛前准备工作

每次汛前，必须做好做实防汛抢险准备工作。❶汛前准备工作主要有以下几个方面。

（一）舆论宣传

利用广播、电视、报纸等多种方式，宣传防汛抗灾的重要意义，总结历年防汛抢险的经验教训，使广大干部和群众，克服麻痹思想和侥幸心理，坚定信心，增强抗洪减灾意识，树立团结协作、顾全大局的思想，加强组织纪律性，服从命令听指挥。同时加强法制宣传，使有关防汛工作的法规、办法家喻户晓，防止和抵制一切有碍防汛抢险行为的发生。

（二）组织准备

防汛抢险具有时间紧、任务急、技术性强、群众参与等特点，多年的防汛抢险实践，尤其是1998年抢险的实践证明，要取得抢险工作的全面胜利，一靠及时发现险情，二靠抢险方法正确，三靠人力、物料和后勤保障跟得上。人防工程在抢险工作中占有重要的地位，主要包括健全防汛抢险的领导机构、组织好防汛抢险队伍、做好抢险队伍的技术培训工作等内容。1998年，长江、松花江及嫩江出现特大洪水，仅长江干堤就出现险情6000多处，在解放军与当地群众的有力拼搏下，这些险情都转危为安。所以要求各级行政首长实行目标责任制，明确各级行政领导的第一把手是第一责任人。

❶ 060305 Ⓣ

1. 健全机构

各级防汛抗旱指挥部是防汛抢险的指挥中心，每年汛前要健全、完善防汛指挥机构。防汛抗旱指挥部与水利、水文、气象、交通运输、物资供应、邮电通信等相关部门形成一个有效的指挥网络，实行纵向垂直领导与横向矩阵式领导相结合。

2. 组织队伍

多年的防汛抢险实践证明，堤防抢险采取专业队伍与群众队伍相结合，军民联防是行之有效的。

(1) 专业防汛队伍。专业防汛队伍由国家、省、市防汛指挥部临时指派的专家组与各基层河道管理单位的工程技术人员及技术工人组成，是防汛抢险的技术骨干力量。专业防汛队伍成员必须熟悉堤防的工程资料，例如险工险段的具体部位、险情的严重程度，以便有针对性地进行抢险的准备工作。汛期到来即应进入防守岗位，随时了解并掌握汛情、工情，及时分析险情。要组织基层专业队伍学习堤防管理养护知识和防汛抢险技术，参加专业技术培训和实战演习。

近年来，为克服抗洪抢险料物运输多以人工为主、机械化程度低、人力消耗大、抢险效率低的问题，在一些重要江河组建了机动抢险队。今后应逐步建立具有较高抢险技术水平、先进的抢险机械装备、较强的全天候和全路况下的快速开进能力的快速、灵活、高效的抗洪抢险队伍。

(2) 群众防汛队伍。群众防汛队伍是江河防汛抢险的基础力量。它是以青壮年劳力为主，吸收有防汛经验的人员参加，组成不同类别的防汛队伍。根据堤线防守任务的大小和距离，河道的远近，常划分一线、二线队伍，有的还有三线队伍。紧临堤防的县、乡、村组成常备队和群众抢险队，为一线防汛队伍；紧邻一线的县、乡组成预备队，为二线队伍；离堤线较远的后方县组成三线队伍。滩区、分滞洪区、水库库区内的群众要组织迁安救护队。

常备队是堤线防守的主力队伍，负责堤防防守、巡堤查险和一般险情的抢护。根据堤防的重要程度，分段驻守足够的常备队员。抢险队由常备队中有经验的人员组成，每县可组织多个抢险队，每队 30～50 人。

预备队是堤线防守的后备力量，负责运送抢险物料，必要时预备队也参加堤线防守和抢险。此外，每年汛前还应把沿河城镇、机关、工厂、学校的职工和居民组织起来，情况危急时动员他们参加防汛抢险。

(3) 解放军、武警部队抢险队伍。解放军和武警部队是防汛抢险的主力军和突击力量，每当发生大洪水和紧急抢险时，他们总是不惧艰险，承担着重大险情抢护和救生任务。一般各级防汛指挥部主动与当地驻军联系，及时通报汛情、险情和防御方案，明确部队防守任务和联络部署制度。当遇大洪水和紧急险情时，立即请求解放军和武警部队参加抗洪抢险。

3. 抢险技术培训

防汛抢险技术培训是防汛准备的一项重要内容，除利用广播、电视、报纸和因特网等媒体普及抢险常识外，对各类人员应分层次、有计划、有组织地进行技术培训。

(1) 专业防汛队伍的培训。对专业技术人员应举办一些抢险技术研讨班，请有实践经验的专家传授抢险技术，并通过实战演习和抢险实践提高抢险技术水平。对专业抢险队的干部和队员，每年汛前要举办抢险技术学习班，进行轮训，集中学习防汛抢险知识，并进行模拟演习，利用旧堤、旧坝或其他适合的地形条件进行实际操作，增强抗洪抢险能力。

（2）群防队伍的培训。对群防队伍一般采取两种办法：一是举办短期培训班。进入汛期后，在县防汛指挥部的组织领导下，由县人武部门和水利管理部门召集常备队长、抢险队长集中培训，时间一般为3～5d，也可采用实地演习的办法进行培训。二是群众性的学习。一般基层管理单位的工程技术人员和常备队长、抢险队长分别到各村向群众宣讲防汛抢险常识，并辅以抢险挂图和模型、幻灯片、看录像等方式进行直观教学，便于群众领会掌握。

（3）防汛指挥人员的培训。应举办由防汛指挥人员、防汛指挥成员单位负责人参加的防汛抢险技术研讨班，重点学习和研讨防汛责任制、水文气象知识、防汛抢险预案、防洪工程基本情况、抗洪抢险技术知识等，使防汛抢险指挥人员能够科学决策，指挥得当。

（三）技术准备

技术准备是指险情调查资料的分析整理和与堤防有关的地形、地质、水情、设计图纸的搜集等。主要包括以下几项。

1. 险情调查

此项工作应在汛前进行。首先是搜集历年险情资料，进行归纳整理；其次是掌握上一年度及往年对险工险段的整治情况。根据上述资料，对重大险工险情进行初步判断，并告知于民。

2. 收集技术资料

汛前应收集堤防的设计资料及相关建筑物的设计图纸，绘制堤防的纵剖面图，标注出堤基地质特征、堤顶高程、堤坡坡比、历年最高水位线、堤脚处的一般地面高程。配备堤防辖区的1/50000地形图和1/10000～1/5000堤防带状地形图。

3. 堤防汛期巡查

汛前对堤防工程应进行全面检查，汛期更要加强巡堤查险工作。检查的重点是险情调查资料中所反映出来的险工、险段。巡查要做到两个结合，即“徒步拉网式”的工程普查与对险工险段、水毁工程修复情况的重点巡查相结合；定时检查与不定时巡查相结合。同时做到三加强三统一，即加强责任心，统一领导，任务落实到人；加强技术指导，统一填写检查记录的格式，如记述出现险情的时间、地点、类别，绘制草图，同时记录水位和天气情况等有关资料，必要时应进行测图、摄影和录像，甚至立即采取应急措施，并同时报上一级防汛指挥部；加强抢险意识，做到眼勤、手勤、耳勤、脚勤和发现险情快、抢护处理快、险情报告快，统一巡查范围、内容和报警方法。巡查范围包括堤身、堤（河）岸，堤背水坡脚200m以内水塘、洼地、房屋、水井以及与堤防相接的各种交叉建筑物。检查的内容包括裂缝、滑坡、跌窝、洞穴、渗水、塌岸、管涌（泡泉）、漏洞等。统一报警方法包括：

（1）警号规定。①利用广播电视、移动电话、对讲机、报警器报警时，警号可现场约定；②当没有条件采用现代设备进行报警时，可因地制宜地采用口哨、锣鼓，甚至鸣枪报警，警号应事先约定。

(2) 出险标志。出险和抢险的地点，要作出显著的标志，如红旗、红灯等。

(3) 广而告之。无论用何种报警器具和方法，都要有严密的组织和纪律，并安民告示，使之家喻户晓。

(四) 抢险料物准备与供应

防汛料物是防汛抢险的重要物质条件，须在汛前筹备妥当，以满足抢险的需要。汛期发生险情时，应根据险情的性质尽快从储备的防汛物资中选用合适的抢险料物进行抢护。如果料物供应及时，抢险使用得当，会取得事半功倍的效果，化险为夷。否则，将贻误战机，造成抢险被动。

由于防汛料物使用量大，品种繁多，多年来实行国家、社会团体储备与群众筹集相结合的办法。

各级防汛指挥部按照一定的防汛物资储备定额进行储备，用后应及时补充。主要储备砂石料（沙料、石子、块石)、铅丝、袋类（编织袋、麻袋)、土工合成材料（编织布、无纺布、复合土工膜及相应的软体排)、篷布、麻绳、救生器材（冲锋舟、橡皮船、救生衣、救生圈)、发电机组等。

社会团体（主要指工商企业）一般代储一些大宗防汛物资，如苇席、竹竿、麻绳、麻袋、草袋、篷布、电线、照明用品等。每年汛前预订合同，用后付款，不用时按照规定给予保管费，汛后由代储单位自行处理。

沿堤群众储备临时抢险所需的柳秸料、苇席、木桩、麻布袋、棉絮（棉衣、棉被)、草捆等，由各级防汛指挥部于每年汛前号料登记，议定价格，备而不集，用后付款。

(五) 通信联络准备

汛前要检查维修各种防汛通信设施，包括有线、无线设施，对值机人员应组织培训，建立话务值班制度，保证汛期通信畅通。与电信部门通报防汛情况，建立联系制度，约定紧急防汛通话的呼号。蓄滞洪区应按照预报时限、转移方案和安全建设情况，布置配备通信报警系统。

(六) 实施交通管制

按照《中华人民共和国防洪法》第四十一条的规定，当江河、湖泊的水情接近保证水位或者安全流量，水库水位接近设计洪水位，或者防洪工程设施发生重大险情时，有关县级以上人民政府防汛指挥机构可以宣布进入紧急防汛期。在紧急防汛期，按照《中华人民共和国防洪法》第四十五条的规定，防汛指挥机构提请公安、交通等有关部门依法实施陆地和水面交通管制。

三、堤坝险情抢护

堤坝是河道防洪的重要屏障。当堤坝出现险情后，要立即查看出险情况，分析出险原因，有针对性地采取有效措施，以及时抢护，防止险情扩大，保证安全。

(一) 洪水漫顶险情抢护

漫顶是洪水漫过堤、坝顶的现象。堤防、土坝是土质结构，抗冲刷能力差，一旦溢流，冲塌速度很快，如果抢护不及时，会造成决口。

1. 出险原因分析

出险原因主要有：①上游发生超标准洪水；②施工中堤防没有达到设计高程；③施工碾压不实或堤基中有软弱层，造成堤防大量沉陷；④河道内存在有阻水障碍物；⑤有的因河道严重淤积，过水断面减小，抬高了水位；⑥风浪或主流坐弯，以及地震、潮汐等壅高了水位等。

为防止洪水漫溢冲毁堤防或波浪漫顶冲蚀堤防，应在堤顶抢修子堤（子埝），并要在洪水位升高前筑成。❶

2. 抢护方法

（1）纯土子堤❷。修筑子堤的目的是临时加高挡水高程，当土料质量良好取土便利时，可使用纯土子堤，纯土子堤应修在堤顶靠临水堤肩一边，取土尽量在背水堤脚 50m 外取土，以利于堤防安全，其布置如图 6－2 所示。

在个别堤段即将漫溢一时来不及远处取土时，在堤顶较宽的情况下，可临时在背水堤肩借土筑埝，土料要用黏性土，汛后可加固培厚堤防。这是一种不得已的防漫溢措施，不可轻易使用，其布置如图 6－3 所示。

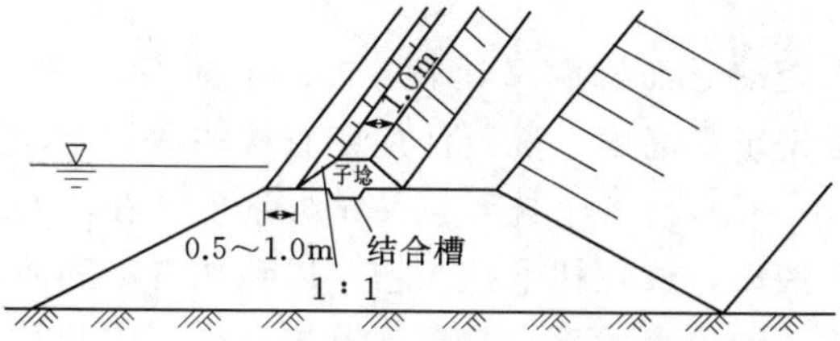

图 6－2　纯土子堤示意图

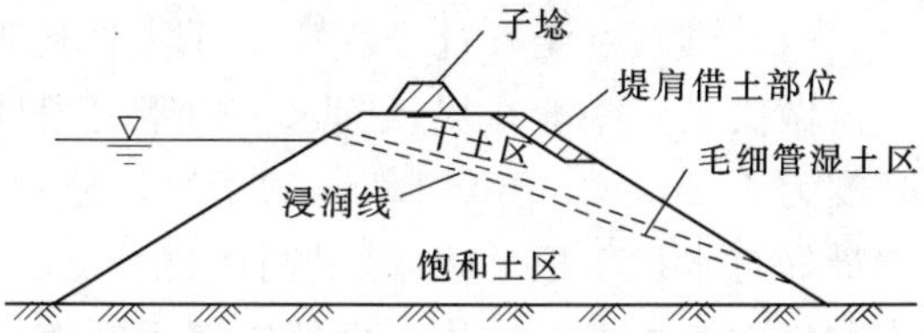

图 6－3　堤肩借土示意图

（2）土袋子堤❸。土袋子堤适用于风浪较大，取土较困难的堤段，土袋主要起防冲作用，当土质不好时，可全部用土袋修筑子堤。一般用草袋、麻袋或土工编织袋，装土七八成满后，将袋口缝严，不要用绳扎口，以利铺砌，其布置如图 6－4 所示。

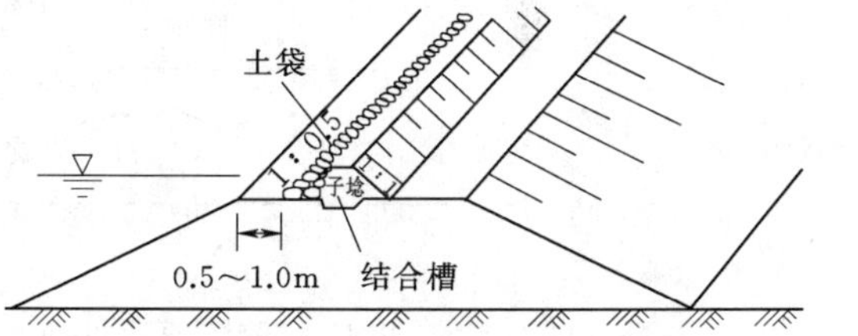

图 6－4　土袋子堤示意图

（3）桩柳（桩板）子堤❹。当土质较差，取土困难，又缺乏土袋时，可就地取材，修筑桩柳或桩板子堤。其具体做法是：在临水堤肩处先打木桩一排，桩长可根据子堤高而定。将柳枝、秸料或芦苇等捆成柳把，用铅丝或麻绳绑扎于木桩后（亦可用散柳厢修），自下而上紧靠木桩逐层叠放。在放置第一层柳把时，先在堤面上挖沟槽，将柳把放置于沟内。在柳把后面散放秸料一层，然后再分层铺土夯实，做成土戗，其布置如图 6－5 所示。

❶ 060306
❷ 060307
❸ 060308
❹ 060309

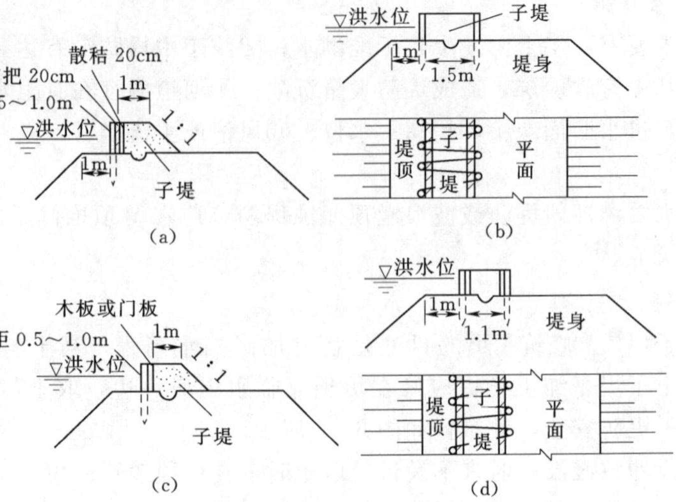

图 6-5 柳桩（板桩）子堤示意图

(a) 单排柳桩子堤；(b) 双排柳桩子堤；(c) 单排板桩子堤；(d) 双排板桩子堤

(4) 柳石（土）枕子堤❶。当取土困难，土袋缺乏而柳源又比较丰富时，适用此法。具体做法是：一般在堤顶临水一边距堤肩处，根据子堤高度，确定使用柳石枕的数量。如高度为 0.5m、1.0m、1.5m 的子堤，分别用 1 个、3 个、6 个枕，按品字形堆放。在其两端最好打木桩 1 根，以固定柳石（土）枕，防止滚动，或在枕下挖沟槽，以免枕滑动和防止顺堤面渗水。枕后用土做戗，戗下开挖结合槽，刨松表层土，并清除草皮杂物，以利结合。然后在枕后分层铺土夯实，直至戗顶。如土质较差时，应适当放缓坡度。其布置如图 6-6 所示。

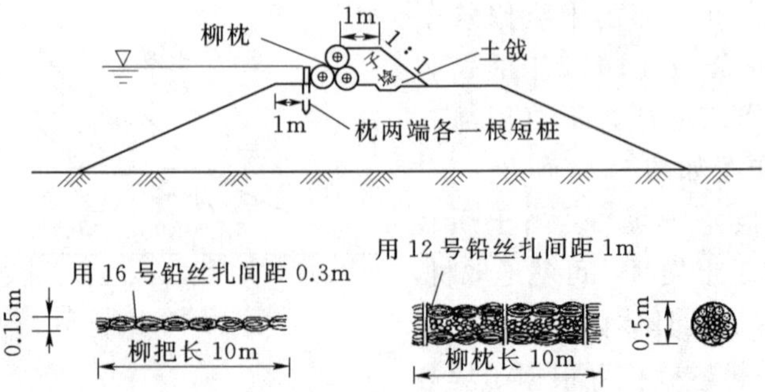

图 6-6 柳石（土）枕子堤示意图

(5) 防洪（浪）墙防漫溢子堤❷。当城市人口稠密缺乏修筑土堤的条件时，常沿江河岸修筑防洪墙；当有涵闸等水工建筑物时，一般都设置浆砌石或钢筋混凝土防洪墙。遭遇

❶ 060310
❷ 060311

超标准洪水时，可利用防洪墙作为子堤的迎水面，在墙后利用土袋加固加高挡水。土袋应紧靠防洪墙背后叠砌，宽度、高度均应满足防洪和稳定的要求，其做法与土袋子堤相同，如图6-7所示。但要注意防止原防洪墙倾倒，可在防洪墙前抛投土袋或块石。

（6）编织袋土子堤。使用编织袋修筑子堤，在运输、储存、费用，尤其是耐久性方面，都优于以往使用的麻袋、草袋。最广泛使用的是以聚丙烯或聚乙烯为原料制成的编织袋。当遇雨天道路泥泞又缺乏土料时，可采用编织袋装土修筑编织袋土子堤（最好用防滑编织袋），编织袋间用土填实，防止涌水。其布置如图6-8所示。

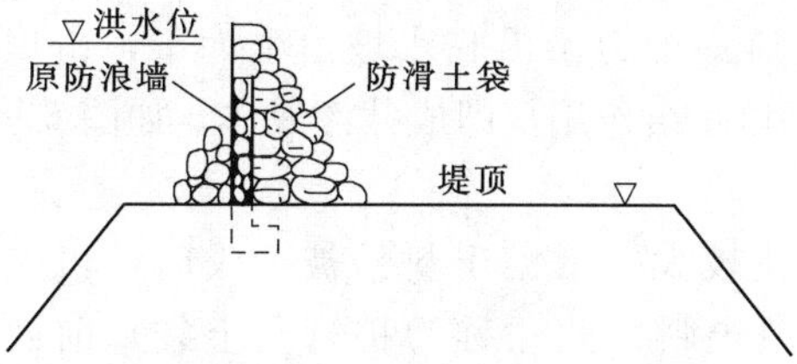

图6-7　防洪（浪）墙土袋示意图

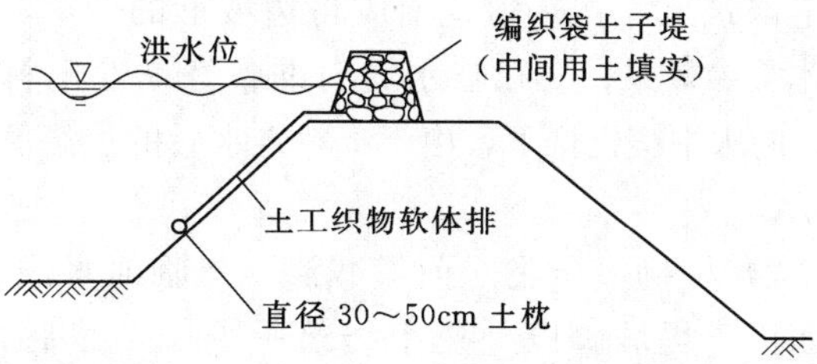

图6-8　编织袋土子堤示意图

（7）土工织物土子堤。土工织物土子堤的抢护方法，基本与纯土子堤相同，不同的是将堤坡防风浪的土工织物软体排铺设高度向上延伸覆盖至子堤顶部，使堤坡防风浪淘刷和堤顶防漫溢的软体排构成一个整体，收到更好效果，如图6-9所示。

（二）渗水（散浸）险情抢护❶

渗水也叫散浸或洇水，是堤防较常见的险情之一，如图6-10所示。即使渗水是清水，当出逸点偏高，浸润线抬高过多时，也要及时处理。若发展严重，超出安全渗流限度，即可能成为严重渗水，导致土体发生渗透变形，形成脱坡（或滑坡）、流土甚至陷坑或漏洞等险情。

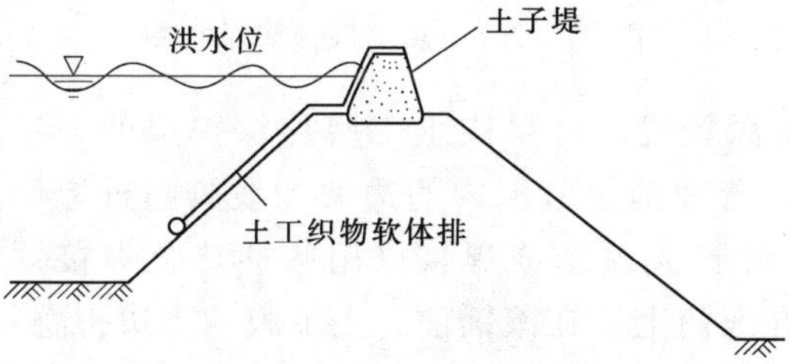

图6-9　土工织物土子堤示意图

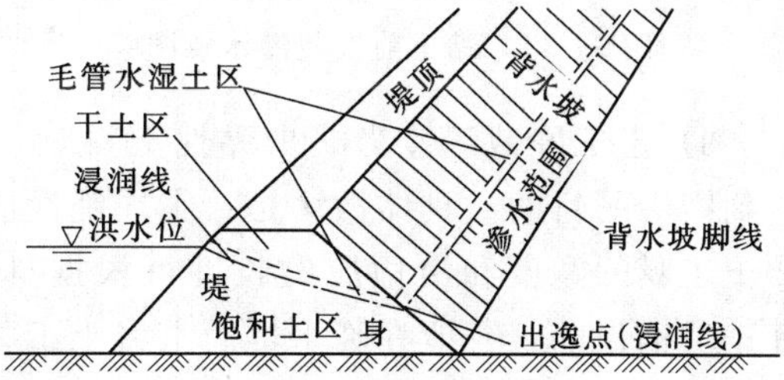

图6-10　堤身渗水示意图

1. 出险原因分析

堤防发生渗水险情的主要原因有：①水位超过堤防设计标准，持续时间较长；②堤防断面不足，背水坡偏陡，浸润线抬高；③堤身土质多沙，又无防渗斜墙或其他有效控制渗流的

❶ 060312Ⓛ

工程设施；④堤防修筑时，土料多杂质，有干土块或冻土块，碾压不实，施工分段接头处理不密实；⑤堤身、堤基有隐患，如蚁穴、树根、鼠洞、暗沟等；⑥堤防与涵闸等水工建筑物结合部填筑不密实；⑦堤基土壤渗水性强，堤背排水反滤设施失效，浸润线抬高。

2. 抢护方法

（1）临河截渗。

1）黏土前戗截渗。当堤前水不太深，风浪不大，水流较缓，附近有黏性土料，且取土较易时，可采用此法。具体做法是：①根据渗水堤段的水深、渗水范围和渗水严重程度确定修筑尺寸；②填筑前应将边坡上的杂草、树木等杂物尽量清除，以免填筑不实，影响戗体截渗效果；③在临水堤肩准备好黏性土料，然后集中力量沿临水坡由上而下，由里向外，向水中缓慢推下，由于土料入水后的崩解、沉积和固结作用，即成截渗戗体，如图 6－11 所示。

2）桩柳（土袋）前戗截渗。当临河水浅但流速较大，散抛土料易被冲失时，可先在水面以下堤坡脚以外用土袋筑一隔墙，然后再抛填土料，此法称为桩柳（土袋）前戗截渗。具体做法如下：①在临河堤脚外用土袋筑一道防冲墙，其厚度及高度以能防止水流冲刷戗土为度。如临河水较深时，可做桩柳防冲墙，打木桩或钢管桩一排；②在已打好的木桩上，用柳枝或芦苇、秸料等梢料编成篱笆，或者用木杆、竹竿将桩连起来，上挂芦席或草帘、苇帘等；③在抛土前，应清理边坡并备足土料，然后在桩柳墙与堤坡之间填土筑戗。其布置如图6－12 所示。

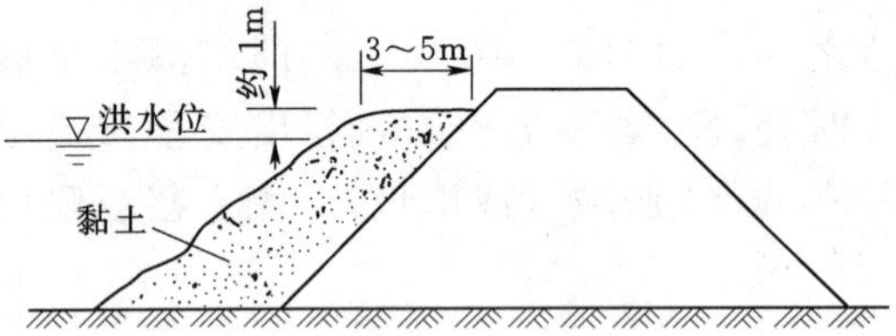

图 6－11　黏土前戗截渗示意图

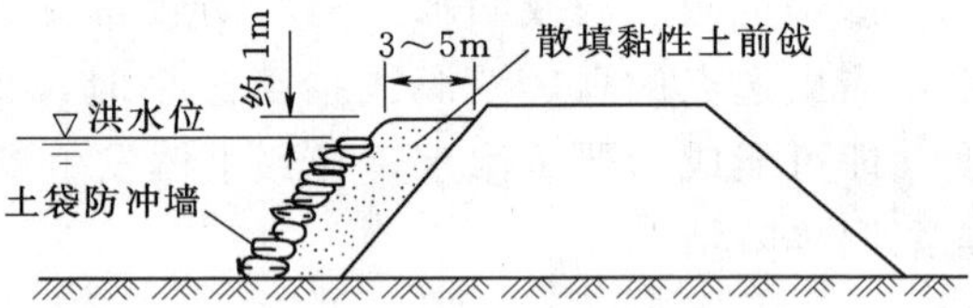

图 6－12　土袋前戗截渗示意图

3）土工膜截渗。当缺少黏性土料时，若水深较浅，可采用土工膜加保护层的办法，达到截渗的目的。具体做法是：①在铺设前，应清理铺设范围内的边坡和坡脚附近地面；②土工膜的宽度和沿边坡的长度可根据具体尺寸预先黏结或焊接（用脉冲热合焊接器）好；③铺设前，一般在临水堤肩上将土工膜卷在滚筒上，在滚铺前，土工膜的下边折叠粘牢形成卷筒，并插入钢管加重（如无钢管可填充土料、石块等）；④土工膜铺好后，应在其上满压一两层内装砂石的土袋，由坡脚最下端压起，逐层错缝向上平铺排压，不留空隙，作为土工膜的保护层，同时起到防风浪的作用。其布置如图 6－13 所示。

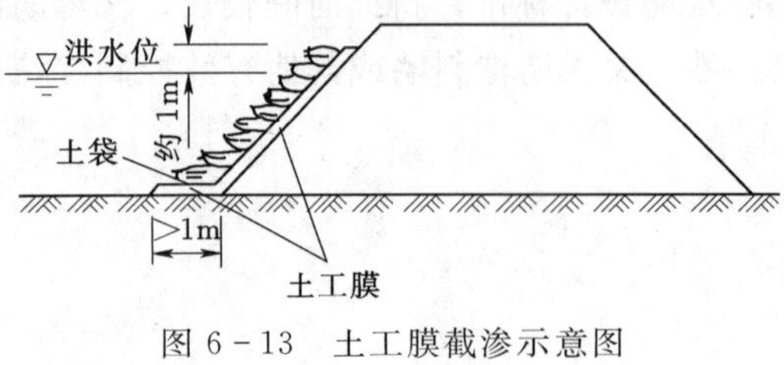

图 6－13　土工膜截渗示意图

（2）反滤沟导渗。当堤防背水坡大面积严重渗水时，应主要采用在堤背开挖导渗沟、铺设反滤料、土工织物和加筑透水后戗等办法，引导渗水排出，降低浸润线，使险情趋于稳定。但必须起到避免水流带走土颗粒的作用。

1）砂石导渗沟。堤防背水坡导渗沟的形式，常用的有纵横沟、Y字沟和人字沟等。沟的尺寸和间距应根据渗水程度和土壤性质而定。顺堤坡的竖沟一般每隔6～10m开挖一条沟。施工时，应在堤脚稍外处沿堤开挖一条排水纵沟，填好反滤料。纵沟应与附近地面原有排水沟渠连通，将渗水排至远离堤脚外的地方。然后在边坡上开挖导渗竖沟，与排水纵沟相连，逐段开挖，逐段填充反滤料，一直挖填到边坡出现渗水的最高点稍上处。导渗竖沟底坡一般与堤坡相同，边坡以能使土体站得住为宜，其沟底要求平整顺直。导渗沟内要按反滤层要求分层填放粗砂、小石子、大石子，每层厚要大于20cm。为防止泥土掉入导渗沟内，阻塞渗水通道，可在导渗沟的砂石料上面铺盖草袋、席片或麦秸，然后压上土袋、块石加以保护。其布置如图6-14、图6-15（a）所示。

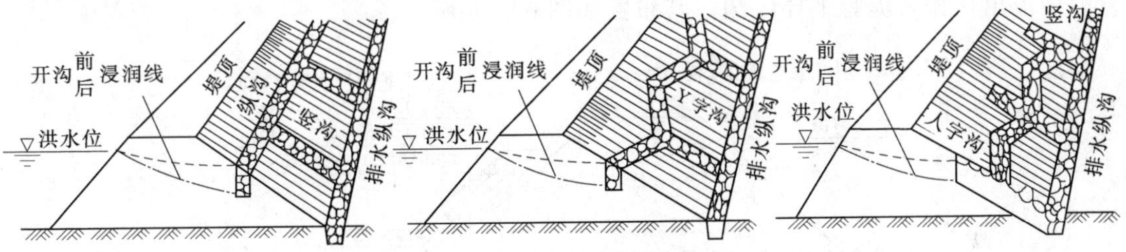

图6-14　导渗沟开沟示意图

（a）纵横沟；（b）Y字沟；（c）人字沟

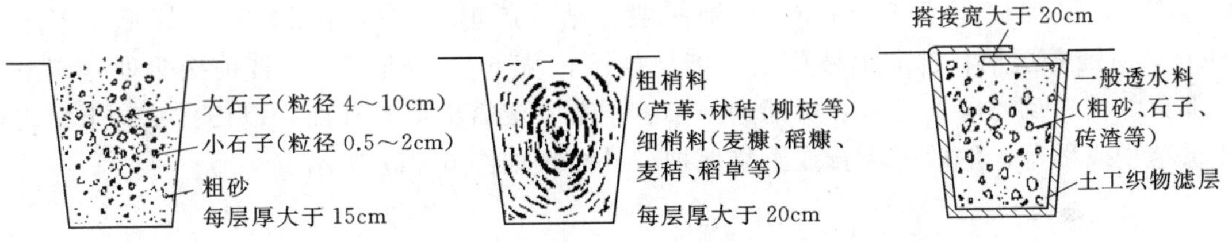

图6-15　导渗沟铺填示意图

（a）砂石导渗沟；（b）梢料导渗沟；（c）土工织物导渗沟

2）梢料导渗沟（又称芦柴导渗沟）。开沟方法与砂石导渗沟相同。沟内用稻糠、麦秸、稻草等细料与柳枝或芦苇、秫秸等粗料，按下细上粗、两侧细中间粗的原则铺放，严禁粗料与导渗沟底、沟壁土壤接触。铺料方法有两种：一种先在沟底和两侧铺细梢料，中间铺粗梢料，然后上压块石、草袋或上铺席片、麦秸、稻草，顶部压土加以保护；另一种是先将芦苇、秫秸、柳枝等粗料扎成直径30～40cm的把子，外捆稻草或麦秸等细料厚约10cm，以免粗料与堤土直接接触，梢料铺放要粗枝朝上，梢向下，自沟下向上铺。横（斜）沟下端滤料要与坡脚排水纵沟滤料相接，纵沟应与坡脚外排水沟渠相通。梢料导渗层做好后，上面应用草袋、席片、麦秸等铺盖，然后用块石或土袋压实。其布置如图6-14、图6-15（b）所示。

3）土工织物导渗沟。土工织物导渗沟的开挖方法与砂石导渗沟相同。将土工织物紧贴沟底和沟壁铺好，并在沟口边沿露出一定宽度，然后向沟内细心地填满一般透水料，如粗砂、石子、砖渣等，不必再分层。在透水料铺好后，上面铺盖草袋、席片或麦秸，并压土袋、块石保护。开挖土层厚度不得小于 0.5m。在坡脚应设置排水纵沟，并与附近排水沟渠连通，将渗水集中排向远处。在紧急情况下，也可用土工织物包梢料捆成枕放在导渗沟内，然后上面铺盖土料保护层。其布置如图 6-14、图 6-15（c）所示。

（3）反滤层导渗。当堤身透水性较强，背水坡土体过于稀软，或者堤身断面小，经开挖试验，采用导渗沟确有困难，且反滤料又比较丰富时，可采用反滤层导渗法抢护。

1）砂石反滤层。在抢护前，先将渗水边坡的软泥、草皮及杂物等清除，清除厚度 20～30cm。然后按反滤的要求均匀铺设一层厚 15～20cm 的粗砂，上盖一层厚 10～15cm 细石，再盖一层厚 15～20cm、粒径 2cm 的碎石，最后压上块石厚约 30cm，使渗水从块石缝隙中流出，排入堤脚下导渗沟。其布置如图 6-16 所示。

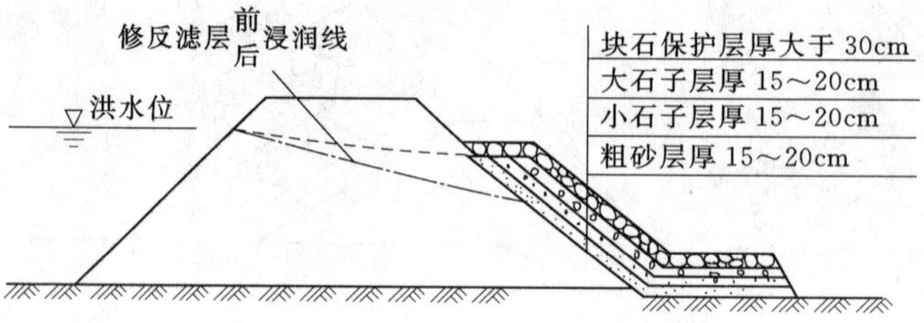

图 6-16 砂石反滤层示意图

2）梢料反滤层（又称柴草反滤层）。将渗水堤坡清理好后，铺设一层稻糠、麦秸、稻草等细料，其厚度不小于 10cm，再铺一层秫秸、芦苇、柳枝等粗梢料，其厚度不小于 30cm。所铺各层梢料都应粗枝朝上，细枝朝下，从下往上铺置，在枝梢接头处，应搭接一部分。梢料反滤层做好后，所铺的芦苇、稻草一定露出堤脚外面，以便排水；上面再盖一层草袋或稻草，然后压块石或土袋保护。其布置如图 6-17 所示。

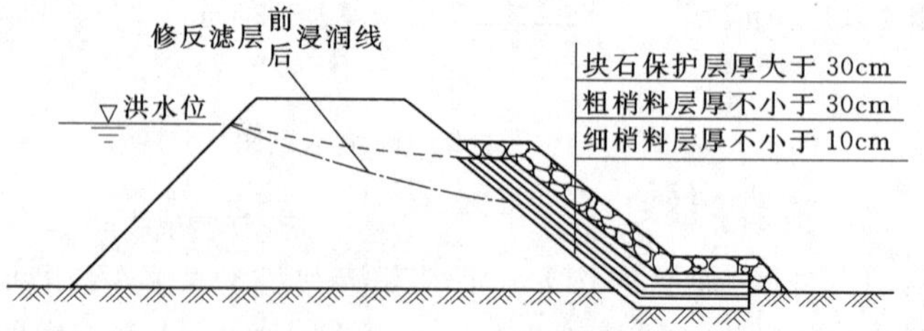

图 6-17 梢料反滤层示意图

3）土工织物反滤层。当背水堤坡渗水比较严重，堤坡土质松软时，采用此法。清理好渗水堤坡坡面后，先满铺一层符合反滤层要求的土工织物。铺时应使搭接宽度不小于 30cm。其下面是否还要满铺一般透水料，可据情况而定，最后再压块石、碎石或土袋进行压载。其布置如图 6-18 所示。

（4）透水后戗。适用于堤身单薄，渗水严重，背水坡较陡的堤段。

1）砂土后戗。在抢护前，先将边坡渗水范围内的软泥、草皮及杂物等清除，开挖深度 10～20cm。然后在清理好的坡面上，采用比堤身透水性大的砂土填筑，并分层夯实。砂土后戗一般高出浸润线出逸点 0.5～1.0m，顶宽 2～4m，戗坡 1：3～1：5，长度超过

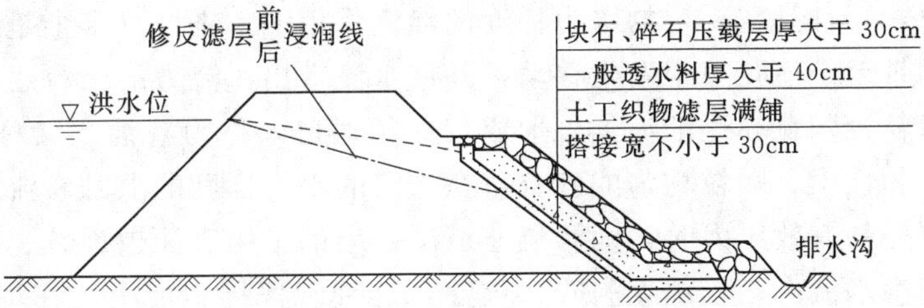

图 6－18　土工织物反滤层示意图

渗水堤段两端至少 3m。采用透水性较大的粗砂、中砂修做后戗，断面可小些；相反，采用透水性较小的细砂、粉砂修做后戗，断面可大些。其布置如图 6－19 所示。

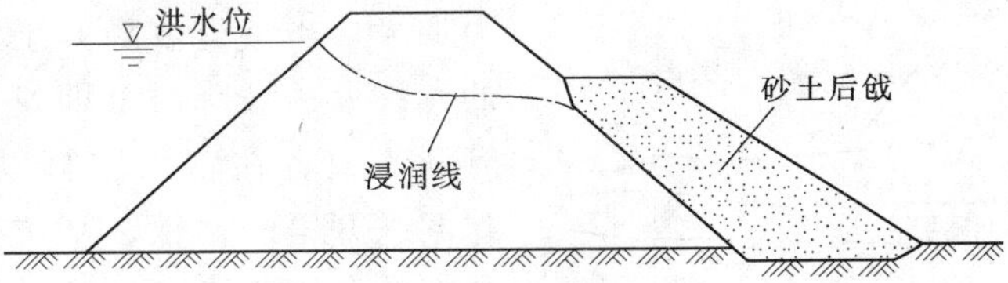

图 6－19　砂土后戗示意图

2）梢土后戗。当附近砂土缺乏时，可采用梢土后戗法。地基清好后，在坡脚拟抢筑后戗的地面上铺梢料厚约 30cm。在铺料要分三层，上下层均用细梢料，如麦秸和秫秸等，其厚度不小于 20cm，中层用粗梢料，如柳枝、芦苇和秫秸等，其厚度 20～30cm。粗料要垂直堤身，头尾搭接，梢部向外，并伸出戗身，以利排水。在铺好的梢料透水层上，采用砂性土（禁用黏土）分层填土夯实，填土厚 1.0～1.5m，然后在此填土层上仍按地面铺梢料办法（第一层）再铺第二层梢料透水层，如此层梢层土，直到设计高度。多层梢料透水层要求梢料铺放平顺，并垂直堤身轴线方向，应作成顺坡，以利排水，免除滞水。其布置如图 6－20 所示。

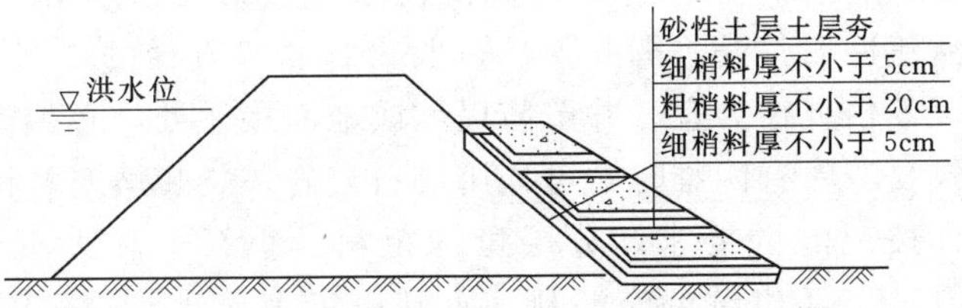

图 6－20　梢土后戗示意图

（三）翻砂鼓水（管涌、流土）险情抢护❶

当汛期高水位时，在堤防下游坡脚附近或坡脚以外（包括潭坑、池塘或稻田中），会

❶ 060313Ⓛ

发生有两种情况：一种是在一定的水力梯度的渗流作用下，土体（多半是砂砾石）中的细颗粒被渗流冲刷带至土体孔隙中发生移动，并被水流带出，流失的土粒逐渐增多，渗流流速增加，使较粗粒径颗粒亦逐渐流失，形成贯穿的通道，称为管涌（又称泡泉等）；另一种是黏性土或非黏性土、颗粒均匀的砂土，在一定的水力梯度的上升渗流作用下，所产生的浮托力超过覆盖的有效压力时，则渗流通道出口局部土体表面被顶破、隆起或击穿发生“砂沸”，土粒随渗水流失，局部成洞穴、坑洼，这种现象称为流土。在堤防工程险情中，把这种地基渗流破坏的管涌和流土现象统称为翻砂鼓水。

1. 出险原因分析

堤防背河出现管涌的原因，一般是堤基下有强透水砂层，或地表虽有黏性土覆盖，但由于天然或人为的因素，土层被破坏。在汛期高水位时，渗透坡降变陡，渗流的流速和压力加大。当渗透坡降大于堤基表层弱透水层的允许渗透坡降时，即发生渗透破坏，形成管涌。或者在背水坡脚以外地面，因取土、建闸、开渠、钻探、基坑开挖、挖水井、挖鱼塘等及历史溃口留下冲潭等，破坏表层覆盖，在较大的水力坡降作用下冲破土层，将下面地层中的粉细砂颗粒带出而发生管涌，如图 6-21 所示。

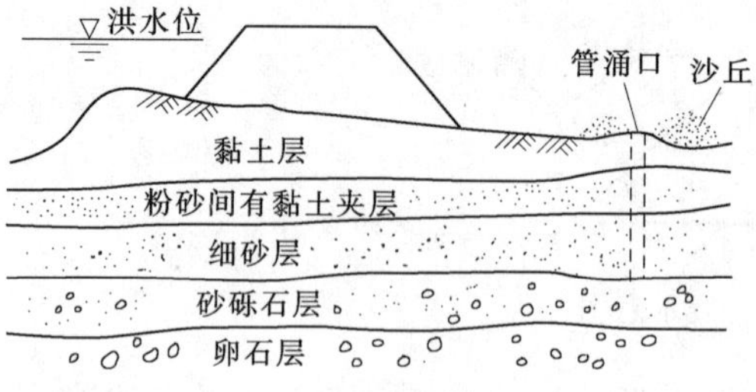

图 6-21 翻砂鼓水示意图

2. 抢护方法

(1) 反滤围井❶。在管涌出口处，抢筑反滤围井，制止涌水带砂，防止险情扩大。此法一般适用于背河地面或洼地坑塘出现数目不多和面积较小的管涌，以及数目虽多，但未连成大面积，可以分片处理的管涌群。对位于水下的管涌，当水深较浅时，也可采用此法。根据所用材料不同，具体做法有以下几种。

1) 砂石反滤围井。在抢筑时，先将拟建围井范围内杂物清除干净，并挖去软泥约20cm，周围用土袋排垒成围井。围井高度以能使水不挟带泥沙从井口顺利冒出为度。并应设排水管，以防溢流冲塌井壁。围井内径一般为管涌口直径的10倍左右，多管涌时四周也应留出空地，以5倍直径为宜。井壁与堤坡或地面接触处，必须做到严密不漏水。井内如涌水过大，填筑反滤料有困难时，可先用块石或砖块袋装填塞，待水势消杀后，在井内再做反滤导渗，即按反滤的要求，分层抢铺粗料、小石子和大石子，每层厚度20～30cm，如发现填料下沉，可继续补充滤料，直到稳定为止。如一次铺设未能达到制止涌水带砂的效果，可以拆除上层填料，再按上述层次适当加厚填筑，直到渗水变清为止。其布置如图 6-22 所示。

2) 梢料反滤围井。在缺少砂石的地方，抢护管涌可采用梢料代替砂石，修筑梢料反滤围井。细料可采用麦秸、稻草等，厚20～30cm；粗料可采用柳枝、秫秸和芦苇等，厚

❶ 060314

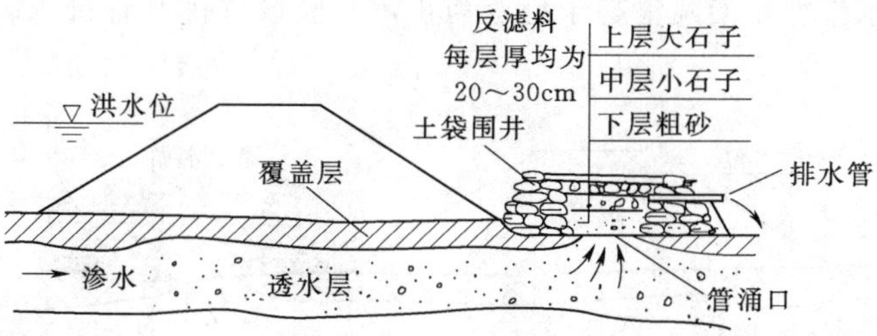

图 6-22　砂石反滤围井示意图

30～40cm；其他与砂石反滤围井相同。但在反滤梢料填好后，顶部要用块石或土袋压牢，以免漂浮冲失。其布置如图 6-23 所示。

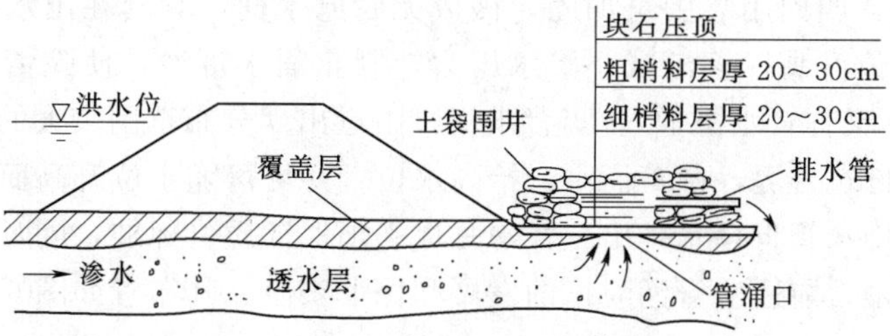

图 6-23　梢料反滤围井示意图

3）土工织物反滤围井。土工织物反滤围井的抢护方法与砂石反滤围井基本相同，但在清理地面时，应把一切带有尖、棱的石块和杂物清除干净，并加以平整，先铺符合反滤要求的土工织物。铺设时块与块之间要互相搭接好，四周用人工踩住土工织物，使其嵌入土内，然后在其上面填筑 40～50cm 厚的一般砖、石透水料。其布置如图 6-24 所示。

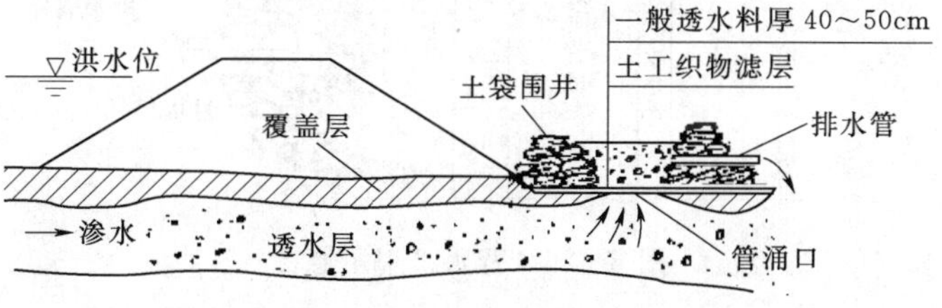

图 6-24　土工织物反滤围井示意图

(2) 无滤减压围井（或称养水盆）❶。根据逐步抬高围井内水位减小水头差的原理，在大堤背水坡脚附近险情处抢筑围井，抬高井内水位，减小水头差，降低渗透压力，减小渗透坡降，制止渗透破坏，以稳定管涌险情。

1）无滤层围井。在管涌周围用土袋排垒无滤层围井，随着井内水位升高，逐渐加高

❶ 060315

加固，直至制止涌水带沙，使险情趋于稳定为止，并应设置排水管排水。其布置如图 6－25 所示。

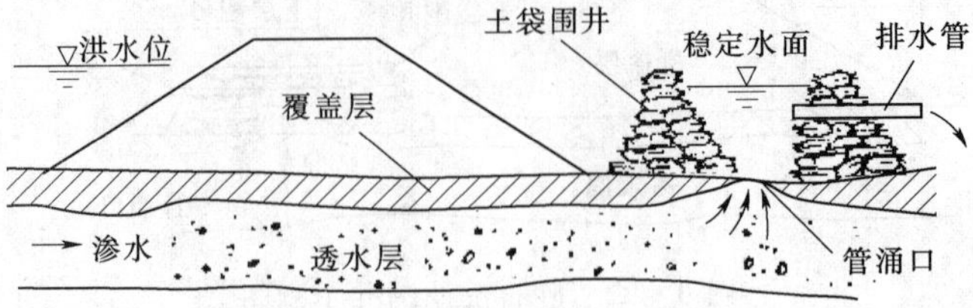

图 6－25　无滤层围井示意图

2）无滤水桶。对个别或面积较小的管涌，可采用无底铁桶、木桶或无底的大缸，紧套在出水口的上面，四周用袋围筑加固，做成无底滤水桶，紧套在出水口，四周用土袋围筑加固，靠桶内水位升高，逐渐减小渗水压力，制止涌水带沙，使险情得到缓解。

3）背水月堤（又称背水围堰）。当背水堤脚附近出现分布范围较大的管涌群险情时，可在堤背出险范围外抢筑月堤，截蓄涌水，抬高水位。月堤可随水位升高而加高，直到险情稳定为止。然后安设排水管将余水排出。背水月堤必须保证质量标准，同时要慎重考虑月堤填筑工作与完工时间是否能适应管涌险情的发展和保证安全。其布置如图 6－26 所示。

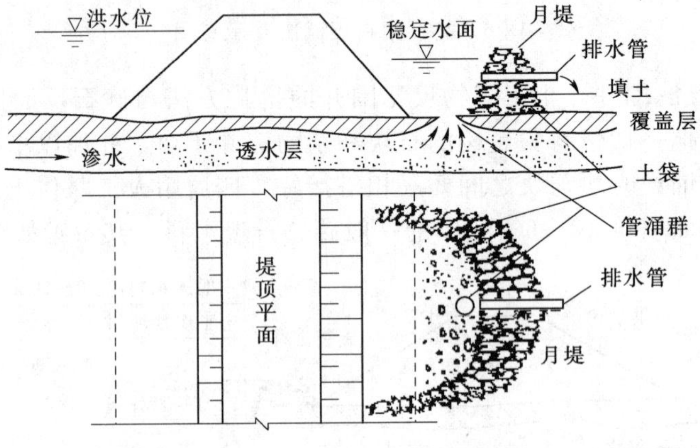

图 6－26　背水月堤示意图

（3）反滤压（铺）盖[1]。在大堤背水坡脚附近险情处，抢修反滤压盖，可降低涌水流速，制止堤基泥沙流失，以稳定险情。此种方法，一般适用于管涌较多，面积较大，涌水带砂成片，涌水涌砂比较严重的堤段。对于表层为黏性土，洞口不易迅速扩大的情况，可不用围井。根据所用反滤材料不同，具体抢护方法有以下几种。

1）砂石反滤压（铺）盖。此法需要铺设反滤料面积较大，相对用砂石料较多，在料源充足前提下，应优先选用。在抢筑前，先清理铺设范围内的软泥和杂物，对其中涌水带

[1] 060316ⓥ

沙较严重的管涌出口，用块石或砖块抛填，以消杀水势。同时在已清理好的大片有管涌冒孔群的面积上，普遍盖压一层粗砂，厚约20cm，其上再铺小石子或大石子各一层，厚度均约20cm，最后压盖块石一层，予以保护。其布置如图6-27所示。

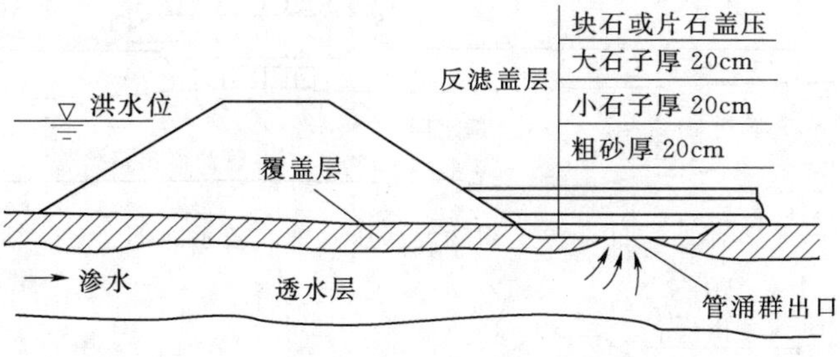

图6-27 砂石反滤压（铺）盖示意图

2）梢料反滤压（铺）盖。梢料反滤压盖的清基要求、消杀水势措施和表层盖压保护均与砂石反滤压盖相同。在铺设时，先铺细梢料，如麦秸、稻草等厚10～15cm，再铺粗料，如芦苇、秫秸和柳枝等厚15～20cm，粗细梢料共厚约30cm，然后上铺席片、草垫等。这样层梢层席，视情况可只铺一层或连续数层，然后上面压盖块石或砂土袋，以免梢料漂浮。必要时再盖压透水性大的砂土，修成梢料透水平台。但梢层末端应露出平台脚外，以利渗水排出。总的厚度以能制止涌水携带泥沙、浑水变清水、稳定险情为度。其布置如图6-28所示。

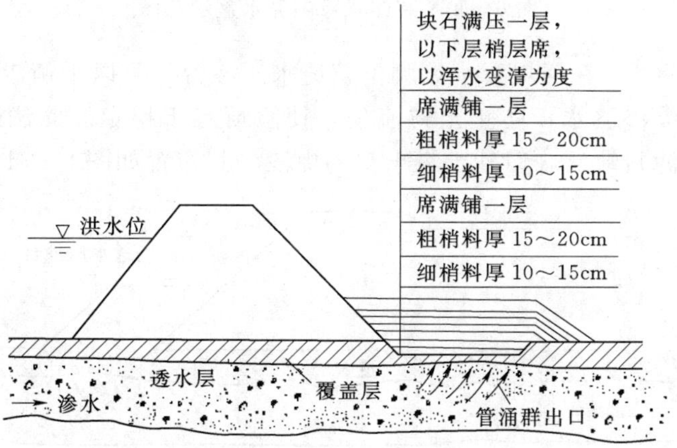

图6-28 梢料反滤压（铺）盖示意图

3）土工织物反滤压（铺）盖。抢筑土工织物反滤压盖的要求与砂石反滤压盖基本相同。在平整好地面、清除杂物，并视渗流流速大小采取抛投块石或砖块措施消杀水势后，先铺一层土工织物，再铺一般砖、石透水料厚40～50cm，或铺砂厚5～10cm，最后压盖块石一层。其布置如图6-29所示。

4）装配式橡塑养水盆。根据逐步壅高围井内水位减少水头差的原理，利用自身的静水压力抵抗住河水的渗漏，使涌泉渗流稳定。装配式橡塑养水盆采用有机聚酯玻璃钢材料制成。其布置如图6-30所示。

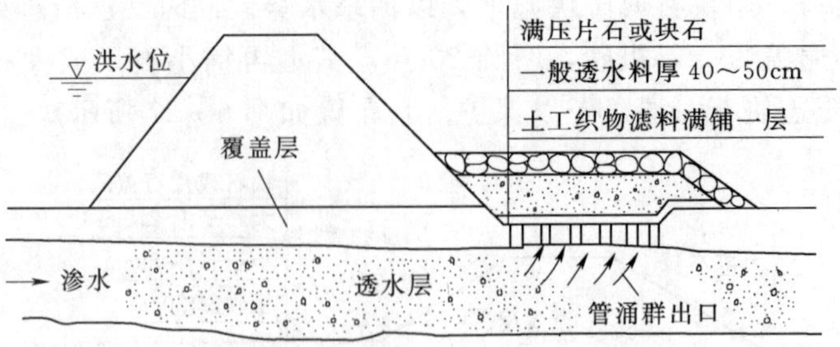

图 6-29 土工织物反滤压（铺）盖示意图

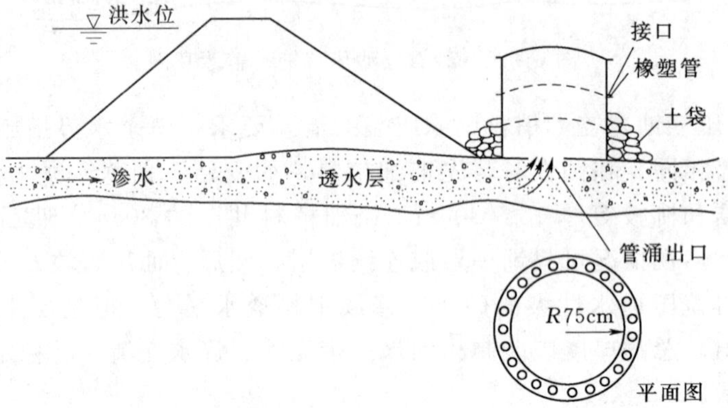

图 6-30 装配式橡塑养水盆示意图

（4）透水压渗台[1]。在河堤背水坡脚抢筑透水压渗台，可以平衡渗压，延长渗径，减小水力坡降，并能导渗滤水，防止土粒流失，使险情趋于稳定。此法适用于管涌险情较多、范围较大、反滤料缺乏，但砂土料丰富的堤段。其布置如图 6-31 所示。

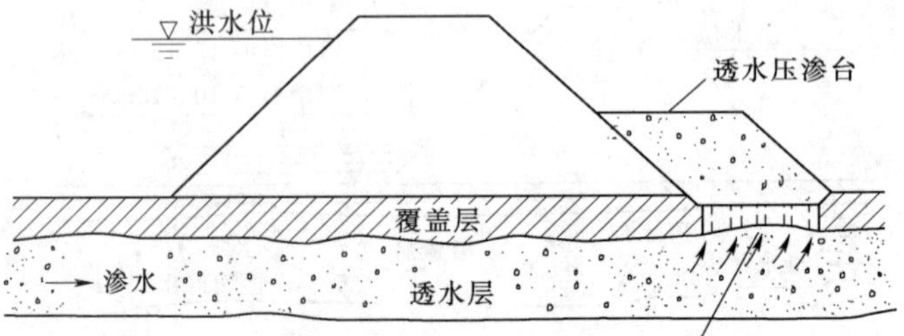

图 6-31 透水压渗台示意图

（5）“牛皮包”的处理。草根或其他胶结体把黏性土层凝结在一起组成地表土层，其下为

[1] 060317

透水层时，渗透水压未能顶破表土而形成的鼓包现象称为“牛皮包”险情，这实际上是流土现象，严重时可造成漏洞。抢护方法是：在隆起部位，铺青草、麦秸或稻草一层，厚10～20cm，其上再铺柳枝、秫秸或芦苇一层，厚20～30cm。厚度超过30cm时，可横竖分两层铺放。铺成后用锥戳破鼓包表层，使内部的水和空气排出，然后再压土袋或块石进行处理。

（四）漏洞险情抢护

漏洞是贯穿于堤身或堤基的流水通道，漏洞水流常为压力管流，流速大，冲刷力强，险情发展快，是堤防最严重的险情之一。

1. 出险原因分析

出险原因主要有：①堤身土料填筑质量差，如修筑时土料含沙量大，有机质多，土块没有打碎，产生架空现象，碾压不实，分段填筑接头未处理好等；②堤身存在隐患，如蚁、鼠、獾、狐等动物在堤内挖的洞穴，以及树根、裂缝等；③堤身位于决口老口门和老险工处，筑堤时，对原抢险所用木桩、柴料等腐烂物未清除或清除不彻底；④对沿堤旧涵闸、战沟、碉堡、地窖和埋葬的棺木等，未拆除或拆除不彻底，所有这些都给水的渗漏提供了通道；⑤沿堤修筑闸站等建筑物时，建筑物与土堤结合部填筑质量差，在高水位时浸泡渗水，水流集中，其流速能够冲动泥土，而细土料被带出，以致形成漏洞。

2. 抢护方法❶

（1）临水截堵。当探摸到漏洞进水口较小时，一般可用软性材料堵塞，并盖压闭气；当洞口较大，堵塞不易时，可利用软帘、网兜、薄板等覆盖的办法进行堵截；当洞口较多，情况又复杂，洞口一时难以寻找，且水深较浅时，可在临河抢筑月堤，截断进水，或者在临水坡面用黏性土料帮坡，以起防渗作用，也可铺放布篷、土工膜等隔水材料堵截。

1）塞堵法。当漏洞进水口较小，周围土质较硬时，除急用棉絮、棉被、草包或编织袋包等填塞外，还可用预制的软楔、草捆堵塞。这些方法适用于水浅、流速小，只有一个或少数洞口，人可下水接近洞口的地方，如图6-32所示。具体做法有：①软楔堵塞法；②草捆堵塞法；③水布袋堵漏法；④软罩堵漏法；⑤软袋塞堵漏法；⑥探堵器堵漏技术等。

图6-32 塞堵示意图

---

❶ 060318

2）盖堵法。用铁锅、软帘、网兜和木板等覆盖物盖堵漏洞的进水口，待漏洞基本断流后，在上面再抛土袋或填黏土盖压闭气，以截断漏洞的流水。根据覆盖材料不同，有如下几种抢护方法：①铁锅盖堵（图 6－33）；②软帘盖堵（图 6－34）；③网兜盖堵；④土工编织布软帘盖堵；⑤电动式软帘抢堵；⑥软体排覆盖等。

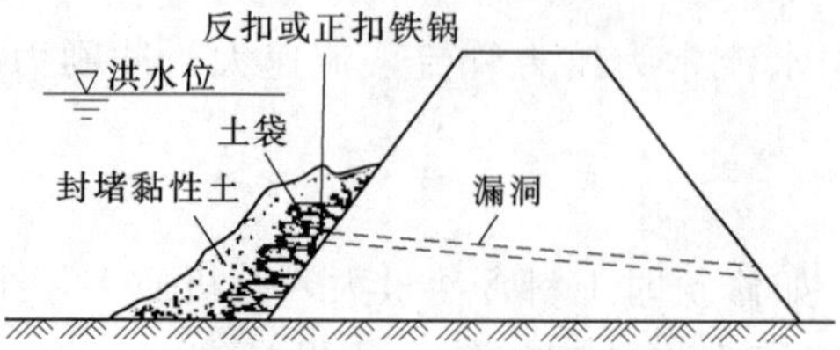

图 6－33 铁锅盖堵示意图

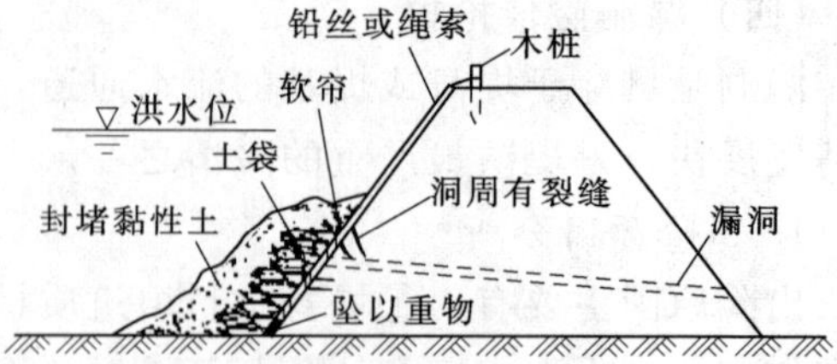

图 6－34 软帘盖堵示意图

3）戗堤法。当堤防临水坡漏洞口较多、范围较大或地形复杂时，以及漏洞口位置在水下较深，或发生在夜间不易找到的情况下，可采用抛土袋和黏土填筑前戗（图 6－35）或临水筑月堤（图 6－36）的办法进行抢堵。

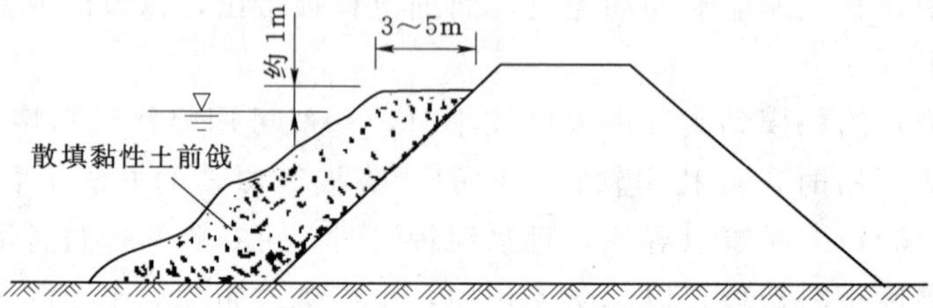

图 6－35 黏土填筑前戗示意图

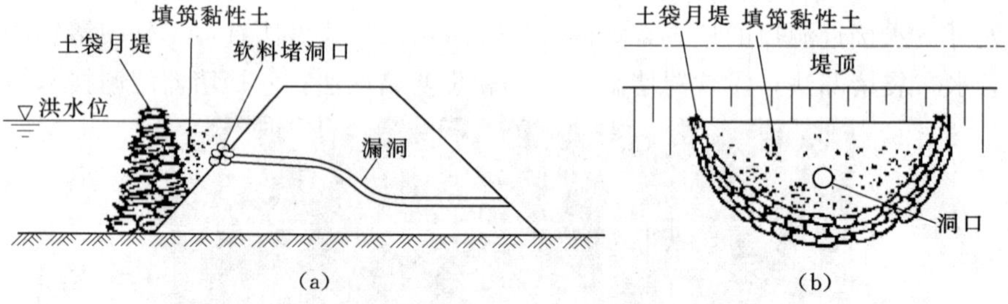

图 6－36 临水筑月堤示意图

（a）断面图；（b）平面图

（2）背河导渗。探找漏洞进水口和抢堵，均在水面以下摸索进行，要做到准确无误不遗漏，并能顺利堵住全部进水口，截断水源，难度很大。为了保证安全，在临水截堵漏洞的同时，还必须在背河漏洞出口处抢做反滤导渗，以制止泥沙外流，防止险情继续扩大。通常采用的方法有反滤围井法、反滤铺盖法和透水压渗台法等（适用于出水小而漏洞多的情况）。

（3）抽槽截洞。抽槽截洞是处理穿堤漏洞的措施之一。当漏洞经前堵后导处理后，由于漏洞出口较低，水头压力大，虽设置了反滤井可能还不够安全。若探得漏洞穿堤部位较高，同时堤顶较宽、堤身断面较大时，可以考虑在堤顶抽槽截断漏洞。

（五）滑坡险情抢护

堤防出现滑坡，主要是边坡失稳下滑造成的。根据滑坡的范围，一般可分为堤身与基础一起滑动和堤身局部滑动两种。滑坡严重者，可导致堤防溃口，须立即抢护。由于初始阶段滑坡与崩塌现象不易区分，应对滑坡的原因和判断条件认真分析，确定滑坡性质，以利采取抢护措施。

1. 出险原因分析

出险原因主要有：①高水位持续时间长，在渗透水压力的作用下，浸润线升高，土体抗剪强度降低；②堤基处理不彻底，有松软夹层、淤泥层和液化土层，坡脚附近有渊潭和水塘等；③在堤防施工中，由于铺土太厚，碾压不实，或含水量不符合要求，干容重没有达到设计标准等，致使填筑土体的抗剪强度不能满足稳定要求。冬季施工时，土料中含有冻土块，形成冻土层，解冻后水浸入软弱夹层；④堤身加高培厚时，新旧土体之间结合不好，在渗水饱和后，形成软弱层；⑤高水位时，临水坡土体处于大部分饱和、抗剪强度低的状态下。当水位骤降时，临水坡失去外水压力支持，加之堤身的反向渗透压力和土体自重大的作用；⑥堤身背水坡排水设施堵塞，浸润线抬高，土体抗剪强度降低；⑦堤防本身稳定安全系数不足，加上持续大暴雨或地震、堤顶堤坡上堆放重物等外力的作用。

2. 抢护方法

（1）滤水土撑（又称滤水戗垛法）。在背水坡发生滑坡时，可在滑坡范围内全面抢筑导渗沟，导出滑坡体渗水，以减小渗水压力，降低浸润线，消除产生进一步滑坡的条件。至于因滑坡造成堤身断面的削弱，可采取间隔抢筑透水土撑的方法加固，防止背水坡继续滑脱。此法适用于背水堤坡排渗不畅、滑坡严重、范围较大、取土又较困难的堤段。其布置如图 6－37 所示。

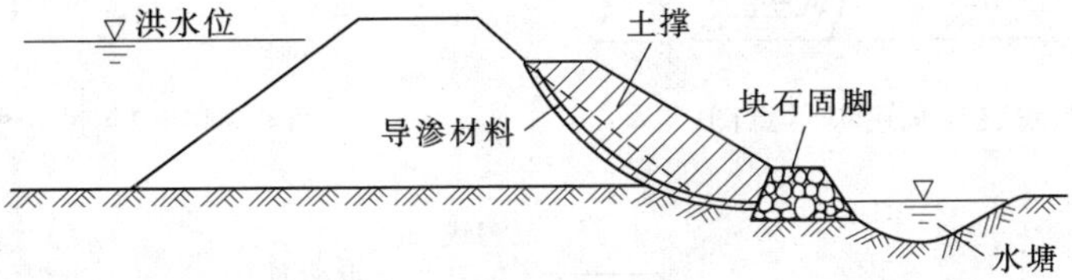

图 6－37　滤水土撑示意图

（2）滤水后戗。当背水坡滑坡严重，且堤身单薄，边坡过陡，又有滤水材料和取土较易时，可在其范围内全面抢护导渗后戗。此法既能导出渗水，降低浸润线，又能加大堤身断面，可使险情趋于稳定。做法可同抢护渗水的反滤层法。

（3）滤水还坡[1]。凡采用反滤结构恢复堤防断面、抢护滑坡的措施，均称为滤水还坡。此法适用于背水坡，主要是由于土料渗透系数偏小引起堤身浸润线升高，排水不畅，

[1] 060319

而形成的严重滑坡堤段。

1）导渗沟滤水还坡。先在背水坡滑坡范围内做好导渗沟，其做法与上述滤水土撑导渗沟的做法相同。在导渗沟完成后，将滑坡顶部陡立的土堤削成斜坡，并将导渗沟覆盖保护后，用砂性土层土层夯，做好还坡。其布置如图 6-38 所示。

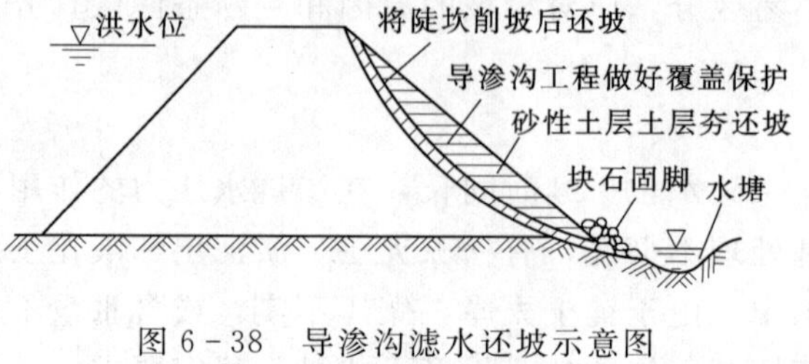

图 6-38　导渗沟滤水还坡示意图

2）反滤层滤水还坡。此法与导渗沟滤水还坡法基本相同，仅将导渗沟改为反滤层。其布置如图 6-39 所示。

3）透水体滤水还坡。当堤背滑坡发生在堤腰以上，或堤肩下部发生蛰裂下挫时，应采用此法。其做法与上述导渗沟和反滤层做法基本相同。如基础不好，亦应先加固地基，然后对滑坡体的松土、软泥、草皮及杂物等进行清除，并将滑坡上部陡坎削成缓坡，然后按原坡度回填透水料。根据透水体材料的不同，可分为以下两种方法：①砂土还坡（图 6-40）；②梢土还坡（图 6-41）。

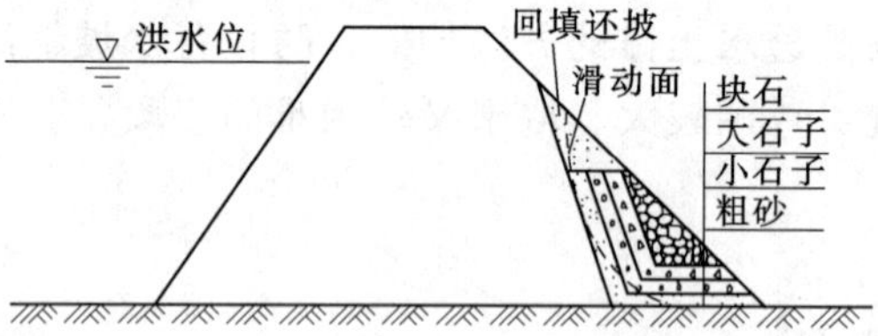

图 6-39　反滤层滤水还坡示意图

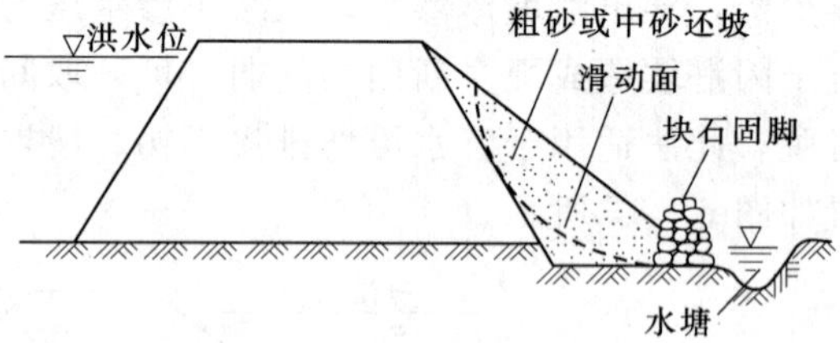

图 6-40　砂土还坡示意图

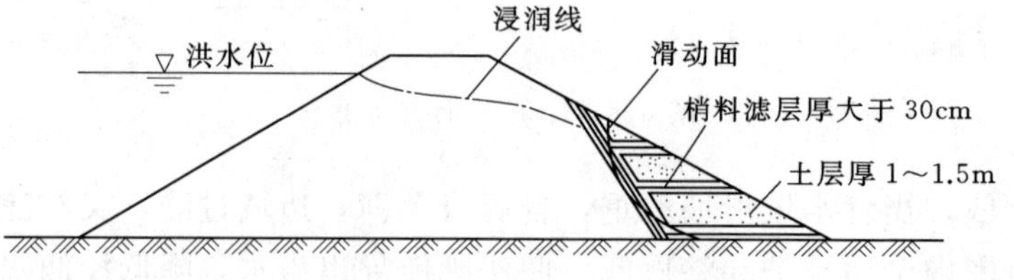

图 6-41　梢土还坡示意图

4）前戗截渗（又称临水帮戗法）[1]。此法主要是在临河用黏性土修前戗截渗。当背水坡滑坡严重、范围较大，在背水坡抢筑滤水土撑、滤水后戗及滤水还坡等工程需要较长时

[1] 060320

间，一时难以奏效，而临水坡又有条件抢筑截渗土戗时，可采用此法。也可与抢护背水堤坡同时进行，其具体做法与抢护渗水险情采用的抛投黏性土方法相同。

5）护脚阻滑[1]。此法在于增加抗滑力，减小滑动力，制止滑坡发展，以稳定险情。具体做法是：查清滑坡范围，将块石、土袋（或土工编织土袋）、铅丝石笼等重物抛投在滑坡体下部堤脚附近，使其能起到阻止继续下滑和固基的双重作用。护脚加重数量可由堤坡稳定计算确定。滑动面上部和堤顶，除有重物时要移走外，还要视情况削缓边坡，以减小滑动力。

6）土工织物反滤土袋还坡。在背水坡发生严重滑坡，又遇大风暴雨的情况下采用此法。即在滑坡堤段范围内，全面用透水土工织物或无纺布铺盖滤水，以阻止土粒流失，此法亦称贴坡排水，如图6-42所示。对大堤滑坡部位使用编织袋土叠砌还坡，以保持堤防抗洪的基本断面。

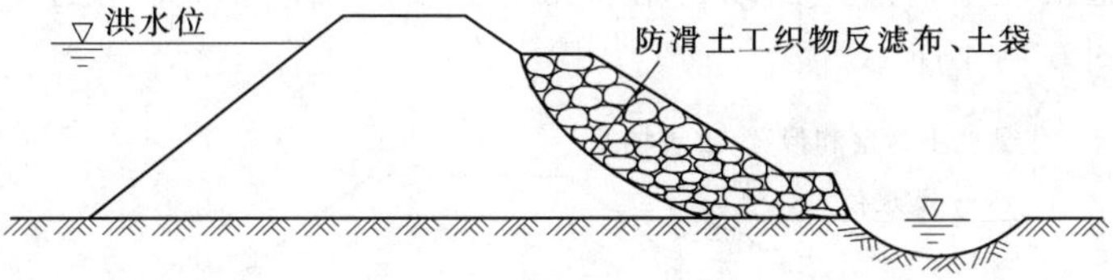

图6-42　土工织物反滤土袋还坡示意图

（六）跌窝险情抢护

跌窝又称陷坑，一般是在大雨、洪峰前后或高水位情况下，经水浸泡，在堤顶、堤坡、戗台及坡脚附近，突然发生局部凹陷而形成。

1. 出险原因分析

跌窝险情发生的主要原因是：①施工质量差。堤防分段施工，两工接头未处理好；土块架空；水沟浪窝回填质量差；堤身、堤基局部不密实；堤内埋设涵管漏水；土石、混凝土结合部夯实质量差等。由于堤身内渗透水流作用或暴雨冲蚀，形成跌窝。②堤防本身有隐患。堤身、堤基内有獾、狐、鼠、蚁等动物洞穴，坟墓、地窖、防空洞、刨树坑夯填不实等人为洞穴，以及过去抢险抛投的土袋、木材、梢杂料等日久腐烂形成的空洞等。这些洞穴遇高水时浸透或暴雨冲蚀，周围土体湿软下陷而形成跌窝。③伴随渗水、管涌或漏洞形成。

2. 抢护方法[2]

（1）翻筑夯实。凡是在条件许可，而又未伴随渗水、管涌或漏洞等险情的情况下，均可采用此法。具体做法是：先将跌窝内的松土翻出，然后分层填土夯实，直到填满跌窝，恢复堤防原状为止。如跌窝出现在水下且水不太深时，可修土袋围堰或桩柳围堰，将水抽干后，再行翻筑。如跌窝位于堤顶或临水坡，宜用防渗性能不小于原堤土的土料，以利防渗；如跌窝位于背水坡，宜用透水性能不小于原堤土的土料，以利排水。其布置如图6-43所示。

---

[1] 060321 060322

[2] 060323

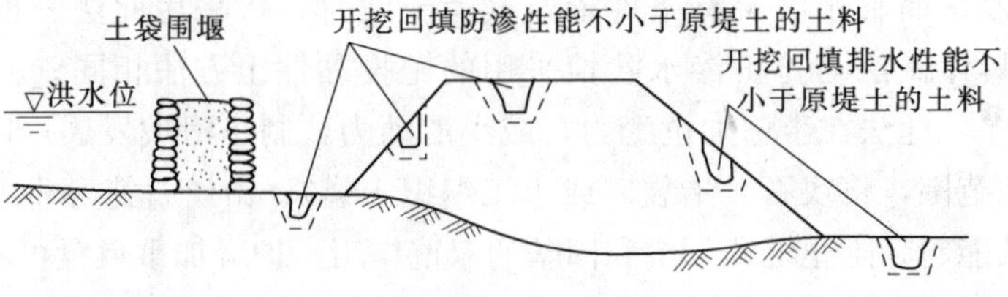

图 6-43　翻筑夯实跌窝示意图

（2）填塞封堵。当跌窝发生在堤身单薄、堤顶较窄堤防的临水坡时，首先沿跌窝周围开挖翻筑，加宽堤身断面，彻底清除堤身的隐患。如发现漏洞应立即堵住，以阻止水注入，同时可用草袋、麻袋或土工编织袋装黏性土或其他不透水材料直接在水下填实跌窝，待全部填满后再抛黏性土、散土加以封堵和帮宽。要封堵严密，不使水在跌窝处形成渗水通道。其布置如图 6-44 所示。

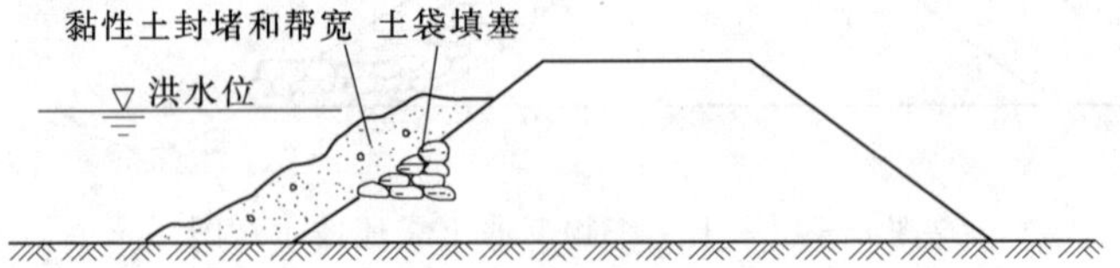

图 6-44　填塞封堵跌窝示意图

（3）填筑反滤料。跌窝发生在堤防背水坡，伴随发生渗水或漏洞险情时，除尽快对堤防迎水坡渗漏通道进行截堵外，对不宜直接翻筑的背水跌窝，可采用此法抢护。具体做法是：先清除跌窝内松土或湿软土，然后用粗砂填实，如涌水水势严重，按背水导渗要求，加填石子、块石、砖块、梢料等透水材料，以消杀水势，再予填实。待跌窝填满后，可按砂石反滤层铺设方法抢护。其布置如图 6-45 所示。

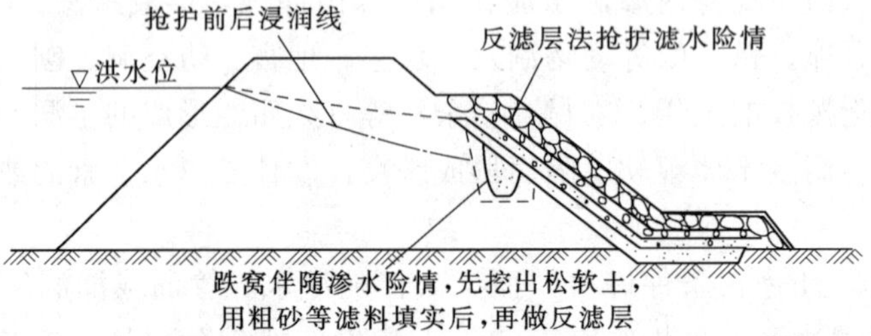

图 6-45　填筑反滤料抢护跌窝示意图

（七）坍塌险情抢护❶

坍塌是堤防、坝岸临水面土体崩落的重要险情，如果抢护不及时，将会造成溃堤的灾害。

---

❶ 060324Ⓛ

1. 出险原因分析

因水流冲刷堤身，土体内部的摩擦力和黏结力抵抗不住土体的自重和其他外力，使土体失去平衡而坍塌。堤防发生坍塌的主要原因有：

（1）横河、斜河，水流直冲堤防、岸坡，加之溜靠堤脚，且水位时涨时落，溜势上提下挫。

（2）水位陡涨骤降，变幅大，堤坡、坝岸失去稳定性。在高水位时，堤岸浸泡饱和，土体含水量增大，抗剪强度减低；当水位骤降时，土体失去了水的顶托力，高水位时渗入土内的水，又反向河内渗出，促使堤岸滑脱坍塌。

（3）堤岸土体长期经受风雨的剥蚀、冻融，黏性土壤干缩或筑堤时碾压质量不好，堤身内有隐患等，雨水渗入，水流冲刷和风浪振荡的作用。

（4）堤基为粉细砂土，不耐冲刷，常受溜势顶冲而被淘空，或因地震使砂土地基液化。

2. 抢护方法❶

（1）护脚固基防冲。当堤防受水流冲刷，堤脚或堤坡冲成陡坎时，针对堤岸前水流冲淘情况，可采用此法，尽快护脚固基，抑制急流继续淘刷。根据流速大小可采用土（沙）袋、长土枕、块石、柳石枕、铅丝笼及土工编织软体排等防冲物体，加以防护。因该法具有施工简单灵活，易备料，能适应河床变形的特点，因此使用最为广泛。常用做法有：①抛块石、土袋防冲；②抛柳石枕防冲；③抛铅丝石笼防冲。其布置如图6-46～图6-48所示。

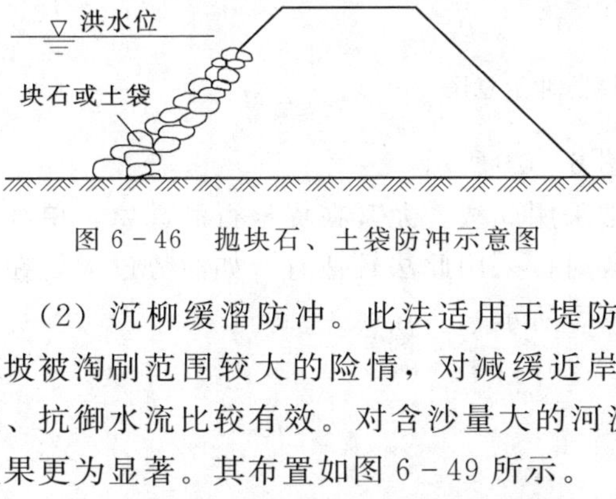

图6-46　抛块石、土袋防冲示意图

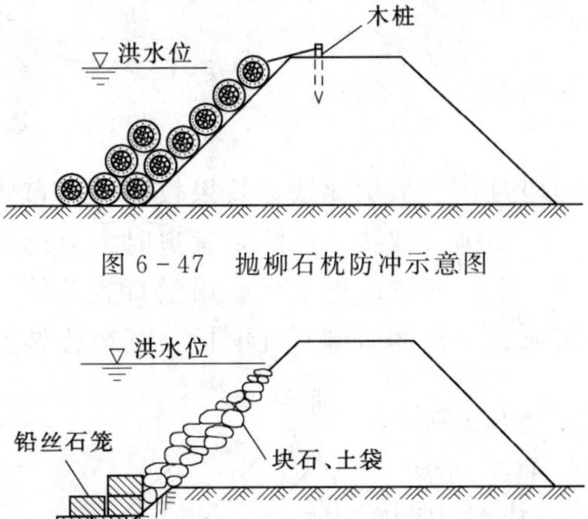

图6-47　抛柳石枕防冲示意图

（2）沉柳缓溜防冲。此法适用于堤防临水坡被淘刷范围较大的险情，对减缓近岸流速、抗御水流比较有效。对含沙量大的河流，效果更为显著。其布置如图6-49所示。

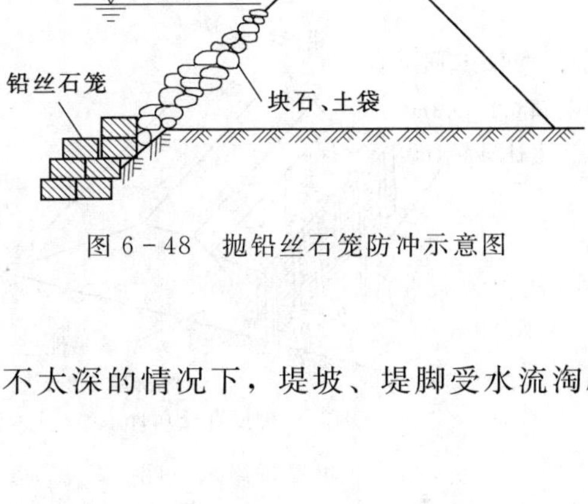

图6-48　抛铅丝石笼防冲示意图

（3）挂柳缓溜防冲。由于水流冲击或风浪拍打，堤岸坡脚已出现坍塌或将要坍塌时，可用此法缓和溜势，减缓流速，促淤防塌。其布置如图6-50所示。

（4）桩柴护岸（含桩柳编篱抗冲）。在水流不太深的情况下，堤坡、堤脚受水流淘刷

❶ 060325 060326 060327

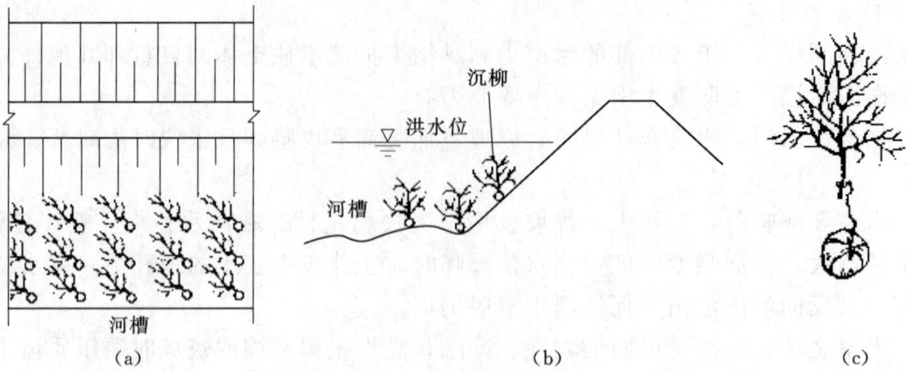

图 6-49 沉柳缓溜防冲示意图
(a) 平面图；(b) 剖面图；(c) 沉柳放大图

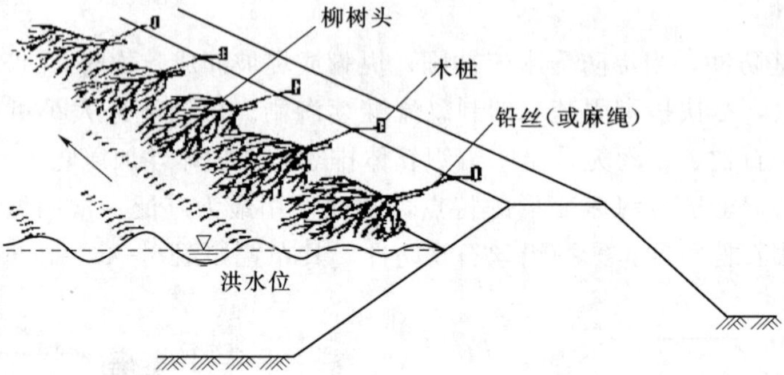

图 6-50 挂柳缓溜防冲示意图

而坍塌时，可采用此法，效果较好。其布置如图 6-51 所示。

(5) 柳石软搂。在险情紧迫时，为抢时间常采用此法。尤其在堤根行溜甚急，单纯抛乱石、土袋又难以稳定，抛铅丝石笼条件不具备时，采用此法较适宜。如溜势过大，在软搂完成后于根部抛柳石枕围护。其布置如图 6-52 所示。

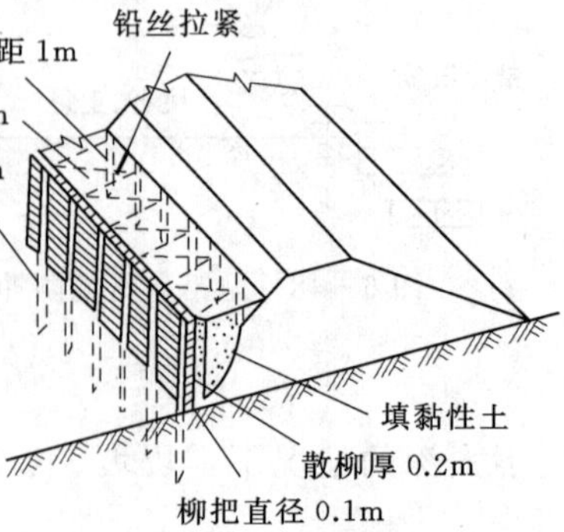

图 6-51 桩柴护岸示意图

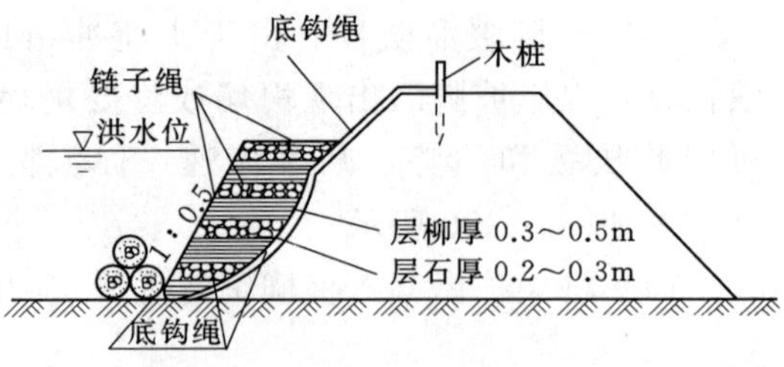

图 6-52 柳石软搂示意图

(6) 柳石搂厢。在大溜顶冲，堤基堤身土质不好，水深流急，险情正在扩大的情况下，可以采用此法。

(7) 土工编织布软体排。用聚丙烯编织布、聚氯乙烯绳网构成软体排，设置在坍塌险点处，然后用混凝土块或土工布土、石袋压沉于坍塌堤段处。

(八) 裂缝险情抢护

裂缝可能发展成渗透变形，甚至发展为漏洞，其中横向裂缝和滑坡裂缝危害性较大，需要加强监视和及时抢护。

1. 出险原因分析

出险原因主要有：①堤坝不均匀沉陷裂缝；②堤防与刚性建筑物结合不良；③在堤坝施工中，当采取分段施工时，由于进度不平衡，未做好结合部位处理；④背水坡在高水位渗流作用下抗剪强度降低，临水坡水位骤降或堤脚被淘空，均有可能引起滑坡性裂缝，特别是背水坡脚有坑塘、软弱夹层时，更易发生；⑤在施工中，由于质量控制不严，土料含水量大，或采用黏性土填筑，易引起干缩或冰冻裂缝；⑥在施工时，对土料选择控制不严，把淤土、冻土、硬土块或带杂质土运上大堤填筑，或碾压不实，新旧结合部位未处理好；⑦由于堤防本身存在隐患，如蚁穴，獾、狐、鼠洞等；⑧震动及其他因素影响。

2. 抢护方法

(1) 开挖回填。采用开挖回填方法抢护裂缝比较彻底，适用于没有滑坡可能性，并经检查观测已经稳定的纵向裂缝。在开挖前，用经过滤的石灰水灌入裂缝内，便于了解裂缝的走向和深度，以指导开挖。在开挖时，一般采用梯形断面，深度挖至裂缝以下 0.3～0.5m，底宽至少 0.5m，边坡要满足稳定及新旧填土结合的要求，并便于施工。开挖沟槽长度应超过裂缝端部 2m。开挖的土料不应堆放在坑边，以免影响边坡稳定。回填要分层夯实，每层厚度约 20cm，顶部应高出堤顶面 3～5cm，并做成拱形，以防雨水灌入。其布置如图 6-53 所示。

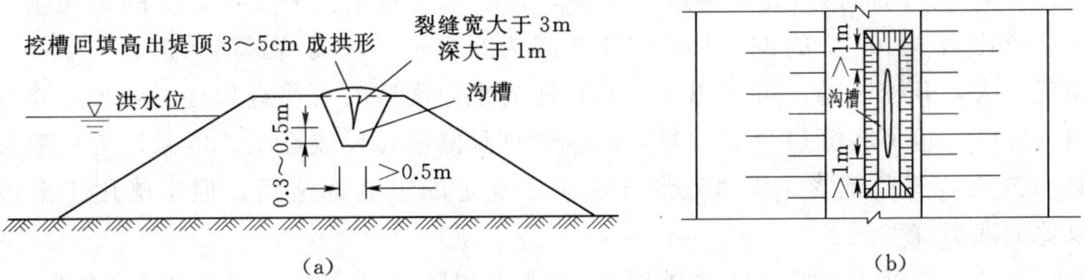

图 6-53 开挖回填处理裂缝示意图
(a) 剖面图；(b) 平面图

(2) 横墙隔断。此法适用于横向裂缝抢护，具体做法是：

1) 除沿裂缝开挖沟槽外，并在与裂缝垂直方向每隔 3～5m 增挖沟槽，槽长一般为 2.5～3m。

2) 如裂缝前端已与临水相通，或有连通可能时，在开挖沟槽前，应在裂缝堤段临水面先做前戗截流。在沿裂缝背水坡已有漏水时，还应同时在背水坡做好反滤导渗。如裂缝一端临水尚未连通，并已趋于稳定，可采用“横墙隔断”方法处理。但开挖施工，应从背水面开始，分段开挖回填。

3）当漏水严重，险情紧急或者河水猛涨来不及全面开挖时，可先沿裂缝每隔 3～5m 挖竖井截堵，待险情缓和后，再伺机采取其他处理措施。其布置如图 6-54 所示。

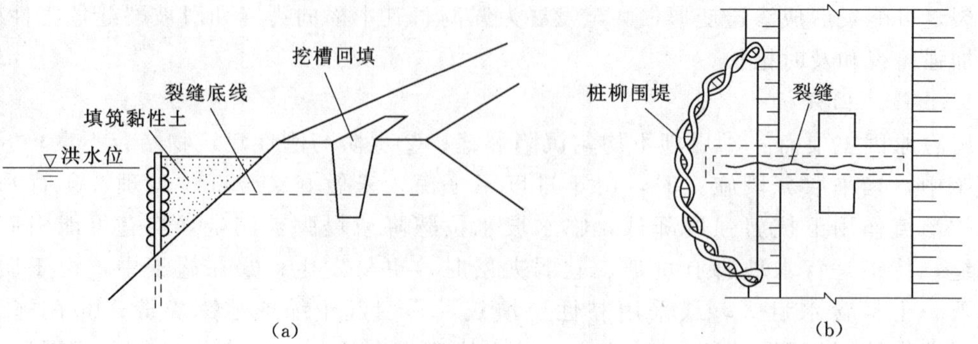

图 6-54 横墙隔断处理裂缝示意图

(a) 剖面图；(b) 平面图

(3) 封堵缝口。

1）灌堵缝口。对宽度小于 3～4cm，深度小于 1m，不甚严重的纵向裂缝和不规则纵横交错的龟纹裂缝，经检查已经稳定时，可采用此法。具体做法是：①用干而细的砂壤土由缝口灌入，再用板条或竹片捣实；②灌塞后，沿裂缝筑宽 5～10cm、高 3～5cm 的拱形土埂，压住缝口，以防雨水浸入；③灌完后，如又有裂缝出现，证明裂缝仍在发展，应仔细判明原因，根据情况，另选适宜方法处理。

2）灌浆堵缝。对缝宽较大、深度较小的裂缝，可采用自流灌浆法处理。即在缝顶开宽、深各为 0.2m 的沟槽，先用清水灌一下，再灌水土重量比为 1∶0.15 的稀泥浆，然后灌水土重量比为 1∶0.25 的稠泥浆。泥浆土料为两合土，灌满后封堵沟槽。

如缝深大，开挖困难，可采用压力灌浆法处理。灌浆时可将缝口逐段封死，将灌浆管直接插入缝内，也可将缝口全部封死，由缝侧打眼灌浆，反复灌实。灌浆压力一般控制在 0.12MPa 左右，避免跑浆。压力灌浆方法对已稳定的纵缝都适用，但不能用于滑坡性裂缝，以免加速裂缝发展。

(4) 土工膜盖堵（或土工织物盖堵）。洪水期堤防常发生纵、横向裂缝。如发生横缝，深度大，又贯穿大堤断面，可采用此法。应用防渗土工薄膜或复合土工薄膜、土工织物，在临水堤坡全面铺设，并在其上用土帮坡或铺压土袋、沙袋等，使水与堤隔离起截渗作用；在背水坡采用透水土工织物进行反滤排水，保持堤身土粒稳定。

(九) 风浪险情抢护

堤防临水坡在风浪产生往返爬坡运动，还会产生真空那个作用，使地方土料或护坡被水流冲击淘刷，重者可以造成坍塌、滑坡、漫水等险情。

1. 出险原因分析

出险原因主要有：①堤坝抗冲能力差；②风大浪高；③风浪爬高大；④堤坝顶高程不足。

2. 抢护方法[1]

(1) 挂柳防浪。受水流冲击或风浪拍击，堤坡或堤脚开始被淘刷时，可用此法缓和溜势，减缓流速，促淤防塌。

(2) 挂枕防浪。挂枕防浪适用于水深不大、风浪较大的堤段，挂枕防浪一般分单枕和连环枕两种。其布置如图 6－55 所示。

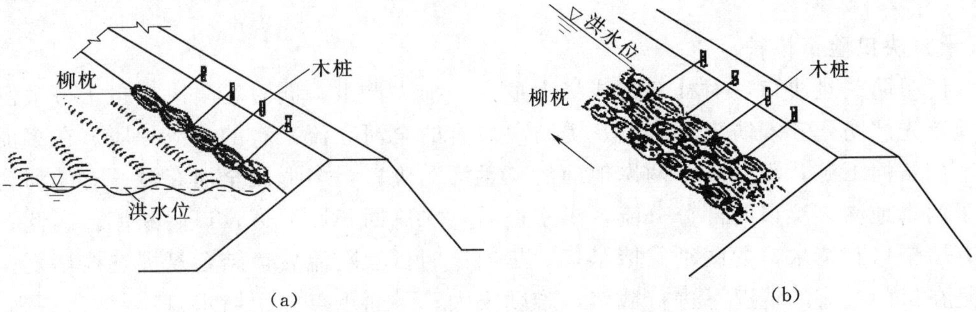

图 6－55 挂枕防浪示意图

(a) 单枕防浪；(b) 连环枕防浪

(3) 其他防浪方式。其他防浪方式有：湖草排防浪（图 6－56）、柳箔防浪（图 6－57）、木（竹）排防浪（图 6－58）、土袋防浪（图 6－59）、柴草防浪（图 6－60）、土工织物（膜）防浪（图 6－61）等。

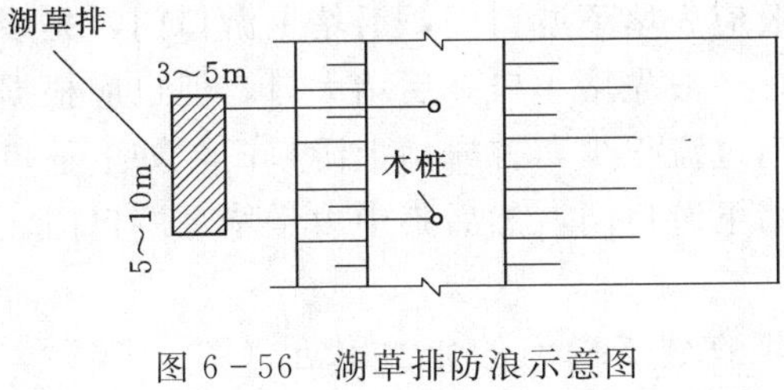

图 6－56 湖草排防浪示意图

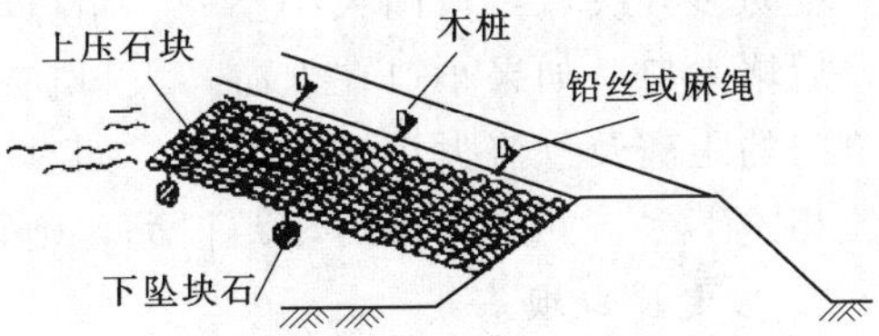

图 6－57 柳箔防浪示意图

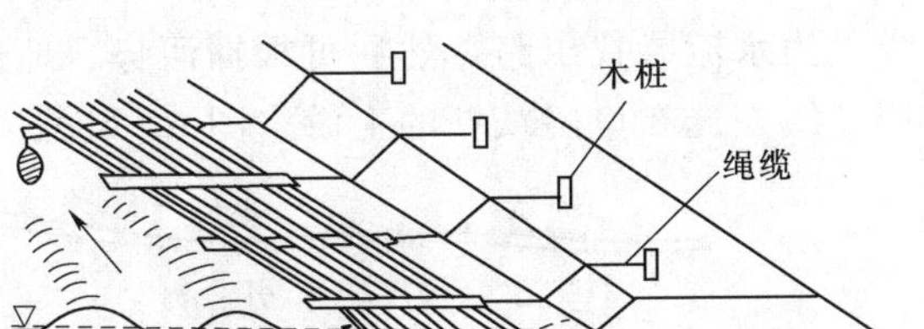

图 6－58 木（竹）排防浪示意图

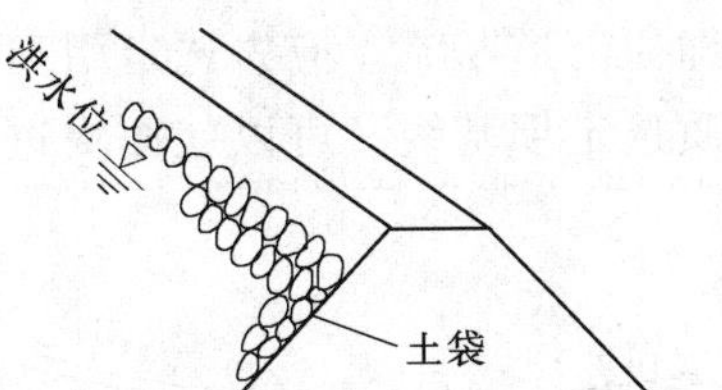

图 6－59 土袋防浪示意图

[1] 060328 060329

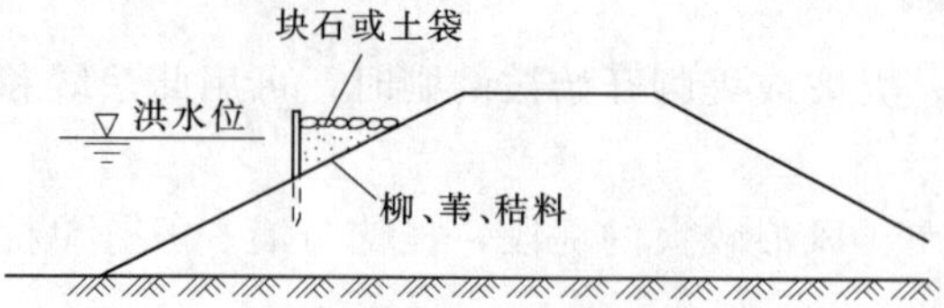

图 6-60 柴草防浪示意图

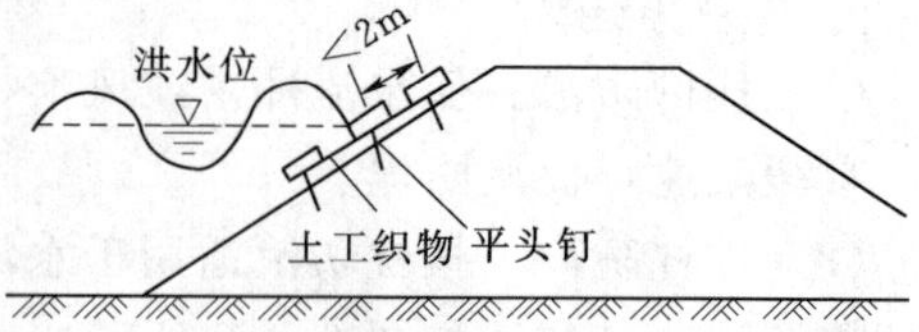

图 6-61 土工织物（膜）防浪示意图

（十）决口险情抢护

江河堤防一旦决口，对社会造成极大危害，损失严重，同时堵复决口也十分艰巨，因此必须首先严防死守，防患于未然。堤防决口有的全河夺流，有的分流一股。在多泥沙河流上，如黄河下游，河床高于两岸地面的“悬河”决口，多形成全河夺流。有的河流，河床低于两岸地面，决口时部分分流，洪水退后，水流回归原河道，口门断流。因此，堤防堵口有堵旱口和堵水口的区别。堵旱口，是当口门自然断流后，结合复堤选线堵复；堵水口，是在口门过流的情况下进行截堵，难度很大。下面重点介绍堵水口。

1. 堵口准备工作

堤防决口后，为防止水流冲刷扩大口门，必须就地抢做裹头。同时做好勘查工作。制定堵口方案。布置堵口施工场地，并制订具体实施计划。根据计划筹集堵口料物，堵口料物一般应就地取材。堵口工程耗用料物较多，又常会遇到一些预想不到的情况，为避免停工待料，一般应按计算需要料物数量，增加20%～30%的安全储备。

2. 堵口门的先后次序

堤防多处决口，口门大小不一，堵口时一般应先堵下游口门，后堵上游口门，先堵小口，后堵大口。如果小口在上游，大口在下游，一般先堵小口，后堵大口，但也应根据上下口门的距离及过流大小情况而定，如上游口门过流很少，首先堵上游口门，如上下口门过流相差不多，并且两口门相距很远，则宜先堵下游口门，然后集中力量堵上游口门。

3. 选定堵口坝基线

对部分分流的口门，因原河道仍走河，正坝宜建于两河的分岔附近（图 6-62）。这样两坝进堵、水位抬高之后，能将部分水流趋入正河，利于堵口施工。若决口是全河夺流，即原河道断流，应先选定引河的路线，为水流寻找出路，然后可根据河势、地形与河床土质选定坝基线。可以就原堤进堵，坝基线应选在口门跌塘的上游（图 6-63）。

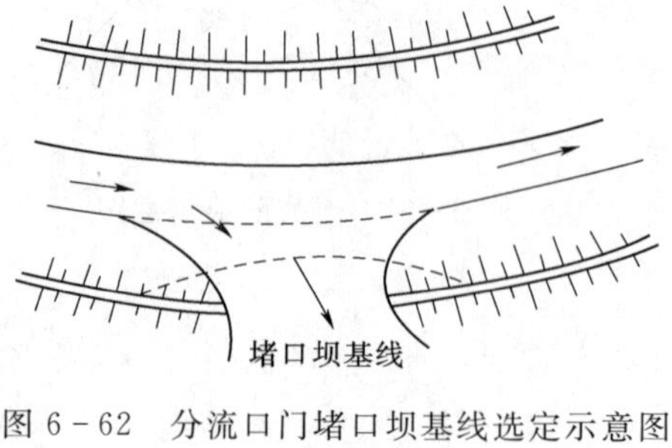

图 6-62 分流口门堵口坝基线选定示意图

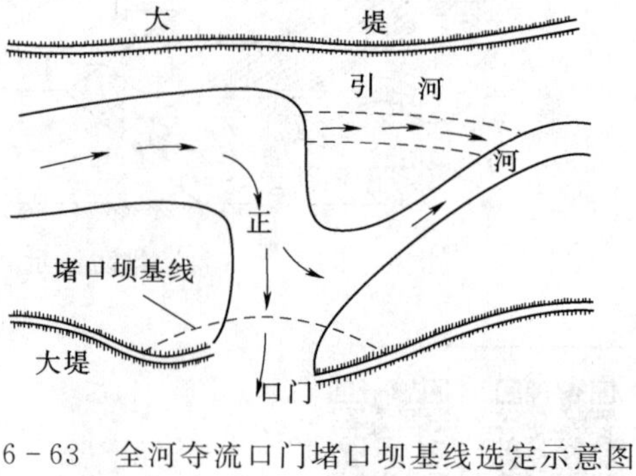

图 6-63 全河夺流口门堵口坝基线选定示意图

当河道滩面较宽时，若堵口坝基线仍选在靠近原堤跌塘上游，距引河分流的进口太远，则水位必须抬高到一定程度，才能分流下泄，这种情况宜在滩地上另筑围堤堵口（图6-64）。但在滩地筑堤堵口不易防守，只能作为临时措施，堵合后仍应修复原堤。堵口的坝基线多选用如上所述向临河外绕的凸出坝型，这种坝型称作外堵。但也有由于口门较小，过水流量不大，口门土质较好，堵口的坝基线大体按原堤线堵复的，这种坝型称为中堵。

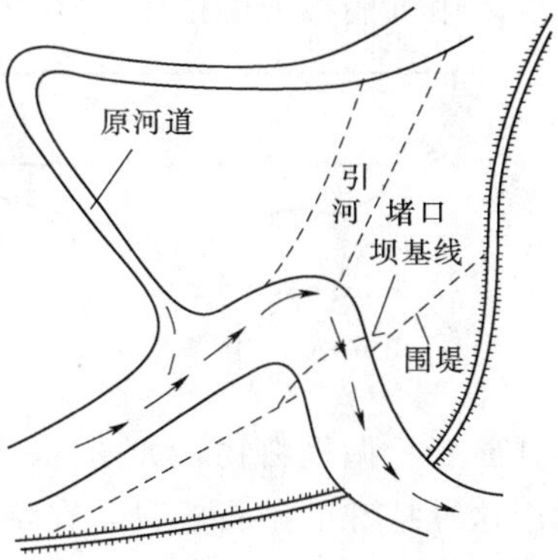

图6-64　滩面堵口坝基选定示意图

4. 堵口的实施[1]

堤防决口险情的发生，具有明显的突发性质。各地在抢险的组织准备、材料准备等方面都不可能很充分。因此，要针对这种紧急情况，采用适宜的堵口抢险应急措施。

为了实现决口的封堵，通常可采取以下步骤。

（1）抢筑裹头。土堤一旦溃决，水流冲刷扩大溃口口门，以致口门发展速度很快，其宽度通常要达200～300m才能达到稳定状态。

如能及时抢筑裹头，就能防止险情的进一步发展，减少此后封堵的难度。同时，抢筑坚固的裹头，也是堤防决口封堵的必要准备工作。因此，及时抢筑裹头是堤防决口封堵的关键之一。

要根据不同决口处的水位差、流速及决口处的地形、地质条件，确定有效抢筑裹头的措施。这里重要的是选择抛投料物的尺寸，以满足抗冲稳定性的要求；选择裹头形式，以满足施工要求。

通常，在水浅流缓、土质较好的地带，可在堤头周围打桩，桩后填柳或柴料厢护或抛石裹护。在水深流急、土质较差的地带，则要考虑采用抗冲流速较大的石笼等进行裹护。除了传统的打桩施工方法，可采用螺旋锚方法施工。螺旋锚杆其首部带有特殊的锚针，可以迅速下铺入土，并具有较大的垂直承载力和侧向抗冲力。首先在堤防迎水面安装两排一定根数的螺旋锚，抛下沙石袋后，挡住急流对堤防的正面冲刷，减缓堤头的崩塌速度；然后，由堤头处包裹向背水面安装两排螺旋锚，抛下沙石袋，挡住急流对堤头的激流冲刷和回流对堤背的淘刷。亦有采用土工合成材料或橡胶布裹护的施工方案，将土工合成材料或橡胶布铺展开，并在其四周系重物使它下沉定位，同时采用抛石等方法予以压牢。待裹头初步稳定后，再实施打桩等方法进一步予以加固。

（2）沉船截流。根据堤防决口抢险的经验，沉船截流在封堵决口的施工中起到了关键的作用。沉船截流可以大大减小通过决口处的过流流量，从而为全面封堵决口创造条件。

在实现沉船截流时，最重要的是保证船只能准确定位。在横向水流的作用下，船只的

[1] 060330

定位较为困难，要精心确定最佳封堵位置，防止沉船不到位的情况发生。

采用沉船截流的措施，还应考虑到由于沉船处底部的不平整，使船底部难与河滩底部紧密结合的情况，如图 6-65 所示。这时在决口处高水位差的作用下，沉船底部流速仍很大，淘刷严重，必须迅即抛投大量料物，堵塞空隙。在条件允许的情况下，可考虑在沉船的迎水侧打钢板桩等阻水。有人建议采用在港口工程中已广泛采用的底部开舱船只抛投料物，如图 6-66 所示。这种船只抛石集中，操作方便。在决口抢险时，利用这种特殊的抛石船只，在堵口的关键部位开舱抛石并将船舶下沉，这样可有效地实现封堵，并减少决口河床冲刷。

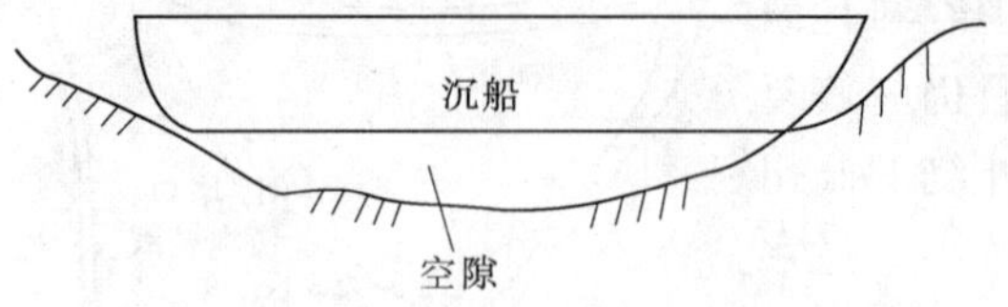

图 6-65 沉船底部空隙示意图

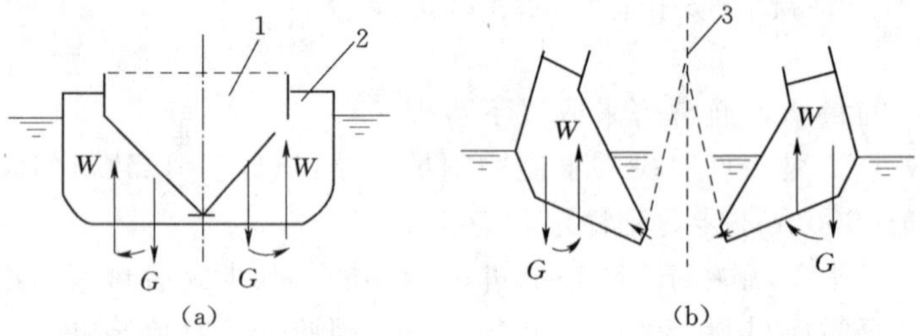

图 6-66 底部开舱船舶示意图

(a) 装料时；(b) 卸料时

1—料舱；2—空舱；3—统舱；G—重心；W—浮心

(3) 进占堵口。在实现沉船截流减少过流流量的步骤后，应迅速组织进占堵口，以确保顺利封堵决口。常用的进占堵口方法有：立堵、平堵和混合堵三种。

1) 立堵法。从口门的两端或一端，按拟定的堵口堤线向水中进占，逐渐缩窄口门，最后实现合龙。采用立堵法，最困难的是实现合龙。这时，龙口处水头差大，流速高，使抛投物料难以到位。在这样的情况下，要做好施工组织，采用巨型块石笼抛入龙口，以实现合龙。在条件许可的情况下，可从口门的两端架设缆索，以加快抛投速率和降低抛投石笼的难度。如图 6-67 (a) 所示。

2) 平堵法。沿口门的宽度，自河底向上抛投料物，如柳石枕、石块、石枕、土袋等，逐层填高，

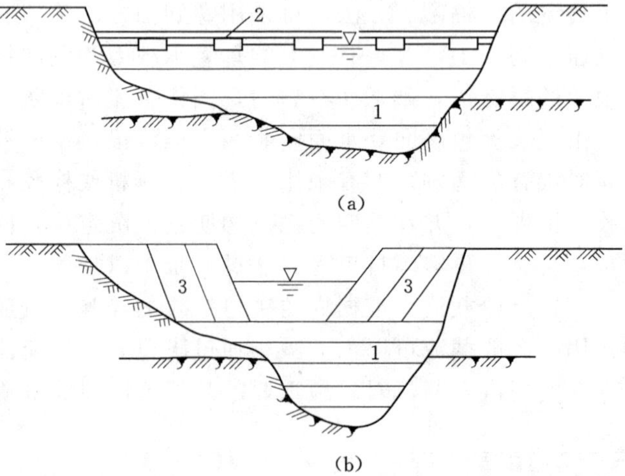

图 6-67 平、立堵方法示意图

(a) 平堵；(b) 平、立堵结合

1—平堵进占体；2—浮桥；3—立堵进占体

直至高出水面，以堵截水流。这种方法从底部逐渐平铺加高，随着堰顶加高，口门单宽流量及流速相应减小，冲刷力随之减弱，利于施工，可实现机械化操作。这种平堵方式特别适用于前述拱形堤线的进占堵口。平堵有架桥和抛投船两种抛投方式。

3）混合堵法。混合堵是立堵与平堵相结合的堵口方式。堵口时，根据口门的具体情况和立堵、平堵的不同特点，因地制宜，灵活采用。如在开始堵口时，一般流量较小，可用立堵快速进占。在缩小口门后流速较大时，再采用平堵的方式，减小施工难度。如图6-67（b）所示。

在1998年抗洪斗争中，借助人民解放军工兵和桥梁专业的经验，采用了“钢木框架结构、复合式防护技术”进行堵口合龙。这种方法是用40mm左右的钢管间隔2.5m沿堤线固定成数个框架。钢管下端插入堤基2m以上，上端高出水面1～1.5m做护栏，将钢管以统一规格的连接器件组成框网结构，形成整体。在其顶部铺设跳板形成桥面，以便快速在框架内外由下而上、由里向外填塞料物袋，以形成石、木、钢、土多种材料构成的复合防护层。要根据结构稳定的要求，做好成片连接、框网推进的钢木结构。同时要做好施工组织，明确分工，衔接紧凑，以保证快速推进。

（4）防渗闭气。防渗闭气是整个堵口抢险的最后一道工序。因为实现封堵进占后，堤身仍然会向外漏水，要采取阻水断流的措施。若不及时防渗闭气，复堤结构仍有被淘刷冲毁的可能。

通常可用抛投黏土的方法实现防渗闭气，亦可采用养水盆法修筑月堤蓄水以解决漏水。土工膜等新型材料，也可用以防止封堵口的渗漏。

（十一）闸涵险情抢护

1. 闸涵渗水

涵闸、管道等建筑物某些部位，如水闸边墩、岸墙、翼墙、刺墙、护坡、管壁等与土基或土堤结合部产生裂缝或空洞，在高水位渗压作用下，沿结合部形成渗流或绕渗，冲蚀填土，在闸背水侧坡面、坡脚发生渗透破坏，出现管涌、漏洞等险情，导致涵闸、管道建筑物的破坏，从而造成洪水灾害。抢护方法主要是前塞后滤，如图6-68所示。

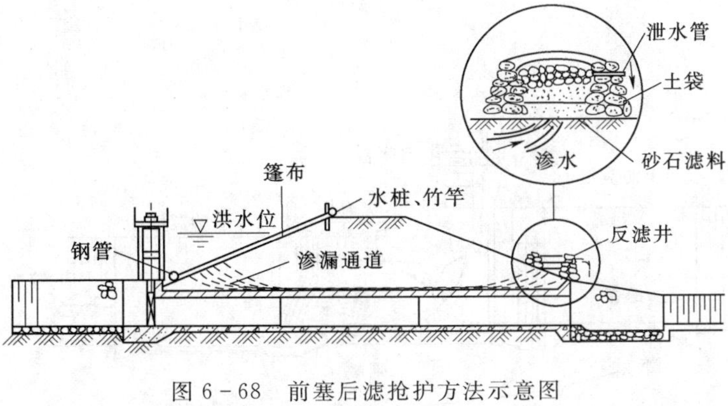

图6-68 前塞后滤抢护方法示意图

（1）堵塞漏洞进口。堵塞漏洞进口常用方法有：①篷布覆盖；②水下堵漏法；③草捆或棉絮堵塞；④草泥网袋堵塞。

(2) 背水反滤导渗。背水反滤导渗常用方法有：①砂石反滤；②土工织物滤层；③柴草反滤。

(3) 中堵截渗。中堵截渗常用方法有：①开膛堵漏；②喷浆截渗。

2. 水闸滑动

修建在软基上的开敞式水闸，高水位挡水时，由于水平方向推力过大，闸基扬压力也相应增大，抗滑阻力不能平衡水平推力而产生建筑物向闸下游侧移动失稳的险情，如抢护不及，将导致水闸失事。滑动可分为三种类型：①平面滑动；②圆弧滑动；③混合滑动。其共同特点是基础已受剪切破坏，发展迅速。当基础发生滑动时，抢护是十分困难的，须在发生滑动征兆时采取紧急抢护措施。

水闸滑动抢险原则是：增加阻滑力，减小水平推力，以提高抗滑安全系数，预防滑动。

(1) 加载增加摩阻力。该法是在水闸的闸墩、公路桥面等部位堆放块石、土袋或钢铁等重物，加载量由稳定验算确定，适用于平面缓慢滑动险情的抢护。

(2) 下游堆重阻滑。该法是在水闸下游趾部可能出现的滑动面的下端，堆放土袋、沙袋、块石等重物，防止滑动，适用于对圆弧滑动和混合滑动两种险情的抢护。重物堆放位置及数量由阻滑稳定验算确定。堆重阻滑如图 6-69 所示。

(3) 下游蓄水平压。在水闸下游一定范围内用土袋或土料筑成围堤，适当壅高下游水位，减小上下游水头差，以抵消部分水平推力，如图 6-70 所示。

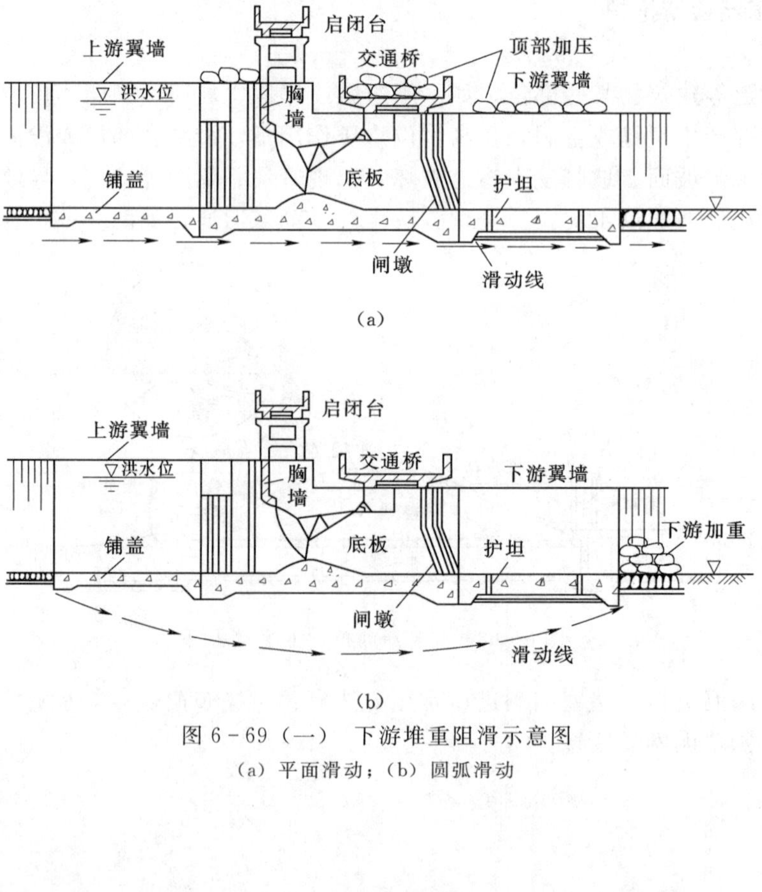

图 6-69（一） 下游堆重阻滑示意图

(a) 平面滑动；(b) 圆弧滑动

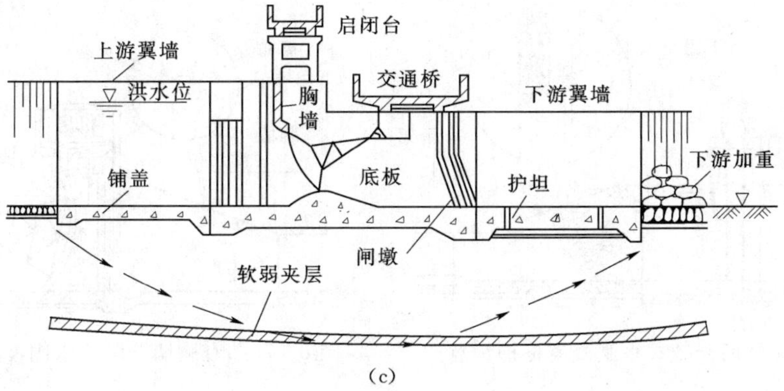

图 6-69（二） 下游堆重阻滑示意图

(c) 混合滑动

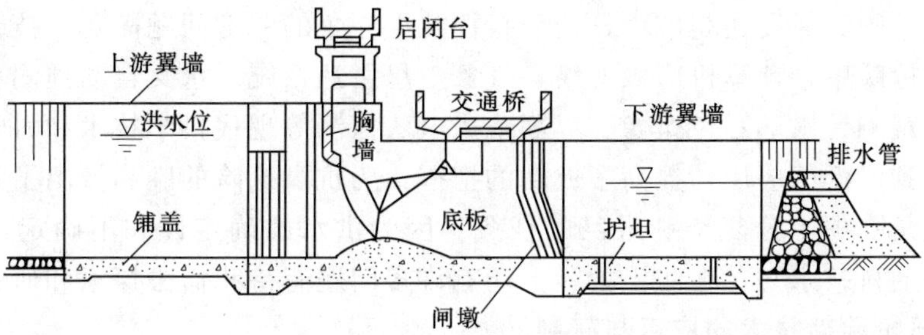

图 6-70 下游蓄水平压示意图

(4) 圈堤围堵。

在建筑物的临水面前沿滩地修筑临时圈堤，圈堤高度通常与闸两侧堤防高度相同，以利施工和抢险。圈堤填筑工程量较大，且施工场地较小，短时间抢筑相当困难，一般在汛前将圈堤两侧部分修好，中间留下缺口，并备足土料、土袋、设备等，根据洪水预报临时迅速封堵缺口。

3. 防闸顶漫溢

对于开敞式水闸，当洪水位超过闸墩顶部时，将发生闸墩顶部漫水或闸门溢流的险情。同时，河水对闸的水平推力和扬压力大为增加，可能导致水闸发生浮托滑动等严重险情。涵洞式水闸埋设于堤内，防漫溢措施与堤防的防漫溢措施基本相同。

(1) 无胸墙开敞式水闸。当闸孔跨度不大时，可焊一个平面钢架，用门机或临时吊具将钢架吊入闸门槽内，放置于关闭的工作闸门顶上，紧靠门槽下游侧，然后在钢架前部的闸门顶部，分层叠放土袋，迎水面放置土工膜布或篷布挡水。其布置如图 6-71所示。

(2) 有胸墙开敞式水闸。利用闸前工作桥在胸墙顶部堆放土袋，迎水面压放土工膜布或篷布挡水，如图 6-72 所示。土袋应与两侧大堤衔接，共同抵御洪水。为防止闸顶漫溢抢筑的土袋高度不宜过高。若洪水位超过过高，应考虑抢筑围堤挡水，以保证闸的安全。

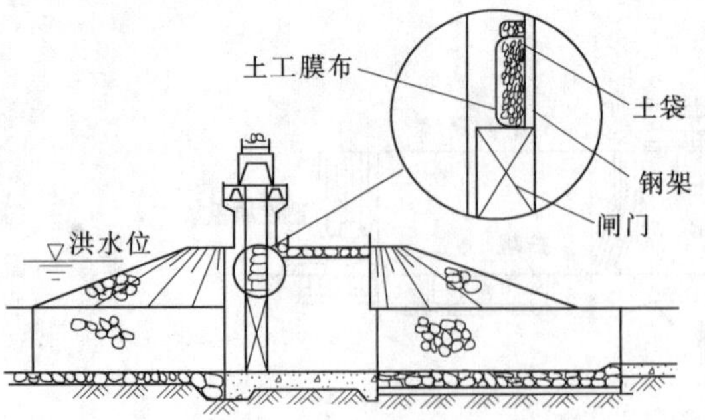

图 6-71 无胸墙开敞式水闸漫溢抢护示意图

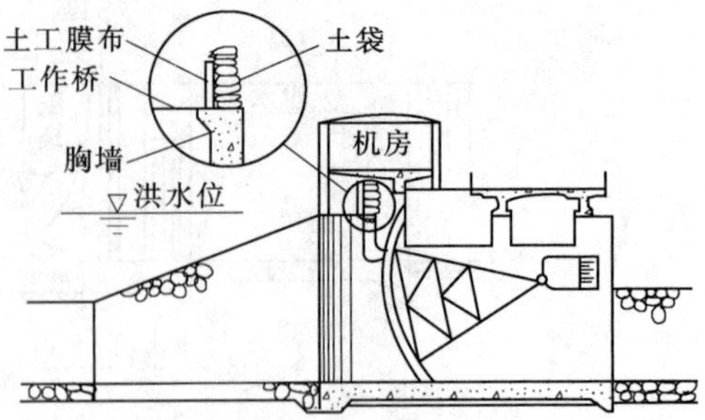

图 6-72 有胸墙开敞式水闸漫溢抢护示意图

四、防汛抢险新技术、新设备、新材料的应用与研究

（一）防汛抢险中新技术的重大作用

开闸还是关闸、保堤还是破堤，这些指挥抗洪斗争的关键问题需要科技智囊团来提出对策。在抗洪抢险中，计算机广域网络、气象卫星雷达系统、水文自动预测系统、卫星遥感、卫星定位观测、水下彩色摄像、堤坝隐患电法探测等现代科学技术和科学手段，在抗洪斗争中都得到广泛的应用，提高了成功的把握，为抗洪抢险的胜利做出了贡献。但是大江大河的治理是一项十分复杂和艰巨的任务。因为洪水的确定性和不确定性影响因素很多，限于目前的科技水平，在防汛抢险上还有许多问题有待我们去探索和研究。

（二）防汛抢险新技术的应用与研制

1. 研制与开发目标

在相对独立的计算机网络环境下，建立暴雨洪水情报预报的应用软件系统，及时准确地提供流域的实时暴雨洪水系统，制作暴雨、洪水预报，使整个暴雨洪水情报工作进一步系统化、科学化，更好地为防汛决策提供支持。

2. 暴雨洪水情报预报系统的功能

暴雨洪水情报预报系统的功能包括接收处理洪水情报的功能，水情信息服务功能，暴雨洪水辅助分析功能等。

3. 遥感技术在抗洪救灾中的应用

遥感作为一项综合性高新技术，观测空间大，可远离被测物体，不受气候条件限制，在世界范围内环境与灾害的检测中一直被优先选用。它是从一定距离对地表和近地表的目标物，从紫外到微波的某些波段的电磁波的发射和发射现象进行探测，从而识别目标物的理论和方法。

4. 科学调度洪水是防洪的关键

洪水调度是防汛决策的核心。洪水调度的任务是根据实时雨情、水情、工情信息，依据暴雨、洪水预报结果，并通过对工程险情及可能发生的各种灾情的分析，遵循洪水调度原则和防洪工程运用条件，设计并计算出合理、有效的洪水调度方案，通过对多种方案的经济性、现实性及风险性等进行综合评价和对比分析，选择较为满意的方案和提出方案的具体实施意见。

5. 科学试验

(1) 土工织物沉排坝的试验研究。土工织物沉排坝，是利用具有强度大、柔性好、施工简单、反滤效果好等优点的土工织物作为护底排布，上铺不同的压载体，而修成的各种类型的沉排结构。将沉排放在坝前受溜部位，排体随排前冲刷坑的发展逐渐下沉，自行调整坡度直至稳定，起到护底、护脚、防止淘刷的作用。土工织物作为一种新型的工程材料，在防洪抢险中显示出越来越大的优越性。

(2) 透水混凝土桩坝的试验研究。透水混凝土桩坝是一种新结构形式，是河道整治结构中区别于传统实体坝的一种透水建筑物。其作用是通过缓溜落淤控制河势，达到控导主溜的目的。

(三) 防汛抢险技术装备

1. 防汛抢险新材料

(1) 吸水膨胀袋。吸水膨胀袋是运用最新的高科技吸水材料作为填充物而制成的。其利用了高吸水材料遇水即胀的特点，在发生水患险情时，能以最快速度防汛抢险，吸水膨胀袋经现场测试比沙土包堵截速度快9倍，使用时只需一人就可以完成，420g的吸水袋浸水3～5min立即成为20kg的应急膨胀袋，立刻可以进行有效的防水堵截。

1) 适用范围。用于江、河、湖筑坝防洪。用于易淹水工厂，隧道、地铁、地下停车场等低洼地带的防水灌入；雨水季节易崩塌地区或靠山土斜坡地区的临时围堵，防止崩塌；道路施工、工地桥梁建设、竞赛场等积水处的吸水去水；矿山、油气田开采等需快速去水的工矿企业。

2) 特点。沾水即可快速自动膨胀，吸水材料能够有效锁水，不渗漏不透水。重量轻，未膨胀时的体积、重量只是同体积沙土包的1/50，可以节省大量的储放空间，运输和搬运都十分方便。吸水袋内已装填了高吸水材料，可以直接使用，不需要贮备大量沙土装填，减低劳动强度（汛期多阴雨、泥水遍地、取沙土相当困难）。可自然降解，不会释放出有害物质，也不会像沙石般形成淤积，需动用人力物力去清除，非常环保。

(2) 吸水速凝挡水子堤。吸水速凝挡水子堤是由土工织物做外袋、土工膜做内袋和装在内袋里的高效保水材料以及护垫、加强带、注水孔、防渗带、防渗条等组成。袋体吸（充）水后体积胀大，随即水体凝结成具有一定抗压强度能自立的凝胶体，从而沿堤顶形成一道连续矮墙，即挡水子堤。

1) 应用范围。适用于江、河、湖、库各种挡水、防浪护坡、防漫溢抢险工程以及城市防洪。

2) 特点。吸水速凝挡水子堤可以防止洪水漫顶，抗御风浪，它具有以下显著特点：

a. 子堤高度与形状可按设计要求确定，充水后可快速将液体水变为凝胶体，发挥挡水作用，满足防汛应急需要。

b. 袋内充填物为水体，不需要开挖运送土石料，节约大量的人力、物料和运输，有利于环保与生态，在缺乏土石料源处，尤突出其优越性。并且充水操作迅速，效率高，速度快，在防汛千钧一发的紧急时刻，能快速应对。

c. 充水前的子堤重量轻、体积小，人工搬运方便。防潮、密封包装，方便储存。

d. 一堤多用，除挡水功能外，护坡垫前护堤肩后护堤背，既防渗又防浪，可有效地保护堤坝。

e. 在各单元子堤底部加防渗带，能有效密合子堤与堤顶空隙，防止子堤底部渗漏。

f. 各单元子堤对接，充水后纵向膨胀对挤，外加防渗条塞实接头处，不会在接头处漏水。

g. 汛后拆除子堤，只要剖开管袋，凝胶体慢慢泻出，会自动还原成无毒的天然水。

h. 施工时除需要充水水泵、防滑钉与简单工具外，别无其他设备要求，也无需复杂技术，安装简易。

（3）防汛堵漏材料“管涌停”。“管涌停”防汛袋为吸水膨胀型高分子化学材料，装入特制土工袋而成，利用高分子材料吸水迅速膨胀的特点，在防洪抢险中可用来堵塞管涌通道、快速修建挡水围堰、封堵穿堤建筑物基础渗漏等。“管涌停”防汛袋使用前体积小、重量轻，存放、运输方便，与传统砂（土）袋相比可大大减少人力，并可为抢险争取时间。

1）封堵管涌和漏洞。利用“管涌停”遇水后迅速膨胀，体积变大的特点，可封堵管涌和漏洞。在使用时，根据漏洞或管涌情况，视水深预估洞口直径，选择一个或几个袋装“管涌停”卷成小卷，塞入洞口，封堵管涌通道。如果漏水较大或水面已经形成较大漩涡，可投放多袋“管涌停”，用推杆或依靠水的吸力将其送至洞口，堵塞漏洞。

当分不清漏洞具体位置时，可打开密封袋取出“管涌停”材料，在漏洞可能存在的地方均匀投放，形成一层防水层。也可在水流流速较大区域和石块一起投放，或者在上游处投放。

2）临时加高堤坝。由于“管涌停”遇水后重量成倍增加，体积迅速膨胀，可作紧急抢险时的砂包、土袋使用。汛期将“管涌停”放置在险段，一旦险情出现时，迅速打开塑料包装，将吸水膨胀后的平铺在堤顶，形成快速挡水围堰，临时加高堤坝。由于“管涌停”重量较轻，吸水后重量虽然加重，但抗风浪能力较差，所以，使用时应加压传统砂袋或石块等重物。仅使用“管涌停”修筑挡水围堰时，高度不宜过高，以1～2层为宜。

2. 防汛抢险新设备

（1）防汛液压自动抛石机。液压自动抛石机主要由移动装置、滑槽、料斗、行走装置、配套动力等部分构成，利用液压传动技术，实现了抛石槽伸展定位、收放及抛石机械化，解决了一次抛投不到位的难题。

（2）便携式打桩机。由防汛抢险钢桩及快速旋桩机、便携式打桩机和YBZ拔桩机组成的机械旋桩、打桩、拔桩施工，具有机械化施工速度快、质量高、用人少、危险小、减小劳动强度的优点。

快速旋桩机是一种机动灵活、工效高、适应于各种土质的快速植桩机具。钢桩向下旋转运动时加大了土体密度，增加了土壤与旋桩之间的摩擦力，使旋桩在土壤中更加坚固。

便携式打桩机是一种专门用于抗洪抢险、堤防加固、维护江河湖塘堤岸的打桩机械，由主机和动力装置组成。主机是击打设备，两人即可操作，主机与动力装置分离，采用软轴连接传动。对长度2.5m以内、桩径8～12cm的木桩，3min内可打入木桩1～2m。

拔桩机由液压顶起机构，链轮链条机构，夹具、底盘结构组成。工作时，液压顶起机构举起链轮、链条机构，链条一端固定于底盘上，另一端通过卡具与本桩相接；随着顶起机构的上升，即可将木桩拔出。与传统拔桩方法相比，工效提高15倍。

（3）机械组合装袋机。组合装袋机可自动地将堆积于地面上的物料装入编织袋中，具有自动化、机械化程度高，省时、省力等优点，可用于堤防、河道工程抢险，每小时装袋1200袋。大洪水情况下，抢修堤防子堤、抢堵漏洞，需大量土袋时更能发挥速度快、效率高、节省劳力、减轻劳动强度的优势。一台组合装袋机每台装袋量相当于125人一天的工作量。

土袋装运机采用机械传动原理，分自助上土、装袋、爬坡运动运输三部分。组合装袋机由蟹爪耙装、刮板运输、自动称重等七部分组成。工作时，蟹爪耙装机构采用两只机械蟹爪交替运动，连续地将集于铲板上的物料耙入刮板运输机中，刮板运输机构将物料输送到集料仓，物料在集料仓被螺旋分料机械破碎并强制下送到编织袋，从而实现了集料、输送、称重、装袋全过程的自动化。

（4）铺设机具。铺设机具由以下几个部分组成：行走式铺设机、铺设架、控制柜及蓄电池，这些都能很方便地装载在一辆小型卡车上，单件可用手工装卸。铺设机具解决了水下密封的技术难题，实现了水下的机械铺设，降低了传统抢险中靠人力抢护的危险性。

土工合成材料软体排及其水下铺设机具铺设水深可达6m，铺设软体排宽度4m，铺设长度20m，并可适当调整延长。采用直流电源方式供电，减少了抢险中对当地电源的要求。

水下铺设机具经过增设附件，还可以用于水库水下探漏和水下地形测量等领域。

3. 防汛抢险新技术

（1）防治管涌滤垫及装配式围井。装配式围井由围井单元体构成。单元体设有围板加筋、连接件、固定件等，围板之间的接缝处固定有防渗水材料，围板上设置控制井内水位的排水系统，围井高度可根据需要调整。在抢护管涌中，应用装配式围井蓄水，抬高管涌破坏孔口处水位，减少上下游水位差，抑制堤防管涌破坏的恶化。抢护管涌滤垫的主要作用是透水保砂，上层为保护层，保护土工织物，防止其变形而影响过滤特性；下层为减压层，控制水势，削减流速水头；中层为滤层，用土工织物作过滤材料，它可根据土质的不同而选用不同的土工织物，三层材料固定成一整体。抢护管涌破坏，只需将这种滤垫直接铺设到清理好的地面上即可。铺设、更换和连接十分方便迅速，可重复使用，储运方便。

（2）防汛移动信息工作平台。防汛移动信息工作平台是集实时信息采集、远程通信和数据查询于一体的移动式决策指挥平台。整套装置由信息采集工作箱、专用主机工作站、高清晰摄像头、数码照相机、视音频处理系统、海事卫星通信单元、专用电源和应用软件包等组成。该系统较好地实现野外工情信息与中心网络的完全连接，全方位实现信息传输、资料查询和视音频远程同频会商。它采用有线拨号上网和GPRS线或海事卫星相结合的通信方式，其速度可达128K，全方位实现恶劣环境无障碍远程决策指挥。

（3）土工合成材料防渗漏软体排。土工合成材料防渗漏软体排由排布和扁带式压载枕袋组成，解决了水下铺设过程中软体排漂浮的技术问题，使一次性铺设软体排面积达到$80m^2$，为抢护堤身渗漏险情赢得了时间，具有很强的针对性。

总之，防汛抢险新技术、新设备、新材料的应用与研制的主要任务是为汛情预报、防洪工程建设、防汛部署、紧急抢险、各种险情抢护提供安全、高效的措施方案；对指挥抗洪斗争的关键问题，如开闸或是关闸、破堤还是保堤等提出对策；建立高科技立体探测网，准确把握洪水的脉搏；提高工作效能和资料的精确度，同时提高预防汛抢险人员的素质和工作能力，增加抢险成功的把握。

复习思考题

1. 防汛抢险工作的基本任务是什么？
2. 防汛抢险组织的内容有哪些？
3. 防汛责任制包括哪些？
4. 建立现代防洪减灾体系必须做好哪些工作？
5. 防汛准备工作的内容有哪些？
6. 汛期巡堤查险的方法有哪些？
7. 堤坝险情一般包括哪些？分别如何判断？
8. 洪水漫顶险情出险常见原因有哪些？抢护方法有哪些？
9. 渗水（散浸）险情出险常见原因有哪些？抢护方法有哪些？
10. 翻砂鼓水（管涌、流土）险情出险常见原因有哪些？抢护方法有哪些？
11. 漏洞险情出险常见原因有哪些？抢护方法有哪些？
12. 滑坡险情出险常见原因有哪些？抢护方法有哪些？
13. 跌窝险情出险常见原因有哪些？抢护方法有哪些？
14. 坍塌险情出险常见原因有哪些？抢护方法有哪些？
15. 裂缝险情出险常见原因有哪些？抢护方法有哪些？
16. 风浪险情出险常见原因有哪些？抢护方法有哪些？
17. 决口险情出险常见原因有哪些？抢护方法有哪些？
18. 闸涵险情出险常见原因有哪些？抢护方法有哪些？
19. 防汛抢险新技术、新设备、新材料有哪些？

项目七　河　道　管　理[1]

【学习目标】

通过本项目的学习，学生可以了解河道绿化养护管理、河道堤防交通及旅游管理、河道沿岸湿地管理的内容；熟悉河道保护、河道清障与采砂管理的内容和要求；掌握全面实行河长制、维护河流健康生命相关知识。

河道管理的主要目的是贯彻执行国家的有关政策和法规，依法管理河道及其有关工程设施以及河道管理范围内的各项活动和行为，以保障江河防洪安全和河道综合效益的发挥。河道管理的对象主要是堤防工程、闸坝工程、输水工程、泵站工程、蓄滞洪区以及与这些工程相关的活动和行为。其中有些内容已经在前面的项目中介绍了，下面就全面实行河长制、河道保护、河道清障与采砂管理、河道绿化养护管理、河道堤防交通及旅游管理、河道沿岸湿地管理等内容作详细介绍。

任务1　实行河长制的重要意义与基本原则[2]

一、实行河长制的重要意义

江河湖泊是地球的血脉、生命的源泉、文明的摇篮，也是经济社会发展的基础支撑。江河湖泊孕育了中华文明，哺育了中华民族，是祖先留给我们的宝贵财富，也是子孙后代赖以生存发展的珍贵资源。保护江河湖泊，事关人民群众福祉，事关中华民族长远发展。河湖管理保护是一项复杂的系统工程，涉及上下游、左右岸、不同行政区域和行业。近年来，一些地区积极探索河长制，由党政领导担任河长，依法依规落实地方主体责任，协调整合各方力量，有力促进了水资源保护、水域岸线管理、水污染防治、水环境治理等工作。全面实行河长制是落实绿色发展理念、推进生态文明建设的内在要求，是解决我国复杂水问题、维护河湖健康生命的有效举措，是完善水治理体系、保障国家水安全的制度创新。[3]

河长制，即由中国各级党政主要负责人担任“河长”，负责组织领导相应河湖的管理

[1] 0700ⓦ　[2] 070101ⓦ　070102▶　070103Ⓟ　070104◎　[3] 070105Ⓣ

和保护工作。实行河长制的重要意义如下：

第一，实行河长制是落实绿色发展理念、推进生态文明建设的必然要求。习近平总书记多次就生态文明建设作出重要指示，强调要树立“绿水青山就是金山银山”的强烈意识，努力走向社会主义生态文明新时代。《中共中央国务院关于加快推进生态文明建设的意见》把江河湖泊保护摆在重要位置，提出明确要求。江河湖泊具有重要的资源功能、生态功能和经济功能，是生态系统和国土空间的重要组成部分。党的二十大报告明确提出，统筹水资源、水环境、水生态治理，推动重要江河湖库生态保护治理。落实绿色发展理念，全面推行河湖长制，要坚持生态优先、科学施策、标本兼治，扎实推进水生态环境质量持续改善，推行以生态保护为主兼顾经济效益的绿色生态发展路径，让绿色成为河湖高质量发展的鲜明底色。

第二，实行河长制是解决我国复杂水问题、维护河湖健康生命的有效举措。习近平总书记多次强调，当前我国水安全呈现出新老问题相互交织的严峻形势，特别是水资源短缺、水生态损害、水环境污染等新问题愈加突出。河湖水系是水资源的重要载体，也是新老水问题体现最为集中的区域。近年来各地积极采取措施加强河湖治理、管理和保护，取得了显著的综合效益，但河湖管理保护仍然面临严峻挑战。一些河流特别是北方河流开发利用已接近甚至超出水环境承载能力，导致河道干涸、湖泊萎缩，生态功能明显下降；一些地区废污水排放量居高不下，超出水功能区纳污能力，水环境状况堪忧；一些地方侵占河道、围垦湖泊、超标排污、非法采砂等现象时有发生，严重影响河湖防洪、供水、航运、生态等功能发挥。解决这些问题，亟须大力推行河长制，推进河湖系统保护和水生态环境整体改善，维护河湖健康生命。

第三，实行河长制是完善水治理体系、保障国家水安全的制度创新。习近平总书记深刻指出，河川之危、水源之危是生存环境之危、民族存续之危，要求从全面建成小康社会、实现中华民族永续发展的战略高度，重视解决好水安全问题。河湖管理是水治理体系的重要组成部分。近年来，一些地区先行先试，进行了有益探索，在推行河长制方面普遍实行党政主导、高位推动、部门联动、责任追究，取得了很好的效果，形成了许多可复制、可推广的成功经验。实践证明，维护河湖生命健康、保障国家水安全，需要大力推行河长制，积极发挥地方党委政府的主体作用，明确责任分工、强化统筹协调，形成人与自然和谐发展的河湖生态新格局。

二、实行河长制依据的规范性文件

1. 中共中央办公厅、国务院办公厅印发《关于全面推行河长制的意见》

2016 年 10 月 11 日，中共中央总书记、国家主席、中央军委主席、中央全面深化改革领导小组组长习近平主持召开中央全面深化改革领导小组第二十八次会议并发表重要讲话。会议审议通过了《关于全面推行河长制的意见》，会议强调，保护江河湖泊，事关人民群众福祉，事关中华民族长远发展。

全面推行河长制，目的是贯彻新发展理念，以保护水资源、防治水污染、改善水环境、修复水生态为主要任务，构建责任明确、协调有序、监管严格、保护有力的河湖管理保护机制，为维护河湖健康生命、实现河湖功能永续利用提供制度保障。要加强对河长的绩效考核和责任追究，对造成生态环境损害的，严格按照有关规定追究责任。

2016年12月，中共中央办公厅、国务院办公厅印发了《关于全面推行河长制的意见》，并发出通知，要求各地区各部门结合实际认真贯彻落实。

“河长制”工作的主要任务包括以下六个方面：

（1）加强水资源保护。落实最严格水资源管理制度，严守水资源开发利用控制、用水效率控制、水功能区限制纳污三条红线，强化地方各级政府责任，严格考核评估和监督。实行水资源消耗总量和强度双控行动，防止不合理新增取水，切实做到以水定需、量水而行、因水制宜。坚持节水优先，全面提高用水效率，水资源短缺地区、生态脆弱地区要严格限制发展高耗水项目，加快实施农业、工业和城乡节水技术改造，坚决遏制用水浪费。严格水功能区管理监督，根据水功能区划确定的河流水域纳污容量和限制排污总量，落实污染物达标排放要求，切实监管入河湖排污口，严格控制入河湖排污总量。

（2）加强河湖水域岸线管理保护。严格水域岸线等水生态空间管控，依法划定河湖管理范围。落实规划岸线分区管理要求，强化岸线保护和节约利用。严禁以各种名义侵占河道、围垦湖泊、非法采砂，对岸线乱占滥用、多占少用、占而不用等突出问题开展清理整治，恢复河湖水域岸线生态功能。

（3）加强水污染防治。落实《水污染防治行动计划》，明确河湖水污染防治目标和任务，统筹水上、岸上污染治理，完善入河湖排污管控机制和考核体系。排查入河湖污染源，加强综合防治，严格治理工矿企业污染、城镇生活污染、畜禽养殖污染、水产养殖污染、农业面源污染、船舶港口污染，改善水环境质量。优化入河湖排污口布局，实施入河湖排污口整治。

（4）加强水环境治理。强化水环境质量目标管理，按照水功能区确定各类水体的水质保护目标。切实保障饮用水水源安全，开展饮用水水源规范化建设，依法清理饮用水水源保护区内违法建筑和排污口。加强河湖水环境综合整治，推进水环境治理网格化和信息化建设，建立健全水环境风险评估排查、预警预报与响应机制。结合城市总体规划，因地制宜建设亲水生态岸线，加大黑臭水体治理力度，实现河湖环境整洁优美、水清岸绿。以生活污水处理、生活垃圾处理为重点，综合整治农村水环境，推进美丽乡村建设。

（5）加强水生态修复。推进河湖生态修复和保护，禁止侵占自然河湖、湿地等水源涵养空间。在规划的基础上稳步实施退田还湖还湿、退渔还湖，恢复河湖水系的自然连通，加强水生生物资源养护，提高水生生物多样性。开展河湖健康评估。强化山水林田湖系统治理，加大江河源头区、水源涵养区、生态敏感区保护力度，对三江源区、南水北调水源区等重要生态保护区实行更严格的保护。积极推进建立生态保护补偿机制，加强水土流失预防监督和综合整治，建设生态清洁型小流域，维护河湖生态环境。

（6）加强执法监管。建立健全法规制度，加大河湖管理保护监管力度，建立健全部门联合执法机制，完善行政执法与刑事司法衔接机制。建立河湖日常监管巡查制度，实行河湖动态监管。落实河湖管理保护执法监管责任主体、人员、设备和经费。严厉打击涉河湖违法行为，坚决清理整治非法排污、设障、捕捞、养殖、采砂、采矿、围垦、侵占水域岸线等活动。

2. 水利部、环境保护部印发《贯彻落实〈关于全面推行河长制的意见〉实施方案》

为贯彻落实《中共中央办公厅、国务院办公厅印发〈关于全面推行河长制的意见〉的通知》(厅字〔2016〕42号),确保《关于全面推行河长制的意见》提出的各项目标任务落地生根、取得实效。水利部、环境保护部2016年12月10日发布了《贯彻落实〈关于全面推行河长制的意见〉实施方案》。

该实施方案指出,我国江河湖泊众多,水系发达,保护江河湖泊,事关人民群众福祉,事关中华民族长远发展。习近平总书记作出重要指示,强调生态文明建设是“五位一体”总体布局和“四个全面”战略布局的重要内容,要求各地区各部门切实贯彻新发展理念,树立“绿水青山就是金山银山”的强烈意识,努力走向社会主义生态文明新时代。李克强总理批示指出,生态文明建设事关经济社会发展全局和人民群众切身利益,是实现可持续发展的重要基石。全面推行河长制,是党中央、国务院为加强河湖管理保护作出的重大决策部署,是落实绿色发展理念、推进生态文明建设的内在要求,是解决我国复杂水问题、维护河湖健康生命的有效举措,是完善水治理体系、保障国家水安全的制度创新。

实施方案指出,《关于全面推行河长制的意见》是加强河湖管理保护的纲领性文件,各地要深刻认识全面推行河长制的重要性和紧迫性,切实增强使命感和责任感,扎实做好全面推行河长制工作,做到工作方案到位、组织体系和责任落实到位、相关制度和政策措施到位、监督检查和考核评估到位,确保到2018年底前,全面建立省、市、县、乡四级河长体系,为维护河湖健康生命、实现河湖功能永续利用提供制度保障。

实施方案指出,要确定河湖分级名录。各地要在水利普查基础上,进一步摸清辖区内河流湖泊现状。对河湖健康状况作出准确评估。要根据河湖自然属性、跨行政区域情况,以及对经济社会发展、生态环境影响的重要性等,抓紧提出需要由省级负责同志担任河长的主要河湖名录。

还要建立信息报送制度,各地要动态跟踪全面推行河长制工作进展,每两个月将工作进展情况报送水利部及环境保护部,每年1月10日前将上一年度工作总结报送水利部及环境保护部。

此外,水利部将把全面推行河长制工作纳入最严格水资源管理制度考核,环保部将把全面推行河长制工作纳入水污染防治行动计划中进行考核。

3. 水利部印发《关于推动河长制从“有名”到“有实”的实施意见》

为推动我国河长制尽快从“有名”向“有实”转变,从全面建立到全面见效,实现名实相符,2018年10月9日水利部印发了《关于推动河长制从“有名”到“有实”的实施意见》(水河湖〔2018〕243号)。

该实施意见指出,按照山水林田湖草系统治理的总体思路,坚持问题导向,细化实化河长制六大任务,聚焦管好“盆”和“水”,将“清四乱”专项行动作为今后一段时期全面推行河长制的重点工作,集中解决河湖乱占、乱采、乱堆、乱建(简称“四乱”)等突出问题,管好河道湖泊空间及其水域岸线;加强系统治理,着力解决“水多”“水少”“水脏”“水浑”等新老水问题,管好河道湖泊中的水体,向河湖管理顽疾宣战,推动河湖面貌明显改善。

4. 山东省委办公厅、省政府办公厅印发《山东省全面实行河长制工作方案》[1]

为深入贯彻落实《中共中央办公厅、国务院办公厅印发〈关于全面推行河长制的意见〉的通知》(厅字〔2016〕42号)和《中共山东省委、山东省人民政府印发〈关于加快推进生态文明建设的实施方案〉的通知》(鲁发〔2016〕11号)要求,建立健全河湖管理保护长效机制,进一步加强山东省河湖管理保护,推进生态文明建设,现就在全省范围内全面实行河长制制定印发《山东省全面实行河长制工作方案》。

该工作方案指出,全面实行河长制的工作目标是:2017年年底前,全面实行河长制,建立起省、市、县、乡四级河长体系以及责任明确、协调有序、监管严格、保护有力的河湖管理保护体制和良性运行机制。其中,2017年4月底前,建立全省各级河长体系;6月底前,出台省级相关制度和考核办法;7月底前,负责牵头的省有关部门就牵头事项制定专项实施方案;8月底前,设区的市党委、政府出台实施方案及市级相关制度和考核办法;10月底前,县(市、区)党委、政府出台实施方案及县级相关制度和考核办法。到2020年,重要河湖水功能区水质达标率提高到82.5%;省控重点河流水质基本达到水环境功能区划要求,重点流域水质优良(达到或优于Ⅲ类)比例总体达到60%以上;设区的市建成区黑臭水体控制在10%以内,集中式饮用水水源水质优良(达到或优于Ⅲ类)比例总体高于98%;自然湿地保护率达到70%;骨干河道、重要湖泊、重点水库的生态水量基本得到维持;乱占乱建、乱围乱堵、乱采乱挖、乱倒乱排等"八乱"现象基本消除,基本建成河湖健康保障体系和管理机制。到2030年,重要河湖水功能区水质达标率提高到95.9%;重点流域水质优良(达到或优于Ⅲ类)比例总体达到65%以上;城市建成区总体基本消除黑臭水体,除地质原因外,设区的市城市集中式饮用水水源水质优于Ⅲ类比例达到100%;自然湿地保护率达到80%以上;城乡重要河道基本保有生态基流;岸线利用规范有序,河湖水事秩序良好;省控重点河流全面恢复水环境功能,水环境风险得到控制,河湖生态系统基本恢复。

通过持续不断的努力,使水环境得到根本改善,水安全得到有力保障,水生态系统实现良性循环,全省河湖变得水更清、岸更绿、景更美,最终实现建设"秀美河湖、生态山东"的总目标。

5. 山东省人民政府印发《山东省推动河长制湖长制从"有名"到"有实"工作方案》

山东省为推动河湖长制尽快从"有名"向"有实"转变,按照水利部《关于推动河长制从"有名"到"有实"的实施意见》,结合山东省河湖实际,2019年1月18日,省人民政府印发了《山东省推动河长制湖长制从"有名"到"有实"工作方案》。

该工作方案指出,以开展"深化清违整治、构建无违河湖"专项行动为抓手,夯实六项基础性工作,着力解决四个突出问题,逐步建立河湖管护长效机制。六项基础性工作:一是划定河湖管理保护范围;二是完善"一河(湖)一档";三是完成"一湖一策"编制;四是印发河湖岸线利用管理规划;五是规范公示牌设置;六是完善河长制湖长制管理信息

[1] 070106Ⓛ

系统。四个突出问题：防范“水多”、防治“水少”、整治“水脏”、减少“水浑”。

通过推进河湖长制从“有名”到“有实”转变，全力构建“水清、岸绿、河畅、景美”的无违河湖，为促进生态文明建设和经济社会可持续发展提供有力支撑。

三、实行河长制的基本原则

实行河长制的基本原则如下：

（1）坚持生态优先、绿色发展。牢固树立尊重自然、顺应自然、保护自然的理念，处理好河湖管理保护与开发利用的关系，强化规划约束，促进河湖休养生息，维护河湖生态功能。

（2）坚持党政领导、部门联动。建立健全以党政领导负责制为核心的责任体系，明确各级河长职责，强化工作措施，协调各方力量，形成一级抓一级、层层抓落实的工作格局。

（3）坚持科学治理、系统整治。以流域为单元，统筹自然生态各种要素，科学规划，把治水与环境整治、生态修复等有机结合起来，综合运用现代科技解决水问题。

（4）坚持问题导向、因地制宜。立足不同地区不同河湖实际，协调上下游、左右岸，实行一河一策、一湖一策，解决好河湖管理保护的突出问题。

（5）坚持统筹兼顾、管护并重。加快推进生态文明重点工程建设进度，创新管理保护机制，建立健全政策法规体系，确保河湖管理保护取得长期效益。

（6）坚持强化监督、严格考核。统一标准，规范考核，建立健全河湖管理保护监督考核和责任追究制度，拓展公众参与渠道，营造全社会共同关心和保护河湖的良好氛围。

任务2 河道清障与采砂管理❶

一、河道清障的概念

障即阻水物，分自然形成和人为形成两种。自然形成的如自然堆积的沙丘、自然生长的植物等障碍物；人为形成的如建筑物、树木、高秆作物、垃圾、废渣、尾矿矿渣、杂物及其他设施等。

河道清障，是指清除河道中违反《水法》规定人为设置的阻碍物，恢复河道的畅通状态，保持其过水能力，以确保河道渔业、通航、竹木流放和输水等功能的正常运用，尤其是确保防洪的安全。

依照法律规定，河道清障的原则为：谁设障，谁清除。清障工作由地方各级政府负责

❶ 070201ⓦ 070202▶ 070203ⓟ 070204

制订计划、监督实施并组织验收。

二、河道清障归责原则和费用负担

《中华人民共和国河道管理条例》（简称《河道管理条例》）第三十六条规定："对河道管理范围内的阻水障碍物，按照'谁设障，谁清除'的原则，由河道主管机关提出清障计划和实施方案，由防汛指挥部责令设障者在规定的期限内清除。逾期不清除的，由防汛指挥部组织强行清除，并由设障者负担全部清障费用。"

《河道管理条例》第三十七条规定："对壅水、阻水严重的桥梁、引道、码头和其他跨河工程设施，根据国家规定的防洪标准，由河道主管机关提出意见并报经人民政府批准，责成原建设单位在规定的期限内改建或者拆除。汛期影响防洪安全的，必须服从防汛指挥部的紧急处理决定。"根据这些规定，河道清障的归责原则是"谁设障，谁清除"。

三、河道采砂管理

河道采砂是指在河道管理范围内采挖砂石、取土和淘金（包括淘取其他金属及非金属）等行为。河道采砂管理是为防止在河道内滥采、乱挖砂石导致的毁滩塌岸、河势恶化对河道防洪和航运安全造成影响，通过技术、经济、行政、法律等手段规范河道采砂行为的管理工作。❶

河道采砂管理的主要内容包括河道采砂许可制度、河道采砂批准程序、河道采砂收费、河道采砂规划等。

（一）河道采砂管理适用法律法规

河道采砂管理适用法律法规主要有《水法》《河道管理条例》《山东省实施〈中华人民共和国河道管理条例〉办法》《河道采砂收费管理办法》等。

（二）河道采砂管理有关规定

1.《水法》的有关规定

第三十九条　国家实行河道采砂许可制度。河道采砂许可制度实施办法，由国务院规定。在河道管理范围内采砂，影响河势稳定或者危及堤防安全的，有关县级以上人民政府水行政主管部门应当划定禁采区和规定禁采期，并予以公告。

2.《河道管理条例》的有关规定

第二十五条　在河道管理范围内进行下列活动，必须报经河道主管机关批准；涉及其他部门的，由河道主管机关会同有关部门批准：

（一）采砂、取土、淘金、弃置砂石或者淤泥；

（二）爆破、钻探、挖筑鱼塘；

（三）在河道滩地存放物料、修建厂房或者其他建筑设施；

（四）在河道滩地开采地下资源及进行考古发掘。

---

❶ 070205Ⓣ

第四十条　在河道管理范围内采砂、取土、淘金，必须按照经批准的范围和作业方式进行，并向河道主管机关缴纳管理费。收费的标准和计收办法由国务院水行政主管部门会同国务院财政主管部门制定。

第四十四条　违反本条例规定，有下列行为之一的，县级以上地方人民政府河道主管机关除责令其纠正违法行为、采取补救措施外，可以并处警告、罚款、没收非法所得；对有关责任人员，由其所在单位或者上级主管机关给予行政处分；构成犯罪的，依法追究刑事责任：

（一）在河道管理范围内弃置、堆放阻碍行洪物体的；种植阻碍行洪的林木或者高秆植物的；修建围堤、阻水渠道、阻水道路的；

（二）在堤防、护堤地建房、放牧、开渠、打井、挖窖、葬坟、晒粮、存放物料、开采地下资源、进行考古发掘以及开展集市贸易活动的；

（三）未经批准或者不按照国家规定的防洪标准、工程安全标准整治河道或者修建水工程建筑物和其他设施的；

（四）未经批准或者不按照河道主管机关的规定在河道管理范围内采砂、取土、淘金、弃置砂石或者淤泥、爆破、钻探、挖筑鱼塘的；

（五）未经批准在河道滩地存放物料、修建厂房或者其他建筑设施，以及开采地下资源或者进行考古发掘的；

（六）违反本条例第二十七条的规定，围垦湖泊、河流的；

（七）擅自砍伐护堤护岸林木的；

（八）汛期违反防汛指挥部的规定或者指令的。

第四十五条　违反本条例规定，有下列行为之一的，县级以上地方人民政府河道主管机关除责令其纠正违法行为、赔偿损失、采取补救措施外，可以并处警告、罚款；应当给予治安管理处罚的，按照《中华人民共和国治安管理处罚法》的规定处罚；构成犯罪的，依法追究刑事责任：

（一）损毁堤防、护岸、闸坝、水工程建筑物，损毁防汛设施、水文监测和测量设施、河岸地质监测设施以及通信照明等设施；

（二）在堤防安全保护区内进行打井、钻探、爆破、挖筑鱼塘、采石、取土等危害堤防安全的活动的；

（三）非管理人员操作河道上的涵闸闸门或者干扰河道管理单位正常工作的。

3.《山东省实施〈中华人民共和国河道管理条例〉办法》的有关规定

第二十二条　在河道管理范围内采砂、取土、淘金，必须按照河道管理权限，向河道主管机关提出申请，领取采砂许可证，按照许可证规定的范围和作业方式进行，并向河道主管机关或授权的河道管理单位缴纳管理费。采砂许可证的发放办法和管理费的收费标准、计收办法，按照水利部、财政部、国家物价局制定的《河道采砂收费管理办法》以及省水行政主管部门、财政部门、物价部门制定的实施细则执行。

第二十五条　未取得采砂许可证，在河道管理范围内采砂、取土、淘金的，由县级以上河道主管机关责令其停止违法行为，采取补救措施，可以并处警告、没收违法所得和处以相当于违法所得2倍的罚款。未按采砂许可证规定的范围和作业方式在河道管理范围内采砂、取土、淘金的，由县级以上河道主管机关责令其纠正违法行为，采取补救措施，可以并处警告、没收违法所得和处以相当于违法所得的罚款。

第二十六条　依照《河道管理条例》第四十四条规定处以罚款的，按下列规定执行：

（一）有《河道管理条例》第四十四条第一项、第五项所列行为的，对个人处以50元至2000元罚款；对单位处以1000元至1万元罚款。

（二）有《河道管理条例》第四十四条第二项、第三项、第六项、第八项所列行为的，对个人处以50元至3000元罚款；对单位处以1000元至1万元罚款。

（三）未经批准或者不按照河道主管机关的规定在河道管理范围内弃置砂石或者淤泥、爆破、钻探、挖筑鱼塘的，对个人处以50元至3000元罚款；对单位处以1000元至1万元罚款。

（四）擅自砍伐护堤护岸林木的，处以违法所得3倍至5倍的罚款。

第二十七条　依照《河道管理条例》第四十五条规定处以罚款的，按下列规定执行：

（一）有《河道管理条例》第四十五条第一项、第二项所列行为的，对个人处以100元至3000元罚款；对单位处以1000元至1万元罚款。

（二）有《河道管理条例》第四十五条第三项所列行为的，处以100元至2000元罚款。

4.《河道采砂收费管理办法》的有关规定

第二条　本办法所称河道采砂是指在河道管理范围内的采挖砂、石，取土和淘金（包括淘取其他金属及非金属）。

第三条　河道采砂必须服从河道整治规划。河道采砂实行许可制度，按河道管理权限实行管理。河道采砂许可证由省级水利部门与同级财政部门统一印制，由所在河道主管部门或由其授权的河道管理单位负责发放。

第四条　采砂单位或个人必须提出河道采砂申请书、说明采砂范围和作业方式，报经所在河道主管部门审批，在领取河道采砂许可证后方可开采。从事淘金和营业性采砂取土的，在获准许可后，还应按当地工商、物价、税务部门的有关规定办理。

第五条　河道采砂必须交纳河道采砂管理费。

第六条　河道采砂管理费的计费：

（一）由发放河道采砂许可证的单位计采砂管理费。

（二）河道采砂管理费的收费标准由各省、自治区、直辖市水利部门报同级物价、财政部门核定。收费单位应按规定向当地物价部门申领收费许可证，并使用财政部门统一印制的收费票据。

第七条　河道采砂管理费用于河道与堤防工程维修、工程设施的更新改造及管理单位的管理费。结余资金可以连年结转，继续使用，其他任何部门不得截留或挪用。

第八条　河道主管单位要加强财务及收费管理，建立健全财务制度，收好、管好、用好河道采砂管理费。河道采砂管理费按预算外资金管理，专款专用，专户存储。各级财政、物价和水利部门要负责监督检查各项财务制度的执行情况和资金使用效果。

第九条　违反本办法第三、四、五条规定的，按《河道管理条例》第四十四条规定办理。

第十条　河道管理、监理人员在河道采砂收费管理中，滥用职权，徇私舞弊，收受贿赂的，按《河道管理条例》第四十八条规定办理。

第十一条　各省、自治区、直辖市水利部门可以根据本办法的规定，结合实际情况，商同级财政、物价部门制定本地区河道采砂收费管理实施细则。

任务3　河道绿化养护管理[1]

一、影响河道绿化养护管理的因素

（一）河道绿化养护概述

随着近年来我国可持续发展战略的实行，在社会经济高速发展的同时，保持环境和生态的平衡也同样受到了广泛重视。再加上低碳经济等生态经济发展模式的提出，一条社会发展与生态环境和谐发展的道路，已经成为了当今世界发展的主流。而河道绿化是环保措施中一个重要的组成部分，对河道绿化养护进行完善管理是尤为重要的。[2]

河道绿化是指在河道蓝线内，包括水域、边坡、陆域（含防汛通道）等区域实施的绿化工程。河道绿化在河流生态恢复、环境改善、水土保持和景观美化中发挥重要的作用。

河道绿化应在保证河道航运、引排水等基本功能的前提下，充分考虑河流的生态修复、水质净化、水土保持及环境美化功能的需要，同时确保亲水活动的安全。

河道绿化养护非一朝一夕的事情，养护是根据不同绿化植物的生长需要和特定要求，及时对植物采取如施肥、灌水、中耕除草、修剪、防治害虫等技术措施，以确保其能够正常生长。所以人们形容植物的种养关系是“三分种植，七分养护”。这说明河道绿化养护在绿化施工过程中占有重要作用，它是河道绿化施工项目顺利完成的关键。

（二）影响河道绿化养护管理的因素

影响河道绿化养护的因素众多，管护单位的管护经费、生态环境的破坏程度、市民的觉悟性以及社会的政治文化发展等，都是现阶段我国河道绿化养护管理的重要影响因素。

1. 管养护成本直接影响河道绿化的管护效果

现阶段河道管理局（处）采取的一般是绿化管护招标制度，从投标单位中选出有管护资质的、能够胜任管护工作的管护单位，并将所管绿化区域管护权利授予各管护单位，再由管护单位对所授区域进行养护管理，将养护管理一体化。这一促进绿化管护的举措也有一定的负面影响。权利与成本的放手意味着需要更加严格的管理监督制度。而对成本的控制以及河道绿化的不利地理位置往往成为影响河道绿化管护的因素。

2. 河道绿化养护工作不到位

河道管理局（处）一直秉承“科学管理”的理念，实行月度考核制度，对管护单位绿化管护效果进行检查以便及时发现河道绿化管护中存在的问题。在河道绿化养护工作中，虽然完成的绿化面积不少，但是从建设的质量上来看，部分达不到标准，如在河道绿化养

[1] 070301 ⓦ　070302 ▶　070303 Ⓟ　070304 ◎

[2] 070305 Ⓣ

护上，种植品种过于单一，种植结构和搭配不合理，不能有效地治理水土流失等生态问题，发挥不到预期的防洪固堤作用；树木长势不喜，死亡率偏高。

3. 在思想上对生态环境保护不够重视

一直以来，受传统发展模式的影响，在河道绿化养护和经济同步发展的进程中，还普遍存在重视经济发展的偏见，人们总是把绿化作为一个促进生产部门创造经济效益的专业来看待，一直忽视了河道绿化养护本身具有的生态保护作用，只是目光短浅地看到短期的生产部门经济增长，以至于一味地减少绿化面积，换取经济增长。长此以往，环境变差，阻碍交通，破坏生态环境，严重影响居民的正常生活。

4. 有关河道绿化养护的法律法规及法律意识淡薄

生态环境不被重视，生态破坏严重，而有关于生态环境的法律和法规不完善，宣传工作也不到位，相关的部门和政策，对林业生态环境保护和建设与经济和谐发展的重要性认识严重不足，使得在普遍民众之中，没有形成健全的生态保护、水土维持意识，致使生态破坏严重，生态保护无力，而有关人员对生态进行保护和治理的时候，还无法可依，这对河道绿化的整改与养护带来了许多的困难。更有强势群众不配合，直接增加了政府人员工作负担，不利于社会的和谐稳定。

二、河道绿化养护管理的制度与措施

（一）河道绿化养护管理制度

（1）堤顶种植行道林每侧一行，距堤肩线内侧不小于30cm；堤坡种植树木位置合理，距堤肩线外侧不小于50cm。同种树种株距统一，胸径一致，工程外观美观，无大规模病虫害。

（2）直接管理的树木存活率达到95%以上，无占绿、毁绿现象，草坪、乔木、灌木等植物，无枯（病）枝、虫害、枝体倾斜等现象。定期对乔、灌木和草坪进行修剪（草坪高度控制在25cm以下）、整地除草、加土扶正、清除枯枝、环境清理、防病除害、设施维护等。

（3）直接管理的景观设施应保持完整、整洁及美观。

（4）堤防现有树木有计划地进行间伐更新，手续符合有关规定。

（5）采取有效措施防止违法采伐林木事件的发生，切实落实管理养护责任。

（二）河道绿化养护管理具体措施

加强河道绿化养护管理可采取如下具体措施。

1. 完善河道绿化保护工程的规划

维持生态平衡，保护生态环境，作为河道绿化管护的根本目的，始终是现阶段可持续发展的主题，实现有效的综合治理。所以，要求一切河道绿化养护工程在具体实施之前，要做好整体规划，从全局出发，完善系统的规划布局，针对具体情况采取相应处理措施，对症下药、因地制宜；加大管护力度，实行动态化管理，将养护与管理一体化，提高河道绿化环境。

2. 加大宣传力度，制定河道绿化管理制度

河道绿化在为居民带来优美的生态环境的同时，也对广大居民的觉悟性提出了高要求。要求居民认识到河道绿化不仅能美化环境，愉悦身心，更是对防洪固堤起了关键性作用；要将生态环境与经济发展放在对等的天平上，眼光绝不能为眼前的小利而抛开营造生态环境的大方向。同时要制定河道绿化管理制度，让河道绿化管理人员在绿化管护监督中

能有度可依，有章可循；将宣传与强制相结合，要把河道绿化的人为破坏降到最低程度。

3．合理安排绿化经费，增加技术支持

想要加强河道绿化养护建设，政府的财政投资是必不可少的。要求各管护单位合理规划绿化经费，及时除草、除虫、修剪、补植，合理规划河道绿化分布，降低养护成本；此外还要充分引入相关方面的技术支持，扩宽生态保护渠道，加大社会动员力量，保证工程的顺利实施。

4．合理选择植物种类与配置方式

植物种类选择和配置方式要根据河道的功能定位、立地条件，反映河道特色。老城区的河岸绿化空间小，应增加垂直绿化、丰富背水面绿化，提高绿化景观性。新城建设过程中通常已经预留出足够的河道绿化范围，绿化时应以自然式群落为主，增加植物群落的通透性；另外尽可能采用新型环保护岸材料，如抛石、卵石等人工近自然铺装材料，以便改善岸带的生境条件。

因此，在新的经济发展形势下，河道绿化养护工程是极具现实意义的，加强河道绿化养护工程建设是符合时代发展潮流，符合绿色发展理念的。

任务4　河道堤防交通及旅游管理❶

一、河道堤防交通管理

（一）河道堤防交通管理适用法律法规

河道堤防交通管理适用法律法规主要有《水库大坝安全管理条例》《河道管理条例》《山东省实施〈中华人民共和国河道管理条例〉办法》《山东省人民政府关于取消和下放行政审批事项的决定》（2013年7月省政府令第264号）等。

（二）河道堤防交通管理有关规定

（1）《水库大坝安全管理条例》“第十六条　大坝坝顶确需兼做公路的，须经科学论证和大坝主管部门批准，并采取相应的安全维护措施”。

（2）《河道管理条例》“第十五条　确需利用堤顶或者戗台兼做公路的，须经上级河道主管机关批准。堤身和堤顶公路的管理和维护办法，由河道主管机关商交通部门制定”。

（3）《山东省实施〈中华人民共和国河道管理条例〉办法》“第十一条　堤顶、戗台不得兼做公路使用。确需利用堤顶、戗台兼做公路的，须经上级河道主管机关批准。堤身和堤顶公路的管理和维护办法，由河道主管机关商交通部门制定。”

（4）《山东省人民政府关于取消和下放行政审批事项的决定》（2013年7月省政府令第264号）将“利用大坝坝顶兼做公路审批”下放至设区市、县级水行政主管

❶ 070401ⓦ　070402▶　070403Ⓟ　070404⊙

部门。

二、河道旅游管理

（一）河道旅游项目管理

河道旅游项目是指利用河道水域（水体）及相关联的岸地、岛屿、林草、建筑等风景资源，组织开展旅游、观光、娱乐、休闲、度假或科学、文化、教育等活动的涉水旅游项目。

河道旅游项目管理必须按照水利部颁布的《水利旅游项目管理办法》的规定执行。

1. 水利旅游项目管理的原则

水利旅游项目管理应符合国家有关法律、法规要求，并遵循以下原则：

（1）符合水资源规划，服从水资源的统一管理和防汛抗旱的统一调度指挥。

（2）保障水资源安全。

（3）保护水生态环境。

（4）维护水工程安全运行。

（5）保障游客的生命和财产安全。

（6）达到开展水利旅游活动的各项要求。

2. 水利旅游项目的申请与受理

公民、法人或其他组织设立水利旅游项目，必须向有管辖权的县级以上人民政府水行政主管部门提出申请。凡在已被批准为“省级水利风景区”或“国家级水利风景区”的景区中开展涉水旅游项目的，可不再履行报批程序，但须到有管辖权的县级以上人民政府水行政主管部门备案，备案时须提交“省级水利风景区”或“国家级水利风景区”的审批文件和景区规划批复文件等相关材料。

申请人申请设立水利旅游项目时，应提供以下材料：

（1）设立水利旅游项目申请书。

（2）由县级以上人民政府水行政主管部门认可的机构所编制的水利旅游项目综合影响评价报告书及由水利、旅游、环境、法律等专家组成的专家审查意见。

（3）相关联的水工程（或水资源）管理单位同意文件。

（4）涉及第三方合法水事权益的，提供与第三方签订的协议。

县级以上人民政府水行政主管部门在受理水利旅游项目申请后，应当对申请人提交的申请材料进行审查，形成书面审查意见。必要时，应当在自受理申报材料之日起十个工作日内开始组织专家评审或进行听证，并形成评审或听证意见。县级以上人民政府水行政主管部门应在自受理之日起二十个工作日内做出决定，并及时通知申请人及相关联的水工程（或水资源）管理单位。县级以上人民政府水行政主管部门依法做出不予批准的决定，应当说明理由，并告知申请人享有依法申请行政复议或者提起行政诉讼的权利。经批准设立的水利旅游项目要求变更批准内容的，应当向原审批实施机关提出申请。审批实施机关对于符合条件、标准的变更要求，应当依法办理变更手续。

3. 水利旅游项目的监督检查

上级人民政府水行政主管部门应当加强对下级人民政府水行政主管部门有关实施水利

旅游项目管理工作的监督检查。县级以上人民政府水行政主管部门和水工程（或水资源）管理单位应当建立健全监督管理制度，履行对水利旅游项目的监督管理责任。监督检查的主要内容为：

（1）水利旅游项目的性质、规模和内容等是否按审批文件要求付诸实施。

（2）水利旅游项目的建设和运营是否影响防汛、抗旱、水质、水生态环境和水工程的安全运行及其影响程度。

（3）开展水利旅游活动的各项条件是否具备，是否采取有效措施保障游客的生命和财产安全，宣传和防护措施是否落实。

（4）水利旅游项目是否履行了水利风景资源开发利用和保护的义务。

有下列情形之一的，审批实施机关或者上级人民政府水行政主管部门根据利害关系人的请求或者依据职权，应立即对批准设立的水利旅游项目予以撤销：

（1）审批实施机关工作人员滥用职权、玩忽职守做出批准决定的。

（2）超越职权做出批准决定的。

（3）违反程序做出批准决定的。

（4）对不符合条件标准的申请给予批准的。

申请人有下列情形之一的，审批实施机关或其上级人民政府水行政主管部门应立即对批准设立的水利旅游项目予以撤销：

（1）以欺骗手段取得批准的。

（2）未经批准擅自改变水利旅游项目性质、规模和内容的。

（3）未履行水利风景资源保护义务的。

（4）组织开展水利旅游活动不当，造成水污染、水生态环境破坏或影响防汛抗旱及水工程安全运行的情况之一者。

县级以上人民政府水行政主管部门在监督检查中发现水利旅游项目有重大安全事故隐患时，可以直接责令停止水利旅游活动或限期整改。

（二）水利风景区建设与管理❶

水利风景区是指以水域（水体）或水利工程为依托，具有一定规模和质量的风景资源与环境条件，可以开展观光、娱乐、休闲、度假或科学、文化、教育活动的区域。水利风景资源是指水域（水体）及相关联的岸地、岛屿、林草、建筑等能对人产生吸引力的自然景观和人文景观。水利风景区以培育生态，优化环境，保护资源，实现人与自然的和谐相处为目标，强调社会效益、环境效益和经济效益的有机统一。❷

水利风景区建设与管理必须按照水利部颁布的《水利风景区管理办法》的规定执行。

1. 水利风景区的设立

设立水利风景区，应当有利于加强水资源和生态环境保护，有利于保障水工程安全运行，有利于促进人与自然和谐相处。凡利用水利风景资源开展观光、娱乐、休闲、度假或

❶ 070405Ⓛ ❷ 070406Ⓣ

科学、文化、教育等活动，必须报请有管辖权的水行政主管部门或流域管理机构批准。

按照水利风景资源的观赏、文化、科学价值和水资源生态环境保护质量及景区利用、管理条件，水利风景区划分为两级，即国家级和省级水利风景区。国家级水利风景区，由景区所在市、县人民政府提出水利风景资源调查评价报告、规划纲要和区域范围，省（自治区、直辖市）水行政主管部门或流域管理机构依照《水利风景区评价标准》审核，经水利部水利风景区评审委员会评定，由水利部公布。省级水利风景区，由景区所在地市、县人民政府依照《水利风景区评价标准》，提出水利风景资源调查评价报告、规划纲要和区域范围，报省（自治区、直辖市）水行政主管部门评定公布，并报水利部备案。

2. 水利风景区规划与建设

水利风景区设立后，应当在两年内依据有关法规编制完成规划。水利风景区规划分为总体规划和详细规划，总体规划的规划期一般为20年。水利风景区总体规划应当包括以下内容：

（1）水利风景资源评价。

（2）水利风景区的发展目标和范围。

（3）水利风景区的功能结构和空间布局。

（4）水利风景区的环境承载能力分析。

（5）水资源生态环境保护等专项规划。

（6）水利风景区投资及效益分析。

水利风景区总体规划应当与有关水利规划、当地社会发展规划相协调。

水利风景区详细规划应当根据核心景区、景区和保护地带的不同要求编制，确定基础设施、旅游设施和文化设施等项目的选址、布局与规模，并明确用地范围和规划设计条件。水利风景区的详细规划，应当符合水利风景区总体规划。

国家级水利风景区规划由有关市、县人民政府组织编制，经省（自治区、直辖市）水行政主管部门或流域管理机构审核，报水利部审定；省级水利风景区规划由有关市、县人民政府组织编制，报省（自治区、直辖市）水行政主管部门审定。任何单位和个人不得擅自调整水利风景区规划，确需修改的，应当按照原审批程序报批。

水利风景区的建设与管理必须严格按照规划，结合水利工程的建设与管理进行。①新建水利工程应将水土流失防治、生态建设和保护以及工程所在区域自然、人文景观的保护纳入工程建设规划，并统筹道路、通信、供电、供水等基础设施建设；②已建水利工程可结合工程的扩建、改造、水土保持、水资源保护等工作统筹水利风景区建设；③水利风景区的维护要与水利工程的维护有机结合。

3. 水利风景区管理与保护

水利风景区管理机构应当建立健全景区管理与保护制度，保证水利风景区健康、有序、可持续发展。水利风景区管理机构应当做好水、土、生物及人文资源的保护工作，对宜林、宜草区域按照生态和美化要求修复植被，并按照有关要求有效处理垃圾、污水等；应当提供良好的卫生、服务、消防、救护等公共设施，并不断提高服务质量。

在水利风景区内从事下列活动，应当经水利风景区管理机构同意，并报有关行政主管部门批准。

（1）养殖及各种水上活动。

（2）采集标本或野生药材。

（3）设置、张贴标语或广告。

（4）各种商业经营活动。

（5）其他可能影响生态或景观的活动。

水利风景区内禁止各种污染环境、造成水土流失、破坏生态的行为，禁止存放或倾倒易燃、易爆、有毒、有害物品。

水利风景区管理机构应当加强安全管理，有专门的安全生产管理人员和安全保障设施，并有应对突发事件的预案和有效处理能力，保障游览安全和水工程的正常使用。国家级水利风景区管理机构应当每年向水利部报送规划实施和资源保护情况，省级水利风景区管理机构应当每年向省、自治区、直辖市水行政主管部门报送规划实施和资源保护情况。

任务5 河道沿岸湿地管理❶

一、湿地保护管理

湿地是指常年或者季节性积水地带、水域和低潮时水深不超过 6m 的海域，包括沼泽湿地、湖泊湿地、河流湿地、滨海湿地等自然湿地，以及重点保护野生动物栖息地或者重点保护野生植物的原生地等人工湿地。❷

湿地按照其重要程度、生态功能等，分为重要湿地和一般湿地。重要湿地包括国家重要湿地和地方重要湿地。重要湿地以外的湿地为一般湿地。

（一）湿地保护管理的方针

国家对湿地实行“保护优先、科学恢复、合理利用、持续发展”的方针。

国家林业局负责全国湿地保护工作的组织、协调、指导和监督，并组织、协调有关国际湿地公约的履约工作。县级以上地方人民政府林业主管部门按照有关规定负责本行政区域内的湿地保护管理工作。县级以上人民政府林业主管部门及有关湿地保护管理机构应当加强湿地保护宣传教育和培训，结合世界湿地日、爱鸟周和保护野生动物宣传月等开展宣传教育活动，提高公众湿地保护意识。县级以上人民政府林业主管部门应当组织开展湿地保护管理的科学研究，应用推广研究成果，提高湿地保护管理水平。县级以上地方人民政府林业主管部门应当鼓励、支持公民、法人和其他组织，以志愿服务、捐赠等形式参与湿地保护。

（二）湿地保护规划

国家林业局会同国务院有关部门编制全国和区域性湿地保护规划，报国务院或者其授权的部门批准。县级以上地方人民政府林业主管部门会同同级人民政府有关部门，按照有

❶ 070501Ⓦ 070502▶ 070503Ⓟ 070504 ❷ 070505Ⓣ

关规定编制本行政区域内的湿地保护规划，报同级人民政府或者其授权的部门批准。湿地保护规划应当包括下列内容：

（1）湿地资源分布情况、类型及特点、水资源、野生生物资源状况。

（2）保护和利用的指导思想、原则、目标和任务。

（3）湿地生态保护重点建设项目与建设布局。

（4）投资估算和效益分析。

（5）保障措施。

经批准的湿地保护规划必须严格执行；未经原批准机关批准，不得调整或者修改。

（三）湿地保护管理

县级以上人民政府或者林业主管部门可以采取建立湿地自然保护区、湿地公园、湿地保护小区、湿地多用途管理区等方式，健全湿地保护体系，完善湿地保护管理机构，加强湿地保护。

县级以上人民政府林业主管部门应当指导国家重要湿地、国际重要湿地、国家湿地公园、国家级湿地自然保护区保护管理机构建立健全管理制度，并按照相关规定制定专门的规章或者法规，加强保护管理。

符合国际湿地公约国际重要湿地标准的，可以申请指定为国际重要湿地。

具备自然保护区设立条件的湿地，应当依法建立自然保护区。自然保护区的设立和管理按照自然保护区管理的有关规定执行。

以保护湿地生态系统、合理利用湿地资源、开展湿地宣传教育和科学研究为目的，并可供开展生态旅游等活动的湿地，可以建立湿地公园。湿地公园分为国家湿地公园和地方湿地公园。建立国家湿地公园，应当具备下列条件：

（1）湿地生态系统在全国或者区域范围内具有典型性；或者区域地位重要；或者湿地主体生态功能具有典型示范性；或者湿地生物多样性丰富；或者生物物种独特。

（2）具有重要或者特殊科学研究、宣传教育和文化价值。

申请建立国家湿地公园的，应当编制国家湿地公园总体规划。建立国家湿地公园，由省（自治区、直辖市）人民政府林业主管部门向国家林业局提出申请，并提交总体规划等相关材料。

地方湿地公园的建立和管理，按照地方有关规定办理。

除法律法规有特别规定的以外，在湿地内禁止从事下列活动：

（1）开（围）垦湿地，放牧、捕捞。

（2）填埋、排干湿地或者擅自改变湿地用途。

（3）取用或者截断湿地水源。

（4）挖砂、取土、开矿。

（5）排放生活污水、工业废水。

（6）破坏野生动物栖息地、鱼类洄游通道，采挖野生植物或者猎捕野生动物。

（7）引进外来物种。

（8）其他破坏湿地及其生态功能的活动。

二、湿地公园管理

湿地公园是指以湿地良好生态环境和多样化湿地景观资源为基础，以湿地的科普宣教、湿地功能利用、弘扬湿地文化等为主题，并建有一定规模的旅游休闲设施，可供人们旅游观光、休闲娱乐的生态型主题公园。该湿地公园是具有湿地保护与利用、科普教育、湿地研究、生态观光、休闲娱乐等多种功能的社会公益性生态公园。[1]

湿地公园分为两级，即①国家级湿地公园：湿地公园的主题突出，湿地生态环境优良、湿地景观特别优美，观赏、科学、文化价值高，地理位置特殊，对区域生态环境具有重要的调节作用，且生态旅游服务设施齐全。②省级湿地公园：湿地公园的主题突出，且湿地生态环境良好、湿地景观有特色，有一定的观赏、科学、文化价值，对区域生态环境有一定的调节作用，且具备必要的旅游服务设施。

（一）湿地公园建设和管理的原则

湿地公园的开发、建设和管理坚持湿地生态、社会和经济效益相互协调、统一的原则。坚持对湿地资源的有效保护、合理开发和永续利用，并适应生态旅游业的发展。

（二）湿地公园建设

湿地公园的设施和景点建设，必须按照总体规划设计进行。在重要景点和核心景区，除必要的湿地公园主题工程建设和湿地保护及所需的必要设施外，不得建设宾馆、招待所、疗养院和其他以盈利为目的的工程设施。

湿地公园建设应积极培育和发展本地特色的湿地植物和野生动物种群。按照《濒危野生动植物种国际贸易公约》（CITES），严格控制外来物种，鼓励发展与当地生态环境相适应的本地植物群落和动物种群。

湿地公园投资主体可以是国家、集体和个人，鼓励采用合资、合作、股份制等运作方式，实行“谁投资，谁经营、谁受益”的建设管理机制，以促进湿地公园的发展。

（三）湿地公园管理

建立湿地公园的管理机构，制定湿地公园的管理规章制度。湿地公园管理部门负责湿地公园经营和日常管理，并依法对其管理的湿地和野生动植物资源有保护和恢复的责任。同时对其经营管理的景点景物、各类设施等，享有经营管理权，其合法权益受法律保护，任何单位和个人不得侵犯。

占用或征用湿地公园经营范围内的湿地，必须征得湿地主管部门同意，并按国家湿地保护管理的有关规定，办理占用或征用手续，按法定审批权限报人民政府批准，并依据有关法律法规的规定交纳湿地占用费。

湿地公园经营管理部门为了维持日常公园运营，经有关部门批准并按照国家的有关规定可以收取门票及有关费用。

进入湿地公园的游人，应当遵守有关管理制度，保护湿地和爱护园内各项游览设施。

---

[1] 070506Ⓣ

湿地公园经营管理部门应当按规定设置防火、卫生、环保、安全等设施和标志，配备必要的服务人员，维护旅游秩序。

进入湿地公园内从事商业经营活动的单位和个人，须经湿地公园管理部门同意，其经营活动由工商行政管理机关核准，按湿地公园统一规划和建设的摊点经营，并按国家有关规定向湿地公园经营管理部门交纳有关费用。

在湿地公园内进行科学研究、教学实习和文化活动，应当事先向湿地公园管理部门提交申请，办理有关批准手续。

湿地公园经营管理部门应当按照国家有关法规的规定，做好植被绿化、湿地、野生动植物资源和生态环境保护等工作。

禁止向湿地公园内排放超过湿地净化能力的生产、生活废水和污水，及其他污染物。

湿地公园的治安管理工作，由公园管理部门和所在地公安机构负责。

复习思考题

1. 全面实行河长制的重要意义是什么？
2. 全面实行河长制依据的规范性文件有哪些？
3. 全面实行河长制的基本原则有哪些？
4. 河道管理的范围是如何规定的？
5. 河道保护存在的问题有哪些？
6. 河道保护的具体规定有哪些？
7. 河道采砂管理适用法律法规有哪些？
8. 加强河道绿化养护管理的措施有哪些？
9. 河道堤防交通管理适用法律法规有哪些？
10. 什么是水利风景区？如何加强水利风景区管理与保护？
11. 什么是湿地？如何加强湿地管理与保护？
12. 什么是湿地公园？如何加强湿地公园管理与保护？

参 考 文 献

［1］ 赵朝云．水工建筑物的运行与维护［M］．北京：中国水利水电出版社，2005.
［2］ 梅孝威．水利工程管理［M］．北京：中国水利水电出版社，2005.
［3］ 梅孝威．水利工程技术管理［M］．北京：中国水利水电出版社，2000.
［4］ 郑万勇．水利工程管理技术［M］．西安：西北大学出版社，2002.
［5］ 石自堂．水利工程管理［M］．武汉：武汉水利电力大学出版社，2000.
［6］ 黄国新，陈政新．水工混凝土建筑物修补技术及应用［M］．北京：中国水利水电出版社，2000.
［7］ 朱岐武，拜存有．水文与水利水电规划［M］．郑州：黄河水利出版社，2003.
［8］ 马文英．水工建筑物［M］．郑州：黄河水利出版社，2003.
［9］ 郑万勇．水工建筑物［M］．郑州：黄河水利出版社，2003.
［10］ 钟汉华，冷涛．水利水电工程施工技术［M］．北京：中国水利水电出版社，2006.
［11］ 温随群．水利工程管理［M］．北京：中央广播电视大学出版社，2010.
［12］ 龙斌．水库运行与管理［M］．南京：河海大学出版社，2006.
［13］ 仇力．水闸运行与管理［M］．南京：河海大学出版社，2006.
［14］ 张肖．河道堤防管理与维护［M］．南京：河海大学出版社，2006.
［15］ 李宗尧，胡昱玲．水利工程管理技术［M］．北京：中国水利水电出版社，2016.
［16］ 夏宏生．水泵与水泵站技术［M］．北京：中国水利水电出版社，2016.
［17］ 中华人民共和国水利部．水利水电工程管理技术术语：SL 570—2013［S］．北京：中国水利水电出版社，2013.
［18］ 中华人民共和国人力资源和社会保障部．国家职业技能标准：水工监测工（2010 年修订）［S］．北京：中国劳动社会保障出版社，2013.
［19］ 王玫．闸门运行工［M］．郑州：黄河水利出版社，2013.
［20］ 刘宁．从都江堰持续利用看水利工程科学管理［A］．2005 中国水利发展报告，2005.
［21］ 刘玉宝，赵树茂．管理制度体系［M］．北京：中国水利水电出版社，2010.
［22］ 黄力强，刘玉宝，赵树茂．管理标准体系［M］．北京：中国水利水电出版社，2009.
［23］ 中华人民共和国水利部．土石坝安全监测技术规范：SL 551—2012［S］．北京：中国水利水电出版社，2012.
［24］ 中华人民共和国水利部．混凝土坝安全监测技术规范：SL 601—2013［S］．北京：中国水利水电出版社，2013.
［25］ 殷国仕．渠道维护工［M］．郑州：黄河水利出版社，2013.
［26］ 杜守建，周长勇．水利工程技术管理［M］．郑州：黄河水利出版社，2013.
［27］ 杜守建，周长勇．水利工程技术管理技能训练［M］．郑州：黄河水利出版社，2015.
［28］ 杜守建，汪文萍，侯新．水利工程管理［M］．郑州：黄河水利出版社，2016.
［29］ 樊万辉，杜守建，胡楠，汪明霞．实用水法学［M］．郑州：黄河水利出版社，2016.